国家骨干高职院校建设项目教材

城市水处理厂工艺
与运行维护

主　编　赵奎霞　于　妍

副主编　牟丽琴　夏宏生

中国水利水电出版社
www.waterpub.com.cn

内 容 提 要

《城市水处理厂工艺与运行维护》以项目为知识单元的形式介绍了城市水厂与城市污水处理厂的处理工艺及运行维护管理内容。共包括6个项目：城市给水处理工艺、城市污水处理工艺、污水处理新工艺与水处理厂自动控制系统、城市给水厂常规工艺的运行管理、城市污水处理厂工艺的初步设计、城市污水处理厂工艺的运行管理。其中前3个项目侧重给水、污水工艺的基本概念、处理技术以及自动系统等相关知识介绍；后3个项目则侧重操作技术能力训练，将水厂和污水处理厂工艺运行管理、初步设计的关键任务分解，利用明确的工作任务目标，边做边学掌握相关知识点。

本教材理论与实践结合，具有较强的职业性特点，可作为高职高专院校给排水工程、环境工程、环境保护与监测、市政工程、城镇建设等专业教材，也可作为水处理类中高级技工、技师技能考证和水厂技术人员的培训教材或自学参考书。

图书在版编目（CIP）数据

城市水处理厂工艺与运行维护 / 赵奎霞，于妍主编
-- 北京：中国水利水电出版社，2015.5（2022.7重印）
国家骨干高职院校建设项目教材
ISBN 978-7-5170-3176-5

Ⅰ.①城… Ⅱ.①赵… ②于… Ⅲ.①城市给水—给水处理—高等职业教育—教材②城市给水—水厂—运行—高等职业教育—教材③城市给水—给水设备—维修—高等职业教育—教材④城市污水处理—高等职业教育—教材⑤城市污水处理—污水处理厂—运行—高等职业教育—教材⑥城市污水处理—污水处理设备—维修—高等职业教育—教材 Ⅳ.①TU991.35②X505

中国版本图书馆CIP数据核字(2015)第104145号

书　名	国家骨干高职院校建设项目教材 **城市水处理厂工艺与运行维护**	
作　者	主编 赵奎霞 于妍 副主编 牟丽琴 夏宏生	
出版发行	中国水利水电出版社 （北京市海淀区玉渊潭南路1号D座　100038） 网址：www.waterpub.com.cn E-mail：sales@mwr.gov.cn 电话：（010）68545888（营销中心）	
经　售	北京科水图书销售有限公司 电话：（010）68545874、63202643 全国各地新华书店和相关出版物销售网点	
排　版	中国水利水电出版社微机排版中心	
印　刷	天津嘉恒印务有限公司	
规　格	184mm×260mm　16开本　14印张　332千字	
版　次	2015年5月第1版　2022年7月第2次印刷	
印　数	2001—3000册	
定　价	**45.00元**	

前言

本教材在 2013 年国家骨干高职院校建设项目中被列为给排水工程技术专业职业核心课程规划教材。

《城市水处理厂工艺与运行维护》以企业岗位实际工作任务为导向，将水厂、污水处理厂处理工艺及其运行管理的相关基本理论和操作技能知识整合为6个项目单元。由广东水利电力职业技术学院赵奎霞（项目 1、项目 4、项目6）、中国矿业大学（北京）于妍（项目 2、项目 5、附录 1、附录 2、附录 3、附录 4）、广东水利电力职业技术学院牟丽琴（项目 3、附录 5、附录 6、附录7、附录 8）、广东水利电力职业技术学院夏宏生（绪论）等编写，全书由赵奎霞统稿。

参加本教材编写的人员大多是长期从事高职高专教学并有水厂或设计院工作经验的教师，由于时间仓促，本书难免有不足之处，恳请广大读者不吝指教。

编者

2015 年 2 月

目录

前言

绪论 ……………………………………………………………………………………………… 1

项目1　城市给水处理工艺 ………………………………………………………………… 4

1.1　水源水质与水质标准 …………………………………………………………………… 4

1.2　城市给水处理技术 ……………………………………………………………………… 6

1.3　城市给水厂常规处理工艺 ……………………………………………………………… 8

1.4　微污染源水处理技术 ………………………………………………………………… 31

项目2　城市污水处理工艺 ……………………………………………………………… 35

2.1　污水水质与排放标准 ………………………………………………………………… 35

2.2　水体污染与污水排放标准 …………………………………………………………… 37

2.3　污水处理方法与系统 ………………………………………………………………… 37

2.4　城市污水的一级处理 ………………………………………………………………… 39

2.5　城市污水的二级生物处理——传统活性污泥工艺 ………………………………… 45

2.6　城市污水的二级生物处理——氧化沟工艺 ………………………………………… 55

2.7　城市污水的二级生物处理——SBR工艺 …………………………………………… 59

2.8　城市污水的二级生物处理——A^2O工艺 …………………………………………… 62

2.9　城市污水的二级生物处理——AB工艺 …………………………………………… 63

2.10　城市污水的二级生物处理——生物膜工艺 ……………………………………… 64

2.11　城市污水的天然生物处理——稳定塘工艺 ……………………………………… 71

2.12　城市污水的天然生物处理——土地处理工艺 …………………………………… 74

2.13　城市污水的三级处理与深度处理 ………………………………………………… 78

2.14　城市污水处理厂的污泥处理工艺 ………………………………………………… 84

项目3　污水处理新工艺与水处理厂自动控制系统 …………………………………… 97

3.1　CASS工艺 …………………………………………………………………………… 97

3.2　膜生物反应器 ………………………………………………………………………… 99

3.3　污水同步生物脱氮除磷工艺 ……………………………………………………… 104

3.4　厌氧生物滤池 ……………………………………………………………………… 105

3.5　厌氧接触法 ………………………………………………………………………… 106

3.6　厌氧流化床 ………………………………………………………………………… 106

3.7　厌氧生物转盘 ……………………………………………………………………… 107

3.8　折流式厌氧反应器与厌氧序批式反应器 ·············· 107

3.9　城市水处理厂自动控制系统 ······················· 109

项目 4　城市给水厂常规工艺的运行管理 ················· 112

4.1　混凝沉淀工艺的运行管理 ······················· 113

4.2　过滤工艺的运行管理 ························· 117

4.3　消毒工艺的运行管理 ························· 124

4.4　水厂泵站的运行管理与维护 ····················· 126

4.5　城市给水厂运行常见问题与处理 ·················· 131

项目 5　城市污水处理厂工艺的初步设计 ················· 134

5.1　厂址及水质水量的确定 ······················· 134

5.2　处理流程的确定 ··························· 136

5.3　传统活性污泥处理工艺的初步设计 ················· 137

5.4　城市污水处理厂平面图和纵剖面图的布置与绘制 ·········· 163

项目 6　城市污水处理厂工艺的运行管理 ················· 170

6.1　新建城市污水处理厂的调试与试运行 ················ 171

6.2　活性污泥处理工艺的运行管理 ··················· 172

6.3　氧化沟工艺的运行管理 ······················· 181

6.4　A^2O 工艺的运行管理 ······················· 183

6.5　AB 法工艺的运行管理 ······················· 183

6.6　污泥处理系统的运行管理 ······················ 184

6.7　城市污水处理厂专业机械设备的运行管理与维护 ·········· 189

6.8　城市污水处理厂运行常见问题与处理 ················ 192

附录 ······································· 195

附录 1　我国鼓风机产品规格 ······················ 195

附录 2　氧在蒸馏水中的溶解度 ····················· 195

附录 3　空气管道计算图 ························· 196

附录 4　泵型曝气叶轮的技术规格 ···················· 197

附录 5　净水工技能标准 ························· 197

附录 6　污水处理工技能标准 ······················ 199

附录 7　GB 5749—2006《生活饮用水卫生标准》 ·············· 201

附录 8　GB 18918—2002《城镇污水处理厂污染物排放标准》 ········· 208

参考文献 ····································· 217

绪　　论

学习目标

了解城市给水厂和城市污水处理厂的基本情况。

学习要求

能力目标	知识要点	技能要求
城市给水厂和城市污水处理厂简介	了解城市给水厂和城市污水处理厂的基本情况，明确城市给水厂和城市污水处理厂的作用	能看懂城市给水厂、城市污水处理厂平面布置

水是生命之源，也是城市形成和发展不可缺少的物质条件。为了满足城市生活生产需水、保护水环境，可持续利用水资源，城市给水厂和城市污水处理厂在城市发展过程中孕育而生。

城市水厂（城市给水厂）的任务主要是生产满足饮用水水质标准要求的自来水，以满足城市居民的日常生活、生产、消防、绿化和环境卫生等方面的需要。其生产过程是先由取水设施从地表水源（如江、河、湖、海及水库等）或地下水源中取水，通过一级泵站送至城市给水厂，再经过城市给水厂中一系列构筑物处理后，达到饮用水水质标准，最后由二级泵站通过城市供水管网送到用水户中。

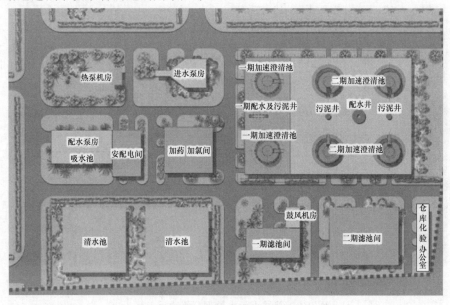

图 0.1　某城市给水厂平面示意图

而经用户使用过的水成为污水，因含污染物总量或浓度较高，达不到排放标准要求或不符合环境容量要求，从而降低水环境质量和功能目标时，必须经过人工强化处理，即需要城市污水处理厂处理。一般由布置在各条道路下面的污水管道收集起来统一排到城市污水处理厂，经过城市污水处理厂内一系列构筑物处理后，水质达到排放标准直接排放到水体中，或达到重复利用要求的水质标准被利用。以上从水体取水，经处理供给用户，用户用过再处理、排回水体的过程，是城市给水厂和城市污水处理厂的主要任务，也可以说是水的社会循环过程。

　　如图 0.1 和图 0.2 所示分别为某城市水厂和城市污水处理厂平面图。

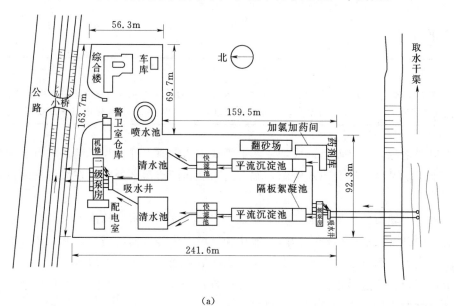

(a)

(b)

图 0.2　某城市污水处理厂平面示意图

总的来说，城市给水厂和城市污水处理厂的作用都是提升水质，都是由一系列处理构筑物组成。处理工艺的不同决定了处理构筑物的不同，而处理工艺取决于原水水质情况和出水水质要求。城市给水厂的工艺相对固定，通常是"混凝、沉淀、过滤、消毒"四段法，如原水水质微污染，可在此基础上，增加预处理工艺或深度处理工艺。而城市污水处理厂工艺则有很多种，可根据原水水质情况和出水水质要求，选择不同工艺。

项目1 城市给水处理工艺

〰〰 **学习目标**

本单元要求理解城市给水厂基本情况，熟悉城市给水厂的水质特点，能掌握城市给水厂给水处理工艺的操作原理、特点和操作步骤。

〰〰 **学习要求**

能 力 目 标	知 识 要 点	技 能 要 求
城市给水处理工艺	掌握城市给水水源水质以及水质处理标准，熟悉给水处理技术，掌握城市给水处理工艺，理解微污染原水处理技术	能查阅给水水质标准，掌握不同给水处理技术的特点及其适用范围，能熟练掌握常规给水处理技术和设备，以及微污染原水处理技术的选择

1.1 水源水质与水质标准

1.1.1 各种天然水源的水质特点

1. 地下水

由于地下水在地层渗滤过程中悬浮物和胶体已基本或大部分被去除，水质清澈且水源不易受外界污染和气候因素影响，因而水质、水温较稳定，一般宜做饮用水和工业用水的水源。地下水含盐量通常高于地表水，大部分地下水的盐质量浓度为 $200\sim500mg/L$，个别地区高达 $300\sim700mg/L$，硬度为 $60\sim300mg/L$。另外，我国铁矿石分布较广，地下水的铁质量浓度一般约为 $10mg/L$，经常出现铁锰共存的现象。因此，在利用地下水做水源时应考虑除铁锰。

2. 地表水

江、河汇集了大量的地表径流，其水质和水量直接受沿途降雨量等自然条件影响，水中悬浮物和胶体杂质含量较高，浊度明显高于地下水。江、河水的含盐量和硬度较低，其含量与地质、植被、气候条件及地下水补给情况有关。未被污染的江、河水作为水源时应主要考虑去除悬浮物和胶体杂质。但江、河水易受工业废水、生活污水及其他各种人为污染，因而水的色、臭、味变化较大，有毒或有害物质易进入水体，水温随季节变化较大。

湖泊及水库水主要由河水供给，水质与河水类似。但由于湖水流动性小、储存时间长，经过长期自然沉淀，浊度较低。这为湖水中的藻类繁殖提供了条件，藻类的大量繁殖使水产生色、臭、味。同时，水生物死亡残骸沉积湖底，一经风浪泛起湖底积累的大量腐殖质就会造成水质恶化。此外，湖水不断蒸发浓缩，其含盐量往往比河水高。

海水盐含量较高，而且所含各种盐离子的比例基本一定。其中氯化物含量较高，约占含盐量的89%；硫化物次之，碳酸盐再次，其他盐类含量极少。近年来，由于淡水资源的匮乏，海水淡化在给水中比例日益增大。

1.1.2 水质标准

水质标准是用水对象所要求的各项水质参数应达到的指标或限值。水质指标因用途不同而不同。

饮用水直接关系到人们的日常生活和身体健康，因此供给居民安全、足量的饮用水是最基本的卫生条件之一。

我国 GB 5749—2006《生活饮用水卫生标准》，水质常规指标及限值和饮用水中消毒剂常规指标及要求见表 1.1 和表 1.2。

表 1.1　　　　　　　　　　　　　水质常规指标及限值

指　　标		限　　值	
微生物指标	总大肠菌群	不得检出	
	耐热大肠菌群	不得检出	
	大肠埃希氏菌	不得检出	
	菌落总数	100	个/mL
毒理指标	砷	0.01	mg/L
	镉	0.005	mg/L
	铬（六价）	0.05	mg/L
	铅	0.01	mg/L
	汞	0.001	mg/L
	硒	0.01	mg/L
	氰化物	0.05	mg/L
	氟化物	1.0	mg/L
	硝酸盐（以 N 计）	10 地下水源限制时为 20	mg/L mg/L
	三氯甲烷	0.06	mg/L
	四氯化碳	0.002	mg/L
	溴酸盐	0.01	mg/L
	甲醛	0.9	mg/L
	亚氯酸盐	0.7	mg/L
	氯酸盐	0.7	mg/L
感官性状和一般化学指标	色度	15	
	浑浊度	1 水源与净水技术条件限制时为 3	
	臭和味	无异臭、异味	
	肉眼可见物	无	

续表

	指　标	限　值	
感官性状和一般化学指标	pH 值	≥6.5 且≤8.5	
	铝	0.2	mg/L
	铁	0.3	mg/L
	锰	0.1	mg/L
	铜	1.0	mg/L
	锌	1.0	mg/L
	氯化物	250	mg/L
	硫酸盐	250	mg/L
	溶解性总固体	1000	mg/L
	总硬度（以 CaCO$_3$ 计）	450	mg/L
	耗氧量（COD$_{Mn}$法，以 O$_2$ 计）	3mg/L 原水耗氧量＞6mg/L 时为 5mg/L	
	挥发酚类（以苯酚计）	0.002	mg/L
	阴离子合成洗涤剂	0.3	mg/L
放射性指标	总 α 放射性	0.5	Bq/L
	总 β 放射性	1	Bq/L

表 1.2　　　　　　　　　饮用水中消毒剂常规指标及要求

消毒剂名称	接触时间/min	出厂水中限值/(mg/L)	出厂水中余量/(mg/L)	管网末梢水中余量/(mg/L)
氯气（游离氯）	≥30	4	≥0.3	≥0.05
一氯胺（总氯）	≥120	3	≥0.5	≥0.05
臭氧（O$_3$）	≥12	0.3		≥0.02 如加氯，总氯≥0.05
二氧化氯（ClO$_2$）	≥30	0.8	≥0.1	≥0.02

1.2　城市给水处理技术

　　城市给水处理的任务是通过必要的方法去除水中的杂质，使其满足生活饮用或工业使用所要求的水质。因此，水处理方法应根据水源水质和用水对象对水质的要求而确定。通常，采用混凝、澄清、沉淀、过滤等技术去除水中的悬浮物；采用软化、除盐及膜技术可以减少或调整水中溶解物质的含量；采用活性炭吸附可有效去除水中的微量有机物；消毒可以有效控制水中微生物的存在等。

1.2.1　常规处理

　　以未受到污染的地面水源为生活饮用水水源时，其水质特点为：悬浮物和胶体杂质较多、含盐量较低。为了达到饮用水水质标准，主要考虑去除浊度和满足卫生标准。采用的常规处理工艺为"混凝—沉淀—过滤—消毒"。

原水加药后，经过反应池的混凝使水中悬浮物和胶体形成大颗粒絮凝体，而后通过沉淀池进行重力分离。这两个过程也可以在澄清池中完成。为了进一步降低水中的浑浊度，沉淀池出水还需要经过粒状滤料过滤。完善而有效的混凝、沉淀和过滤，不仅能有效地降低水的浊度，而且对水中的某些有机物、细菌及病毒也有一定的去除作用。为了防止水致传染病的发生，在过滤后需要消毒。主要消毒方法有：①向水中投加氯系化学药剂、双氧水、臭氧等化学法消毒；②采用紫外线照射等物理法消毒。

根据原水水质的不同，在常规处理工艺系统中还可以适当的增加或减少处理过程。如处理高浊度的原水时，往往需要考虑在混凝前预沉降泥沙而设置沉沙池；原水浊度很低时，可省去沉淀过程直接对加药后的原水进行过滤；原水中有机物含量较高时，可在过滤后消毒前增添活性炭过滤处理过程等。

1.2.2 除臭、除味

当原水中臭和味严重，采用常规的处理工艺不能达到水质要求时，需要考虑采用特殊的处理方法。除臭和味的方法取决于水中臭和味的来源。如对于水中有机物产生的臭和味，可用活性炭吸附或氧化剂氧化去除；对于溶解性气体或挥发性有机物所产生的臭和味，可采用曝气法去除；因藻类繁殖而产生的臭和味，可采用微滤机过滤或采用气浮法去除，也可向水中投加硫酸铜除藻；因溶解盐类所产生的臭和味，可采用适当的除盐措施等。

1.2.3 除铁、除锰和除氟

当溶解于地下水中的铁和锰超过生活饮用水卫生标准时，需采用除铁和除锰措施。常用的除铁和除锰方法有氧化法和接触氧化法。前者通常采用曝气装置、氧化反应池和沙滤池；后者通常采用曝气装置和接触氧化滤池。最终使溶解性二价铁和锰分别转化成三氧化铁和二氧化锰沉淀物去除。此外，还可以采用药剂氧化、生物氧化法及离子交换法等。

当水中含氟量超过 1.0mg/L 时，需要采用除氟措施。除氟方法基本上可分成两类：①投加硫酸铝、氯化铝或碱式铝等使氟化物产生沉淀；②利用活性氧化铝或磷酸三钙等进行吸附交换。目前，大多采用活性氧化铝进行除氟。

1.2.4 软化

处理对象主要是水中的钙和镁离子。软化方法主要有离子交换法和药剂软化法两种。前者是利用水中的钙和镁离子与阳离子交换树脂上钠离子进行交换以达到去除目的；后者是投加石灰、碳酸盐等化学药剂，使钙和镁离子转变成沉淀物从水中分离出来。

1.2.5 淡化和除盐

去除对象是水中的各种溶解盐类，包括阴离子和阳离子。将含盐量较高的水如海水及苦咸水处理达到饮用水或某些工业用水水质要求的处理过程，一般称为淡化；进一步降低水中含盐量制取纯水及高纯水的处理过程称为除盐。淡化和除盐的主要方法有蒸馏法、离子交换法、电渗析法及反渗透法等。

1.2.6　预处理和深度处理

对于污染水源而言，水中溶解的有毒、有害物质，特别是具有致癌、致畸、致突变的有机物（又称三致物质）或三致前驱物（如腐殖酸、农药等）是常规处理方法无法解决的。于是，便在常规处理工艺基础上发展了预处理和深度处理。即预处理＋常规处理或常规处理＋深度处理。预处理和深度处理的主要对象均是水中的有机物。

预处理主要方法有：活性炭吸附、臭氧或高锰酸钾氧化；生物滤池、生物接触氧化池及生物转盘等生物处理技术等。以上各种预处理法不但可以去除水中的有机物，还可除味、除臭及除色等。各种方法的优、缺点仍有待于进一步研究论证。其中活性炭吸附法已经处于生产应用阶段，对有机物微污染的水体处理效果较理想，但运行成本较高。随着水源水质的不断下降，预处理在给水处理工艺中的重要性越来越突出，其他经济有效的预处理方法正在继续探索中。

深度处理方法有颗粒活性炭吸附法、臭氧—颗粒活性炭联合法或生物活性炭法、离子交换法、光化学氧化法、超滤及反渗透法等。其中臭氧—颗粒活性炭联合法是首先利用臭氧将水中有机物氧化断裂成小分子的有机物，再利用活性炭对小分子有机物的高吸附容量特性吸附去除。该方法对水中微量有机物的去除非常有效，但由于颗粒活性炭回收和再生较困难，造成基建投资和运行费用较高，目前在欧洲国家应用较多，我国仅在个别城市水厂中使用。光化学氧化法是在催化剂作用下利用紫外线照射，产生氧化性能极高的OH^-等物质，直接将水中有机物氧化分解。尽管有一定应用前景，但仅适合于处理水量较小的水站使用。超滤可有效去除水中的有机物及腐殖酸等物质，而且不用向水中投加任何化学药剂。但由于存在膜污染和堵塞问题需要经常更换膜组件而造成运行费用较高。近年来，超滤被广泛用于纯净水处理工艺中作为反渗透的预处理使用。

目前，地下水已限制开采，我国水厂大多是地表水源水，且本书主要针对城市水厂内容，因此，本书中除铁、除锰和除氟，软化、淡化与除盐等技术略去。

1.3　城市给水厂常规处理工艺

城市给水处理的常规工艺，即四段法，包括混凝、沉淀、过滤、消毒。

1.3.1　混凝

1. 混凝机理

水处理中的混凝现象比较复杂，不同种类的混凝剂以及不同的水质条件，混凝剂作用机理都有所不同。混凝剂对水中胶体粒子的混凝作用归纳起来有4种：压缩双电层、吸附—电性中和、吸附架桥和网捕或卷扫作用。

压缩双电层作用：根据DLVO理论，要使胶粒通过布朗运动相撞聚集，必须降低或消除排斥能峰。降低排斥能峰的方法是降低或消除胶粒的ζ电位。可以通过向水中投加电解质来实现。

吸附—电性中和作用：吸附—电性中和作用是指胶粒表面对异号离子、异号胶粒或高分子物质带异号电荷的部位有强烈地吸附作用，由于这种吸附作用中和了它的部分或全部电荷，降低其 ζ 电位，并减小了胶体间的静电斥力，因而易与其他颗粒接近而相互发生吸附。这种现象在水处理中出现的较多。

吸附架桥作用：当高分子链的一端吸附了某一胶粒后，另一端又吸附另一胶粒，形成"胶粒—高分子—胶粒"的絮凝体（图 1.1）。高分子起了胶粒与胶粒之间相互结合的桥梁作用，故称吸附架桥作用。当高分子物质投量过多时，全部胶粒的吸附面均被高分子覆盖以后，两胶粒接近时，就受到高分子的阻碍而不能聚集（图 1.2）。

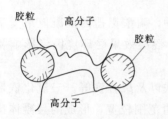

图 1.1 高分子物质吸附架桥示意图　　图 1.2 过量高分子物质对胶体颗粒保护的示意图

网捕或卷扫作用：当向水中投加很大剂量的铝盐或铁盐混凝剂后，在水解和聚合作用下，金属离子会以水中的胶粒为晶核形成胶体状沉淀物；或者当这种沉淀物从水中析出的过程中，会吸附和网捕水中胶粒产生共同沉降。这种作用，基本上是一种机械作用，所需要的混凝剂量与原水杂质含量成反比，即原水胶体杂质含量少时，所需混凝剂多，反之亦然。

2. 混凝剂和助凝剂

水处理中把为使胶体微粒脱稳沉淀而投加的电解质称为混凝剂。混凝剂种类很多，据目前所知，不少于 200～300 种类之多。按化学成分可分为无机和有机两大类。常见的混凝剂见表 1.3。目前在水处理中主要使用的是铁盐和铝盐及其水解聚合物等无机混凝剂，而有机高分子混凝剂使用较少。本节仅介绍常用的几种混凝剂。

表 1.3　　　　　　　　　　混 凝 剂 分 类

		名　　称	备　　注
无机混凝剂	铝系	硫酸铝	适宜 pH 值为 5.5～8.0
		明矾	
		聚合氯化铝（PAC）	
		聚合硫酸铝（PAS）	
	铁系	三氯化铁	适宜 pH 值为 5.0～11.0 但腐蚀性强
		硫酸亚铁	
		硫酸铁	
		聚合硫酸铁（PFS）	
		聚合氯化铁（PFC）	

名 称			备 注
有机混凝剂	人工合成	阳离子型：含氨基、亚氨基的聚合物	国外开始增多，国内尚少
		阴离子型：水解聚丙烯酰胺（HPAM）	—
		非离子型：聚丙烯酰胺（PAM），聚氧化乙烯（PEO）	—
		两性型	使用极少
	天然	淀粉、动物胶、树胶、甲壳素等	—
		微生物絮凝剂	—

（1）无机混凝剂。

1）铝盐，常用的铝盐混凝剂有硫酸铝和聚合铝两种。硫酸铝盐的混凝效果受实际环境影响较大。聚合铝包括聚合氯化铝和聚合硫酸铝等，混凝效果受环境因素影响相对较小，效能优于硫酸铝。目前使用最多的是聚合氯化铝。

2）铁盐，常用的铁盐混凝剂有三氯化铁、硫酸亚铁以及聚合铁等。三氯化铁是铁盐混凝剂中最常用的一种。通常情况下，3价铁适用pH值范围较宽，形成的絮凝体比铝盐絮体密实。但三氯化铁腐蚀性较强，固体产品易潮解，保存困难。另外，使用硫酸亚铁做混凝剂时，应设法将Fe^{2+}氧化成Fe^{3+}来发挥混凝效果。因为固态硫酸亚铁是半透明绿色结晶体（俗称绿矾），会使处理后的水带色且混凝效果不及Fe^{3+}。聚合铁包括聚合硫酸铁和聚合氯化铁。同聚合铝一样，聚合铁实质上是在使用前已经发生了一定程度水解聚合反应的产物。其混凝效果优于三氯化铁，而且腐蚀性明显降低。

（2）有机高分子混凝剂。高分子混凝剂一般为线性高分子聚合物，分子成链状，由很多链节组成。每一个链节为一组成单体，各单体以共价键结合。按基团的带电性可分为阴离子型、阳离子型、两性型及非离子型四种。水处理中常用的是阴离子型、阳离子型和非离子型三种。

非离子型聚合物的主要品种有聚丙烯酰胺（PAM）和聚氧乙烯（PEO），前者是目前使用最广泛的人工合成有机高分子混凝剂。使用聚丙烯酰胺时，通常要将其在碱性条件下进行部分水解，生成阴离子型聚合物。水解度一般控制在$30\%\sim40\%$，以防止负电性过强对胶体絮凝产生阻碍作用。目前，聚丙烯酰胺通常作为助凝剂配合铝盐或铁盐使用，促进絮体聚合。由于其单体有毒，在使用时应严格控制单体残留量，我国规定聚丙烯酰胺混凝剂中丙烯酰胺含量不得超过0.2%，有的国家规定不得超过0.05%。

（3）助凝剂。当单独使用混凝剂不能取得预期效果时，需要投加某种辅助药剂以提高混凝效果，这种药剂称为助凝剂。

助凝剂可以分为两类：一类高分子助凝剂可以通过吸附架桥作用促使细小而松散的絮体变得粗大而密实，即这类助凝剂本身具备混凝性能，如聚丙烯酰胺、骨胶、活化硅酸等。这样的助凝剂与原有混凝剂可以起到协同增效作用，提高混凝效果。其中，聚丙烯酰胺是高浊水处理中使用最多的助凝剂，可以明显减少铝盐或铁盐混凝剂用量。骨胶易溶于水，无毒、无腐蚀性，与铝盐或铁盐混凝剂配合使用效果显著，但价格较高。此外，骨胶不能预制久存，需要现场配置。活化硅酸作为处理低温、低浊水的助凝剂效果较显著，也存在需要现场调制的使用不方便问题。

另一类助凝剂本身不参加混凝，但能通过改善混凝剂特性进行促进混凝过程。如投加石灰、硫酸等调整水的 pH 值，促进混凝剂水解反应；投加 Cl_2、O_3 等氧化剂类来破坏干扰混凝的物质（如有机物等）或将亚铁盐类混凝剂氧化成混凝效果较好的 Fe^{3+}。

3. 影响混凝效果的主要因素

影响混凝效果的因素比较复杂，主要包括：水温、水化学特性、杂质性质和浓度以及水力条件等。

（1）水温影响。水温尤其是低温对混凝效果有明显的影响。水处理过程中，当地表水温低达 $0\sim2℃$ 时，尽管投加了大量的混凝剂，依然存在絮凝体形成缓慢，絮凝颗粒细小、松散等较差的混凝效果。

（2）水的 pH 值及碱度影响。水的 pH 值对混凝效果的影响程度，视混凝剂品种而异。用铝盐除浊时，最佳 pH 值为 $6.5\sim7.5$；用于去除水的色度时，pH 值宜为 $4.5\sim5.5$。采用三价铁盐作混凝剂时，pH 值范围较宽，除浊时 pH 值控制在 $6.0\sim8.4$ 之间，除色时 pH 值为 $5.0\sim5.5$。使用亚铁盐作混凝剂时，为了提高混凝效果可将水的 pH 值提高至 8.5 以上，利用水中的溶解氧将二价铁氧化成三价铁。由于这种方法操作比较复杂，通常采用氯化法实现。

高分子混凝剂的混凝效果受水的 pH 值影响较小。

由铝盐水解反应可知，水解过程不断产生 H^+，从而导致水的 pH 值下降。当原水中碱度不足或混凝剂投量较高时，通常采用石灰来中和混凝剂水解过程中产生的 H^+。

（3）水中悬浮物浓度的影响。水中胶体浓度很低时，颗粒碰撞速率大大减少，混凝效果差。为了提高低浊水的混凝效果，通常采取以下措施：①在投加铝盐或铁盐混凝剂的同时，投加高分子助凝剂；②投加黏土等矿物颗粒以增加混凝剂水解产物的凝结中心，提高颗粒碰撞速率并增加絮凝体密度；③投加混凝剂后直接过滤，滤料即成为絮凝中心。

如果原水悬浮物含量较高，如我国西北等地区的高浊水源，为了使悬浮物吸附电中和脱稳，所需铝盐或铁盐混凝剂量将相应大大增加。为了减少混凝剂用量，通常投加聚丙烯酰胺等高分子助凝剂。

（4）水力条件对混凝的影响。颗粒间的碰撞是混凝的首要条件，引起水中颗粒相互碰撞的动力来源于颗粒本身的布朗运动和水力或机械搅拌作用。由布朗运动所造成的颗粒碰撞聚集称异向絮凝，由流体运动所造成的颗粒碰撞聚集称同向絮凝。

在水处理中自混凝剂与水混合起直到大颗粒絮凝体形成为止，在处理工艺上总称混凝过程，一般分为混合和絮凝两个阶段。在混合阶段，水中杂质颗粒微小，异向絮凝占主导地位，此时对水流剧烈搅拌的主要目的是使药剂快速均匀地分散于水中，以利于混凝剂快速水解、聚合及颗粒脱稳。由于该过程进行很快，时间通常在 $10\sim30s$，最多不超过 2min。絮凝阶段主要是依靠机械或水力搅拌促使在混合阶段形成的小凝聚体颗粒碰撞絮凝形成大的矾花，故属于同向絮凝。其絮凝结果不仅与水流的速度梯度有关，还与絮凝时间有关。通常速度梯度越大，颗粒碰撞速率越大，絮凝效果越好。然而随着速度梯度的增大，水流剪切力也随之增大，对于已经形成的絮凝体又有破坏的可能。在絮凝过程中，絮凝体尺寸逐渐增大，粒径变化可从微米级增到毫米级。由于大的絮体容易破碎，故在整个絮凝过程，速度梯度应渐次减小。

4. 混凝剂的配制与投加

混凝过程中的混合和絮凝两个阶段分别在混合设备和絮凝设备中完成。其中药剂的投配流程如图 1.3 所示。

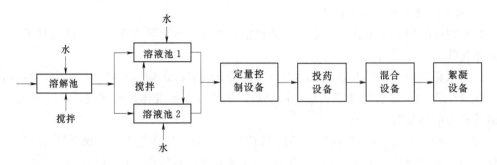

图 1.3　药剂的投加和混凝流程

首先将药剂在溶解池中溶解，在溶液池中调节其浓度，最后通过计量设备和投加设备将药剂溶液投入混合设备中。混凝剂溶液在混合设备中通过水流的剧烈搅拌作用快速均匀地分散于水中，并快速水解、聚合使杂质颗粒发生脱稳并形成小絮体。水体进入絮凝设备后通过机械或水力搅拌作用促使小凝聚体颗粒碰撞絮凝形成大的矾花，以便后续沉淀。

混凝剂投加分固体投加和液体投加两种方式。通常将固体溶解后配成一定浓度溶液投入水中。

（1）混凝剂的溶解和配制。混凝剂在溶解池中进行溶解。大、中型水厂的溶解池通常为混凝土结构，并配有加速药剂溶解的搅拌装置。搅拌装置有机械搅拌、压缩空气搅拌、水力搅拌等方式。其中机械搅拌是以电机驱动桨板或涡轮搅动溶液。这种方式设备简单、操作方便，使用较普遍。向溶解池内通入压缩空气进行搅拌的压缩空气搅拌方式，由于机械设备不直接与溶液接触，使用维修方便。但与机械搅拌相比，动耗较大，溶解速度慢，需要有现成气源或设置压缩空气机等。压缩空气搅拌方式常用于大型水厂。常见的水力搅拌方式是利用水厂二级泵站高压水冲动药剂，这种方式一般仅用于中、小水厂和易溶解混凝剂。

（2）混凝剂的计量与投加。药液投入原水中必须有计量或定量设备，并能根据水量、水质进行随时调整。既可手动控制，也可实现自动控制的计量设备有：流量计（转子、电磁）、计量泵等；仅适用于手动的计量设备有苗嘴。其中苗嘴属于孔口计量设备，结构简单，可通过更换不同口径的苗嘴来调整投药量，目前在水厂中仍有使用。

常用的药剂投加方式有泵前投加、高位溶液池重力投加（图 1.4）、水射器投加（图 1.5）和计量泵或耐酸泵投加等。

混凝剂最佳投加量是指达到即定水质指标所需的最小混凝剂投量。由于影响混凝效果的因素较复杂，而且在水厂运行过程中水质、水量不断变化，故要达到最佳剂量需要即时调节投量。目前我国大多数水厂还是根据实验室混凝搅拌试验确定混凝剂最佳剂量，然后进行人工调节。为了提高混凝效果、节省耗药量，混凝工艺的自动控制技术已经推广使用。

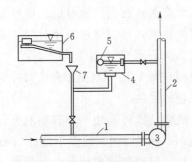

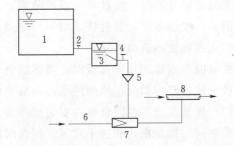

图 1.4 泵前重力投加

1—吸水管；2—出水管；3—水泵；4—水封箱；
5—浮球阀；6—溶液池；7—漏斗管

图 1.5 水射器投加

1—溶液池；2—阀门；3—投药箱；4—阀门；5—漏斗；6—高压水管；7—水射器；8—原水

5. 混合设备

混合设备要求实现药剂与水快速均匀混合，有水泵混合、管式混合、机械混合和水力混合器四种形式。

（1）水泵混合。水泵混合就是药剂投加在水泵吸水管或吸水口处，利用水泵叶轮高速旋转以达到快速混合的目的。水泵混合效果好，不需要另建混合设施，节省动力、大、中、小型水厂均可采用。但当取水泵站距水厂处理构筑物较远时，经水泵混合后的原水在长距离管道输送过程中，可能过早在管内形成絮体。已经形成的絮体一旦破碎，很难重新聚集，不利于后续絮凝。如果管内流速过低，絮体还可能沉积于管中。因此，水泵混合通常用于取水泵房靠近水厂的处理构筑物，且两者间距不大于 150m 的场合。

（2）管式混合。最简单的管式混合是直接将药剂投加在水泵的压水管内，借助管中水流高速冲刷作用进行混合。这种管道混合简单易行，水头损失小，但当管中流速较低时，会存在混合不充分的问题。为了提高混合效果，可在管内增设孔板或将其改装成文丘里管。

管式静态混合器是目前广泛使用的一种管道混合方式（图 1.6）。混合器内按要求安装了若干固定混合单元。每一单元由按一定角度交叉安装于管内的若干固定叶片组成。水流

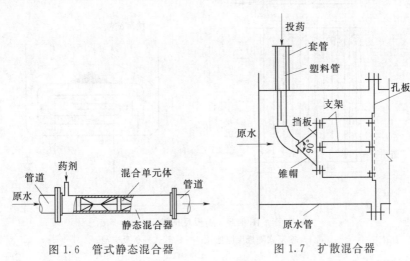

图 1.6 管式静态混合器

图 1.7 扩散混合器

和药液通过混合器时，将被单元多次分割、改向并形成旋涡，达到混合目的。这种混合器结构简单，安装方便，混合快速均匀。缺点是水头损失较大，且当流量较小时混合效果会因水流紊乱程度不够而下降。

扩散混合器是在管式孔板混合器前加装一个锥形帽（图1.7）。水流和药液对冲锥形帽后扩散形成剧烈的紊流，从而使水与药液达到快速混合的目的。

（3）机械混合。在混合池内安装搅拌装置，以电机驱动搅拌器使水和药剂混合。搅拌器有桨板式、螺旋板式和透平式等。混合时间控制在 $10\sim30\mathrm{s}$ 以内，最多不超过 $2\mathrm{min}$。机械混合池在设计中应避免水流同步旋转而降低混合效果。尽管机械搅拌混合效果好，不受水质水量变化的影响，但由于需要额外建设混合池，而且增加机械设备及相应的维修工作，目前正逐步被其他混合方式所取代。

目前存在的水力混合方式在我国水厂应用较少，故不做介绍。

6. 絮凝设备

絮凝设备的任务是使细小絮体逐渐凝聚成肉眼可见的密实絮体，以便沉淀除去。絮凝池习惯上称反应池，要求水流紊乱程度适宜，既能为细小絮体的逐渐长大创造良好的碰撞机会和吸附条件，又防止碰撞打碎已经形成的较大矾花。因此，搅拌强度较混合阶段要小，但水力停留时间较长。絮凝池形式较多，概括起来可以分成水力搅拌和机械搅拌两大类。我国近几十年来，新型的水力搅拌絮凝池不断涌现，逐步替代了传统机械搅拌絮凝池。下面介绍几种常用的水力搅拌絮凝池。

（1）隔板反应池。隔板反应池应用历史悠久，有往复式和回转式两种（图1.8）。往复式反应池内水流做 $180°$ 转弯，局部水头损失较大。而这部分能量的消耗往往无助于絮凝效果的提高。$180°$ 急剧转弯会使絮体有破坏的可能，尤其在絮凝的后期。与往复式隔板反应池相比，回转式隔板反应池内水流作 $90°$ 转弯，总水头损失小 40% 左右，絮凝效果也有所提高。

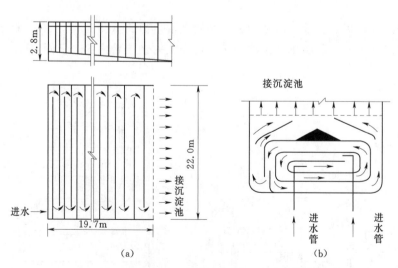

图1.8 隔板反应池
（a）往复式隔板反应池；（b）回转式隔板反应池

　　从反应器原理而言，隔板反应池接近于推流型。为了避免絮凝体破碎，廊道内的流速及转弯处流速应沿程逐渐减少。根据具体情况，施工中将絮凝池分成流速沿程递减的若干段，一般分成4～6段。为了达到流速递减的目的，一种方法是将隔板间距从起端至末端逐段放宽；另一种方法是隔板间距不变，从起端至末端池底逐渐降低。因前者施工方便，采用较多。

　　为减少水流转弯处水头损失，转弯处过水断面积应为廊道过水断面积的1.2～1.5倍。同时，水流转弯处尽量做成圆弧形。隔板间净距一般大于0.5m，以便施工和检修。为了便于排泥，池底应有0.02～0.03坡度并设置直径不小于150mm的排泥管。

　　隔板式反应池结构简单，维护方便，在处理水量波动不大的情况下，絮凝效果较稳定。考虑到处理水量较小时隔板间距狭窄，施工和维修不变，隔板式反应池通常用于大、中型水厂。在实际应用中，往往将往复式和回转式组合使用。在絮凝初期采用往复式，絮凝后期采用对絮体破坏性小的回转式。

　　（2）折板反应池。折板反应池是在隔板絮凝池基础上发展起来的，通常采用竖流式。即隔板改成具有一定角度的折板，由多格组成（图1.9）。折板可以波峰对波谷平行安装，称为同波折板；也可以波峰相对安装，称异波折板（图1.10）。水流在同波折板之间连续不断地曲折流动或在异波折板之间缩、放流动，以至于形成众多的小旋涡，提高颗粒碰撞絮凝效果。

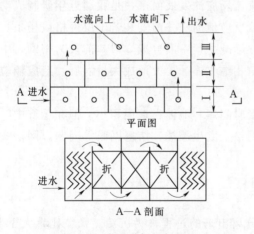

图1.9　多通道折板絮凝池

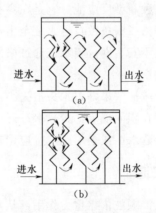

图1.10　折板反应池
（a）同波折板；（b）异波折板

　　为了实现絮凝过程水力梯度逐渐减小的目的，在应用中经常将同波、异波和平板进行组合使用。如在反应池中开始采用同波折板，中间采用异波折板，后面采用对水流扰动较小的平板。与隔板反应池相比，折板反应池中水流条件得到了很大改善，所需要的絮凝时间短，池子容积小。

　　同隔板式反应池一样，折板反应池的折板间流速通常也分段设计，且分段数不宜少于3。折板夹角采用90°～120°。折板可用钢丝网水泥板或塑料板等拼装组成，波高一般采用0.25～0.40m。

　　折板反应池隔板间距小，安装维修较困难，折板费用高。故通常用于中、小型水厂。

（3）穿孔旋流反应池。穿孔旋流反应池由若干格组成，分格数一般不少于 6。各格之间的隔壁上沿池壁开孔，孔口上下交错布置（图 1.11）。水流沿池壁切线方向进入后形成旋流。第一格孔口尺寸最小，流速最大，水流在池内旋转速度也最大。而后孔口尺寸逐渐增大，流速逐格减小。

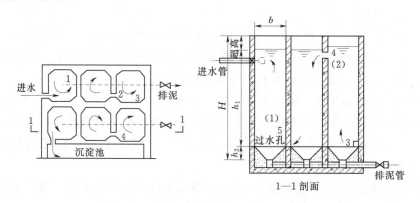

图 1.11　穿孔旋流反应池示意图

穿孔旋流反应池受流量变化影响较大，絮凝效果欠佳，池底也容易产生积泥现象。其优点是结构简单，施工方便，造价低。目前经常与其他形式反应池组合使用。

（4）网格反应池。网格反应池由穿孔旋流反应池发展而来，是我国近年研制成功并推广使用的一种新型反应池。它是在穿孔旋流反应池的竖井内安装若干层网格或栅条。每个竖井内的网格或栅条数自进水端至出水端逐渐减少，一般分成 3 段，前段为密网，中段为疏网，末段不安装网。当水流通过格网时，相继收缩、扩大形成大量涡旋，造成颗粒间相互碰撞。

网格反应池效果好，水头损失小，絮凝时间短，池体占地面积小。但在运行中，其末端池底仍存在积泥现象，少数水厂还出现网格上滋生藻类、堵塞网眼等问题。网格式反应池目前在新建水厂或老厂改造中应用较多。

1.3.2　沉淀

水中悬浮颗粒依靠重力作用，从水中分离出来的过程称为沉淀。颗粒比重大于 1 时，表现为下沉；小于 1 时，表现为上浮。在净水处理中，颗粒的沉淀分为两种情况：一种是颗粒在沉降过程中，彼此间没有干扰，只受颗粒本身的重力和水流阻力的作用，称为自由沉淀；另一种是颗粒在沉淀过程中，彼此相互拥挤干扰，称为拥挤沉淀。沉淀工艺简单，应用极为广泛，主要用于去除水中 100μm 以上的颗粒。

沉淀池是分离水中悬浮颗粒物的一种常见处理构筑物。原水经投药、混合与絮凝后，水中悬浮的杂质已经形成粗大絮凝体，要在沉淀池中沉淀使水得以澄清。沉淀池的出水浊度一般在 10NTU 以下，甚至更低。

按照水流方向沉淀池可分为平流式、竖流式、辐流式及斜流式四种。其中平流式和斜流式（又称斜板或斜管沉淀池）在给水处理中比较常用。本节重点介绍这两类沉淀池，其他形式在污水处理中介绍。

1. 平流式沉淀池

平流式沉淀池的池身为矩形，分为进水区、沉淀区、泥区和出水区。经过混凝的原水流入沉淀池后，在整个进水断面上均匀分配进入沉淀区，并从池子的另一端出口区流出，沉积到泥区的污泥被连续或定期排出池外。

（1）进水区。进水区的作用是使流量均匀分布在整个进水断面上，应尽量减小扰动。通常采用在进水区内设置穿孔墙进行布水（图1.12）。为了防止絮体破碎，孔口流速不宜大于 $0.15 \sim 0.2 \text{m/s}$；为了保证穿孔墙的强度，洞口总面积也不宜过大。为减少进口射流，洞口的断面形状沿水流方向渐次扩大。也可采用配水孔或者缝隙代替洞口。

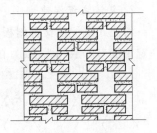

图1.12 穿孔墙

（2）沉淀区。为了改善水流条件，一般在平流沉淀池内部设置导流墙对水体进行纵向分隔。

沉淀区的高度 H 应满足前后相连水处理构筑物的高程布置要求，一般为 $3 \sim 5 \text{m}$。沉淀区的长度 L 决定于水平流速 v 和水力停留时间 t，即 $L = vt$。宽度 B 由处理流量 Q，池深 H 和水平流速 v 求得，$B = \dfrac{Q}{Hv}$。沉淀池的长、宽和深之间相互关联，一般要求 $L/B > 4$，而 $L/H > 10$。每格宽度宜在 $3 \sim 8 \text{m}$，不宜大于 15m。

（3）出水区。出水区结构不仅控制平流式沉淀池内的水位高度，而且对沉淀池内水流均匀分布有直接影响。一般采用堰口布置或采用淹没式出水孔口，其中溢流堰在施工中很难做水平，常采用高度可调节的三角堰代替。常见的出流结构如图1.13所示。

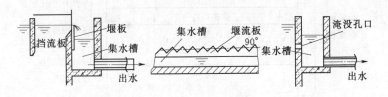

图1.13 出水口结构示意图

为了防止出水时流线过于集中，控制堰口溢流速度小于 $500 \text{m}^3/(\text{m} \cdot \text{d})$，若不能满足要求，需要增加出水堰长度，采用 L 堰或增加出水支渠，具体结构如图1.14所示。采用淹没式出水孔口时，需要限制孔口流速为 $0.6 \sim 0.7 \text{m/s}$，孔径为 $20 \sim 30 \text{mm}$，孔口在水面下 $12 \sim 15 \text{cm}$，孔口出流由集水渠收集。

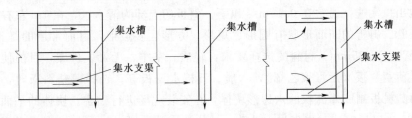

图1.14 平流沉淀池出口集水渠的形式

（4）存泥区及排泥措施。沉淀池排泥方式有泥斗排泥、穿孔管排泥及机械排泥等。泥斗和穿孔管排泥，需设置存泥区，而采用机械排泥时不需要考虑存泥区。前两种排泥方式可在静水压力作用下进行间歇式排泥，但由于平流式沉淀池的池深较浅，池内的静水压力不足以排泥，目前基本上采用机械排泥，有泥泵抽吸和吸泥机沿着池子纵向移动进行单口扫描式吸泥两种方式。

2. 斜流式沉淀池

斜流式沉淀池又称斜板（管）沉淀池，它是在平流沉淀池的沉淀区内加设与水平面成一定角度（一般约为60°）的斜板或斜管而构成的。

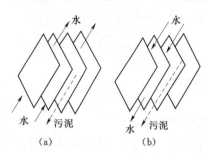

图 1.15 斜板布置形式
(a) 异向流；(b) 同向流

在斜板（管）沉淀池内进水从下向上流（从上向下流或水平流动），颗粒沉于斜板（管）上，当颗粒累积到一定程度后在重力作用下自动下滑。根据水流方向及颗粒的沉降方向分成异向流和同向流（图1.15）。在实际应用中，斜板沉淀池中易出现板间积泥现象。从改善沉淀池水力条件的角度分析，斜管沉淀池的水力半径更小，能较好地满足水流的稳定性和层流要求。当前，我国使用较多的是斜管沉淀池，本节重点介绍斜管沉淀池。

图 1.16 是异向流斜管沉淀池的示意图。其结构包括斜管沉淀区、进水配水区、清水出水区和污泥区组成。进水由斜管自下而上流动，清水由池顶的穿孔管收集，沉积的污泥由穿孔排泥管收集，排入下水道。

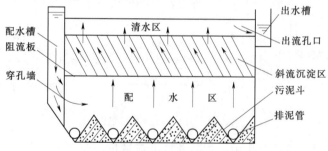

图 1.16 异向流斜管沉淀池示意图

(1) 配水区和清水区。斜管沉淀池底部配水区高度不小于1.5m，为了使水流均匀进入配水区，要求配水前整流。可采用穿孔墙或缝隙栅条配水。整流配水孔流速一般要求不大于反应池出口流速，通常在0.15m/s以下。斜板的上部为清水区，在1m左右。

(2) 斜管。斜管的断面形状有圆形、矩形、方形、多边形，目前常用的是正六边形，内切圆直径为25～35mm。材料的选择要求：轻质、坚牢、无毒、价廉，目前使用较多的纸质蜂窝、薄塑料板（无毒聚乙烯）、木质、石棉水泥板等。选择薄塑料板时，一般在安装前先将薄塑料板制成蜂窝状的六边形块体，在安装现场进行黏合。块体的平面尺寸不宜大于1m×1m，以免安装时出现过大缝隙，造成混水短路。

斜管倾斜角θ越小，沉淀面积越大，沉淀效率越高。但θ大时，排泥容易。根据生产经验，为使排泥通畅θ为52°～60°，目前斜管倾角多采用60°。

在斜管进口一段距离内泥水混杂，水流紊乱，此段称为过渡段。该段以上部分出现明显的泥水分离，称为分离段。过渡段的长度随管内上升流速增大而增长，由于该段的污泥浓度较大，有利于接触絮凝，因此增长过渡段将有利于分离段的泥水分离，但这样会增加斜管长度。一般过渡段的长度约为200mm。斜管的实际长度应该为过渡段长度加上分离段长度。由于斜管过长会增加造价，而沉淀效率的提高有限，目前斜管长度多采用800~1000mm。

（3）排泥。斜板沉淀池排泥量很大，需要有比较完善的排泥设备，一般常用斗底或穿孔管排泥，也有的用机械排泥方法，如牵引式机械刮泥机。

1.3.3 过滤

过滤是指以石英砂等粒状滤料层截留水中悬浮杂质，从而使水质获得澄清的滤层过滤工艺过程。过滤不只是机械筛滤作用的结果，主要是悬浮颗粒与滤料颗粒之间黏附作用的结果。在过滤过程中，水中的悬浮颗粒在与滤料黏附的同时，还受滤料孔隙中水流剪切力的作用。黏附力和水流剪切力相对大小，决定了颗粒黏附和脱落的程度。过滤初期，滤料较干净，孔隙率较大，孔隙流速较小，水流剪切力较小，因而黏附作用占优势。随着过滤时间的延长，滤层中杂质逐渐增多，孔隙率逐渐减小，水流剪切力逐渐增大，以致最后黏附上的颗粒将首先脱落下来，或者被水流夹带的后续颗粒不再有黏附现象，于是，悬浮颗粒便向下层推移，下层滤料截留作用渐次得到发挥。

常用的石英砂滤料表面一般呈负电性，则带负电的悬浮固体因与滤料间产生相斥作用而不会自动附着在滤料表面；一些因直接碰撞在砂粒上而被截留的颗粒，还会因高速水流的剪切作用而被冲刷下来。为此，快滤池的进水要求经过混凝处理或进入滤池前添加了混凝剂，在滤层内完成接触絮凝作用。

滤池通常置于沉淀池或澄清池之后，进一步去除水中的细小悬浮颗粒，降低出水浊度。滤池的进水浊度一般控制在10度以下，当原水浊度较低（一般在100度以下），且水质较好时，也可采用原水直接过滤。进水通过过滤，水中有机物、细菌乃至病毒等更小的粒子由于吸附作用也将随着水的浊度降低而被部分去除。残存在滤后水中的细菌和病毒等，由于失去悬浮物的保护或依附而呈裸露状态，较容易在后续消毒过程中被灭活。因此，过滤是给水净化工艺中不可缺少的重要处理措施。另外，过滤还常用在对进水浊度要求较高的处理工艺之前作预处理，如活性炭吸附、膜处理、离子交换等。

1. 快滤池的工作过程

快滤池的类型很多，首先发展的是普通快滤池，后来在其基础上又演变出许多种快滤池，如为了减少滤池阀门，出现的虹吸滤池、无阀滤池、移动冲洗罩滤池等；采用气水反冲洗和表面助冲的V形滤池等。一般根据滤料层、水流方向、阀门位置和工作压力进行相应区分。尽管各种滤池形式不同，但基本组成都相同，包括：池体、滤料、配水系统和承托层、反冲洗装置和各种给排水管道或管渠。工作过程基本相同，即过滤和冲洗交错进行。

下面以普通快滤池为例介绍其工作过程（图1.17）。

（1）过滤。过滤时，开启进水支管与清水支管的阀门。关闭冲洗水支管阀门与排水

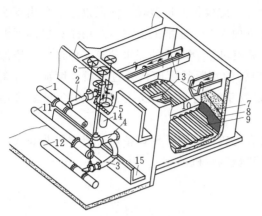

图 1.17 普通快滤池构造剖视图

1—进水总管；2—进水支管；3—清水支管；4—冲洗水支管；5—排水阀；6—浑水渠；7—滤料层；8—承托层；9—配水支管；10—配水干管；11—冲洗水总管；12—清水总管；13—冲洗排水槽；14—排水管；15—废水渠

阀。浑水就经进水总管、进水支管从浑水渠、清水支管、清水总管流往清水池。浑水流经滤料层时，水中杂质即被截留。随着滤层中杂质截留量的逐渐增加，滤料层中水头损失也相应增加。一般当水头损失增至一定程度以致滤池产水量锐减，或由于滤过水质不符合要求时，滤池便须停止过滤进行冲洗。

（2）冲洗。冲洗时，关闭进水支管与清水支管阀门。开启排水阀与冲洗水支管阀门。冲洗水即由冲洗水总管、支管，经配水系统的干管、支管及支管上的许多孔眼流出，由下而上穿过承托层及滤料层，均匀地分布于整个滤池平面上。滤料层在由下而上均匀分布的水流中处于悬浮状态，滤料得到清洗。冲洗废水流入冲洗排水槽，再经浑水渠、排水管和废水渠进入下水道。冲洗一直进行到滤料基本洗干净为止。冲洗结束后，过滤重新开始。从过滤开始到冲洗结束的一段时间称为快滤池工作周期。从过滤开始至过滤结束为一个过滤周期。

快滤池的产水量决定于滤速（以 m/h 计）和工作周期。滤速相当于滤池负荷，以单位时间、单位过滤面积上的过滤水量计，单位为 $m^3/(m^2 \cdot h)$。当进水浊度在 15 度以下时，单层砂滤池的滤速为 8～10m/h，双层滤料滤速为 10～14m/h，多层滤料滤速一般可采用 18～20m/h。工作周期长短决定了滤池实际工作时间和冲洗水量的消耗。周期过短，滤池日产水量减少。工作周期一般为 12～24h。

2. 滤料级配与滤料组成、承托层与配水系统

（1）滤料级配。滤料的主要作用是截留和黏附水中细小悬浮物，其应该满足以下要求：①具有足够的机械强度，以防止冲洗时滤料产生磨损和破坏现象；②具有足够的化学稳定性，以免滤料与水产生化学反应而恶化水质，尤其不能含有对人体健康和生产有害物质；③具有一定颗粒级配和适当孔隙率；④价廉、易得。

石英砂是使用最广泛的滤料，在双层和多层滤料中，常用的还有无烟煤、磁铁矿、石榴石、金刚砂等。在轻质滤料中，有聚苯乙烯、陶粒及纤维球等滤料。

过滤所用的滤料大都是由天然矿石粉碎制得，其颗粒大小不等，形状也不规则。通常用粒径（正好通过某一筛孔的孔径）表示滤料颗粒的大小，用不均匀系数表示滤料粒径级配（指滤料中各种粒径颗粒所占的重量比例）。我国 GB 50013—2006《室外给水设计规范》中用滤料有效粒径 d_{10} 和滤料不均匀系数 K_{80} 来表示滤料的级配

$$K_{80} = \frac{d_{80}}{d_{10}} \tag{1.1}$$

式中　d_{10}——通过滤料重量 10% 的筛孔孔径，反映滤料中细颗粒尺寸，mm；

d_{80}——通过滤料重量 80% 的筛孔孔径，反映滤料中粗颗粒尺寸，mm。

生产中也有用最大粒径 d_{max}、最小粒径 d_{min} 和不均匀系数 K_{80} 来表示滤料级配的。

滤料粒径过大，不仅影响滤出水水质，而且在反冲洗时滤料层较难松动，反冲洗效果不好；粒径过小，比表面积大，有利于杂质吸附但易堵塞，过滤周期短，影响产水量，反冲洗时还易将滤料冲出滤池。K_{80} 过大时，颗粒很不均匀，过滤时滤层含污能力减小，反冲洗时也不好兼顾粗、细滤料对冲洗强度的要求，但过分要求 K_{80} 接近于 1，滤料的价格会比较高。

（2）滤料组成。在一个过滤周期内，整个滤层单位体积滤料中所截留的杂质量则称为滤层含污能力，单位仍以 g/cm³ 或 kg/m³ 计。为了提高滤层含污能力，最好采用滤层自上而下滤料粒径逐渐由大到小的反粒度过滤方式。为了避免反冲洗对滤料产生水力分级，实现反粒度过滤的途径有两种：①改变水流方向，如上向流过滤（从滤池的下部进水，上部出水）和双向流过滤（上下进水、中间出水）；②采用多滤层组成，即双层、三层及均质滤料滤池。

双层滤料组成为：上层采用比重较小，粒径较大的轻质滤料（如无烟煤），下层采用比重较大，粒径较小的重质滤料（如石英砂）。由于两种滤料重度差，在一定反冲洗强度下，轻质滤料仍在上层，重质滤料位于下层，如图 1.18（a）所示。虽然每层滤料粒径仍由上而下递增，但就整个滤层而言，上层平均粒径总是大于下层平均粒径。当水流由上而下通过双层滤料时，上层的粗滤料首先去除水中尺寸较大的杂质，起粗滤作用，下部细滤料进一步去除水中剩余的细小杂质，起精滤作用。每层滤料的截污能力都得到了发挥。实践证明，双层滤料含污能力较单层滤料约提高 1 倍以上。因此，在相同滤速下，双层滤料滤池的过滤周期增长；在相同过滤周期下，滤速可提高。

三层滤料组成为：上层为大粒径、比重小的轻质滤料（如无烟煤），中层为中等粒径、比重中等的滤料（如石英砂），下层为小粒径、比重较大的重质滤料（如石榴石、磁铁矿），各层滤料的平均粒径由上而下递减，如图 1.18（b）所示。这种滤料组成不仅含污能力大，且因下层重质滤料粒径很小，对保证滤后水质有很大作用。

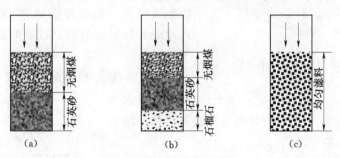

图 1.18　几种滤料组成示意图

均质滤料组成：所谓的均质滤料并非指滤料粒径完全相同，滤料粒径仍存在一定程度的差别（差别较一般单层滤料级配小），而是指沿着整个滤层深度方向上的任一横断面上，滤料组成和平均粒径均匀一致，如图 1.18（c）所示。要做到这一点，必要条件是反冲洗时滤料层不能膨胀。当前的气水反冲洗滤池就属于均质滤料滤池。这种滤池的滤层含污能力显然也高于单层滤料。

总之,滤层组成的改变是为了改善单层滤料层中杂质分配状况,提高滤层含污能力,相应降低滤层中水头损失,提高滤池产水量。

3. 承托层

承托层一般是配合大阻力配水系统使用,位于滤料层与底部配水系统之间。主要作用是过滤时防止滤料从配水系统流失,同时在反冲洗时向滤料层均匀布水。承托层一般由天然卵石或砾石组成,其粒径和级配应根据冲洗时所产生的最大冲击力确定。为了保证反冲洗时承托层不发生移动且实现防止滤料流失的作用,承托层可采用分层布置。如果采用小阻力配水系统,承托层可不设,或者适当铺设一些粗砂或细砾石。

4. 配水系统

配水系统位于滤池的底部,其作用是:在反冲洗时使冲洗水均匀分布在整个滤池面积上;在过滤时,均匀收集滤后水。配水的均匀性对反冲洗效果至关重要。若配水不均匀,水量小处,滤料膨胀度不足,得不到充分清洗;水量大处,反冲洗强度过高,使滤料冲出滤池,甚至还会使局部承托层发生移动,造成漏砂现象。

根据反冲洗时配水系统对反冲洗水产生的阻力大小,分大阻力配水系统、小阻力配水系统及中阻力配水系统三种。

(1)大阻力配水系统。快滤池中常用的穿孔管大阻力配水系统见快滤池构造图1.19。中间是一根干管或干渠,干管两侧接出若干根相互平行的支管。支管下方有两排与管中心线成45°角且交错排列的配水小孔。反冲洗时,水流从干管起端进入后进入各支管,由各支管的孔口流出经承托层自下而上对滤层进行清洗,最后流入排水槽排出。

配水系统不仅均匀分布反冲洗水,同时也收集滤后水。由于冲洗流速远大于过滤流速,当冲洗水分布均匀时,过滤时的集水均匀性自无问题。

大阻力配水系统的优点是配水均匀性好,

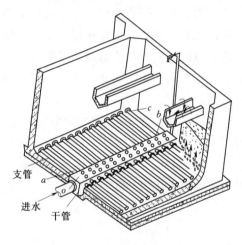

图1.19 穿孔管大阻力配水系统

但系统结构较复杂,检修困难,而且水头损失很大(通常在3.0m以上),冲洗时需要专用设备(如冲洗水泵),动力耗能多。

(2)中、小阻力配水系统。小阻力配水系统是在滤池底部留有较大的配水空间,在其上方铺设穿孔滤板(砖),板(砖)上再铺设一层或两层尼龙网后,直接铺放滤料(尼龙网上也可适当铺设一些卵石),如图1.20和图1.21所示。另外,滤池采用气、水反冲洗时,还可采用长柄滤头做配水系统(图1.22)。

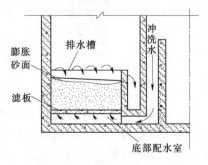

图1.20 小阻力配水系统

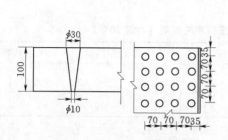

图 1.21　混凝土穿孔滤板

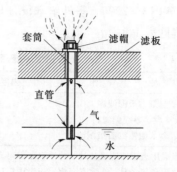

图 1.22　长柄滤头

小阻力配水系统结构简单，冲洗水头一般小于 0.5m，但配水均匀性较大阻力系统差。一般用于单格面积不大于 20m² 的无阀滤池、虹吸滤池等。

5. 滤池反冲洗

滤池反冲洗目的是清除滤层中所截留的污物，使滤池恢复过滤能力。快滤池冲洗方法有高速水流反冲洗、气-水反冲洗和表面助冲加高速水流冲洗三种。

（1）高速水流反冲洗。利用水流反向通过滤料层，使滤料层膨胀至流态化状态，利用水流剪切力和滤料颗粒间碰撞摩擦的双重作用，将截留在滤料层中的污物从滤料表面剥落下来，然后被冲洗水带出滤池。高速水流反向冲洗是应用最早、技术最成熟的一种冲洗方式，滤池结构和设备简单，操作简便。

为了保证冲洗效果，在冲洗过程中对反冲洗强度、滤层膨胀度和冲洗时间都有一定要求。

冲洗强度是指单位面积滤层所通过的冲洗水量，以 L/(m²·s) 计，也可以换算成反冲洗流速以 cm/s 计。1cm/s＝10L/(m²·s)。

反冲洗强度过小时，滤层膨胀度不够，滤层孔隙率中水流剪切力小，截留在滤层中杂质难以剥落，滤层冲洗不净；反冲洗强度过大时，滤层膨胀度过大，由于滤料颗粒之间过于离散，滤层孔隙率中的水流剪切力也会降低，且滤料颗粒间的摩擦碰撞概率也减小，滤层冲洗效果差，严重时还会造成滤料流失。因此，反冲洗强度过大或过小，冲洗效果都会下降。

滤层膨胀度是指反冲洗后滤层所增加的厚度与膨胀前厚度之比，用 e 表示

$$e=\frac{L-L_0}{L_0}\times100\%$$
（1.2）

式中　L_0——滤层膨胀前厚度，cm；

　　　L——滤层膨胀后厚度，cm。

滤料膨胀度由滤料的颗粒粒径、密度及反冲洗强度所决定，同时受水温影响。对于一定级配的单层滤料，在一定冲洗强度下，粒径小的滤料膨胀度大，粒径大的滤料膨胀度小。因此，同时保证粗、细滤料的膨胀度处于最佳状态是不可能的。

当冲洗强度或滤层膨胀度符合要求但反冲洗时间不足时，也不能充分地清洗掉包裹在滤料表面上的污泥；同时，冲洗废水因排除不尽会使其中的污物重返滤层。如果长期下去，滤层表面形成泥膜。在实际操作中冲洗时间可根据冲洗废水允许浊度决定。

GB 50013—2006《室外给水设计规范》对冲洗强度、滤层膨胀度和冲洗时间三项指标的推荐值见表1.4。

表1.4　　　　　　　　冲洗强度、滤层膨胀度和冲洗时间（水温20℃）

滤　　层	冲洗强度/[L/(m²·s)]	膨胀度/%	冲洗时间/min
单层细砂级配滤料	12～15	45	7～5
双层煤、砂级配滤料	13～16	50	8～6
三层煤、砂、重质矿石级配滤料	16～17	55	7～5

注　1. 当采用表面冲洗设备时，冲洗强度都可取低值。
　　2. 由于全年水温、水质有变化，应考虑有适当调整冲洗强度的可能。
　　3. 选择冲洗强度应考虑所用混凝剂品种。
　　4. 膨胀度数值仅做设计计算用。

（2）气-水反冲洗。将压缩空气压入滤池，利用上升空气气泡产生的振动和擦洗作用，将附着于滤料颗粒表面的污物清除下来并进入水中，最后由冲洗水带出滤池。气-水反冲洗所需的空气由鼓风机或空气压缩机和储气罐组成的供气系统供给，冲洗水由冲洗水泵或冲洗水箱供应，配气、配水系统多采用长柄滤头。

采用气-水反冲洗有以下优点：①空气气泡的擦洗能有效地使滤料表面污物破碎、脱落，冲洗效果好，节省冲洗水；②可降低冲洗强度，冲洗时滤层可不膨胀或微膨胀，从而避免或减轻滤料的水力筛分，提高滤层含污能力。不过，气-水反冲洗需要增加气冲设备，池子结构和冲洗程序也较复杂。但总体来讲，气-水反冲洗还是具有明显优势，近年来应用日益增多。

（3）表面冲洗。表面冲洗是在滤料砂面以上50～70mm处放置穿孔管。反冲洗前先从穿孔管喷出高速水流，冲掉表层10cm厚滤料中的污泥，然后再进行反冲洗。表面冲洗可提高冲洗效果，节省冲洗水量。

6. 虹吸滤池

（1）虹吸滤池的构造和工作过程。虹吸滤池通常由6～8个单元滤池组成一组或一座滤池。滤池的形状主要是矩形，水量少时也可建成圆形。图1.23为一组虹吸滤池的剖面图。右侧正处于过滤状态，而左侧正处于清洗状态。每个单元格滤池的底部配水空间相互连通。每个单元滤池都设有冲洗虹吸管和进水虹吸管，代替排水阀门和进水阀门控制虹吸滤池的过滤和反冲洗。

1）过滤过程。利用真空系统对进水虹吸管抽真空使之形成虹吸，待滤水由进水槽进入环形配水槽，经过虹吸管流入单格滤池进水槽，再经过进水溢流堰（调节单元滤池的进水量）和布水管流入滤池。进入滤池的水自上而下经过滤料层、配水系统和底部配水空间，进入环形集水槽，再由出水管流入出水井，最后经出水溢流堰、清水管流入清水池。

滤池在过滤过程中随着滤层的含污量不断增加，水头损失不断增大。由于各过滤单元进出水量不变，因此滤池内的水位不断地上升。当某格滤池内水位上升到最高设计水位时，水头损失达到了最大允许值，（一般采用1.5～2.0m）或滤后水质不符合要求时，该单元滤池停止进水，等待反冲洗。

2）反冲洗过程。首先破坏失效单元进水虹吸管的真空，使该格滤池停止进水，滤池内水位迅速下降。当滤池内水位下降速度明显变慢时，利用真空系统抽出冲洗虹吸管中的

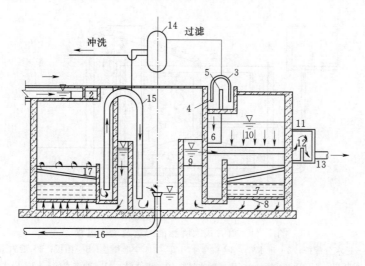

图 1.23　虹吸滤池的构造和工作过程

1—进水槽；2—配水槽；3—进水虹吸管；4—单格滤池进水槽；5—进水溢流堰；6—布水管；
7—滤料层；8—配水系统；9—集水槽；10—出水管；11—出水井；12—出水溢流堰；
13—清水管；14—真空系统；15—冲洗虹吸管；16—冲洗排水管；17—冲洗排水槽

空气，使之形成虹吸。开始阶段，滤池内剩余的待滤水通过冲洗虹吸管迅速排入池中心下底，由冲洗排水管排出，滤池内水位迅速降低。当集水槽的水位与滤池内水位形成一定的水位差时，冲洗工作就正式开始了。当滤池内水位降至冲洗排水槽顶部时，反冲洗水头达到了最大值。此时，其他单元格滤池的滤后水作为该格滤池的反冲洗水，源源不断地通过集水槽进入该单元滤池的底部配水空间，经配水系统、自下而上通过滤料层，对滤料层进行清洗。当滤料冲洗干净后，破坏冲洗虹吸管的真空，冲洗停止。然后，再启动虹吸管，过滤重新开始。

（2）虹吸滤池的优缺点和适用条件。虹吸滤池与普通快滤池相比有以下的优点：无需要大型闸阀及相应开关控制设备，操作管理方便，易实现自动化控制；可以利用滤池本身的过滤水量、水头进行冲洗，不需要设置冲洗水塔或水泵；滤后水的水位永远高于滤层，过滤时不会发生负水头现象；在投资上与同样生产能力的普通快滤池相比能降低造价 20％～30％，且节约金属材料 30％～40％。

主要存在的问题：池深较大且池体结构复杂；采用小阻力配水系统，冲洗均匀性差，因冲洗水头受池深的限制，有时冲洗效果不理想。

虹吸滤池适用于日处理水量在 5000～50000m³ 的中小型给水处理厂。

7. 重力式无阀滤池

（1）重力式无阀滤池的构造和工作过程。过滤时（图 1.24），待滤水经过进水分配槽，由进水管进入虹吸上升管，再经伞形顶盖下面的挡板整流和消能后，均匀地分布在滤料层上，通过承托层、小阻力配水系统进入底部配水区，然后沿着连通渠上升至冲洗水箱。当水箱水位上升达到出水渠的溢流堰顶后，溢流入渠内，最后经过滤池出水管进入清水池。

过滤开始后，虹吸上升管内水位与冲洗水箱内水位高差 H_0 为过滤的起始水头损失，一般为 0.2m 左右。随着过滤的进行，滤层内截留的杂质量增多，过滤水头损失随之逐渐

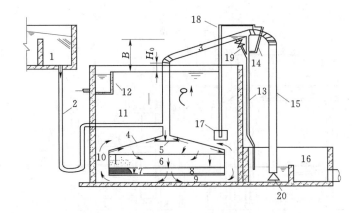

图1.24 重力式无阀滤池构造及工作过程

1—进水分配槽；2—进水管；3—虹吸上升管；4—伞形顶盖；5—挡板；6—滤料层；
7—承托层；8—配水系统；9—底部配水区；10—连通渠；11—冲洗水箱；12—出水渠；
13—虹吸辅助管；14—抽气管；15—虹吸下降管；16—水封井；17—虹吸破坏斗；
18—虹吸破坏管；19—强制冲洗管；20—冲洗强度调节器

增大，虹吸上升管内的水位也逐渐升高。当水位上升到虹吸辅助管的管口时，水便通过虹吸辅助管下流进入水封井，依靠管内高速水流形成的负压和水流挟气作用，通过抽气管不断将虹吸管中的气体抽出，使虹吸管中的真空度逐渐增大。结果，虹吸上升管中水位进一步上升，同时，虹吸下降管也将水封井中的水吸上一定高度。当虹吸上升管中的水位升高越过虹吸管顶端后沿虹吸下降管下落时，下落水流与虹吸下降管中的上升水柱汇成一股冲出管口，把管内残留空气全部带走，形成虹吸。此时，由于伞形顶罩内的水被虹吸管排出池外，造成滤层上部压力骤降，促使冲洗水箱内的滤后水沿着与过滤相反的方向自下而上通过滤层，使滤层得到冲洗。冲洗废水由虹吸管进入排水水封井排出。从过滤开始至虹吸上升管中水位升至辅助管口这段时间为重力式无阀滤池的过滤周期，自虹吸上升管中的水从辅助管下流到形成反冲洗，仅需数分钟。因此，辅助管口至冲洗水箱最高水位差即为终期允许水头损失 H，一般采用1.5～2.0m。

在冲洗过程中，进水管继续进水，直接由虹吸管排走。随着反冲洗的进行，冲洗水箱内水位逐渐下降。当水位下降到虹吸破坏斗以下后，管口与大气相通，虹吸被破坏，冲洗结束，过滤重新开始。

重力式无阀滤池是根据滤层水头损失达到设定值自动进行冲洗的，如果滤层水头损失还未达到最大允许值而因为某种原因（如出水水质不符合要求）需要提前冲洗时，可进行人工强制冲洗。强制冲洗设备是在辅助管与抽气管相连接的三通上部，接一根压力水管，称强制冲洗管。当需要人工强制冲洗时，打开阀门，高速水流便在抽气管与虹吸辅助管连接三通处产生强烈的抽气作用，促使虹吸形成，进行强制反冲洗。

（2）重力式无阀滤池的优缺点和适用条件。

优点是：运行全部自动化，操作管理方便；节省大型阀门，造价较低；出水水位高于滤层，在过滤时不会出现负水头现象。

缺点是：冲洗水箱建于滤池上部，滤池的总高度较大，出水水位高，城市给水厂总体高程布置带来困难；池体结构较复杂，滤料处于封闭结构中，装、卸困难。

无阀滤池适用于处理水量在 1 万 m^3/d 以下的小型水厂，单池面积一般不大于 $16m^2$，少数也有达到 $25m^2$ 以上的。

8. 移动罩滤池

移动罩滤池由若干格滤池为一组组成，滤料层上部相互连通，滤池底部配水区也相互连通，整个滤池共用一套进水和出水系统。运行时，利用一个可移动的冲洗罩依次轮流罩在各格滤池上，对其进行冲洗，其余各格滤池正常过滤。反冲洗滤池所需的冲洗水由其余格滤池滤后水提供，冲洗废水利用虹吸或泵吸的方式从冲洗罩的顶部抽出。移动罩滤池因有移动冲洗罩而得名，它综合了虹吸滤池和无阀滤池的某些特征。

9. V 形滤池

V 形滤池是 20 世纪 70 年代由法国德格雷蒙（Degremont）公司设计发展起来的一种快滤池，该滤池两侧进水（也可一侧进水），采用气-水反冲洗，因滤池进水槽设计成 V 形，故称 V 形滤池，其结构如图 1.25 所示。

通常，由数只滤池组成一组，每只滤池中间设置双层中央渠道，将滤池分成左、右两格。中央渠道的上层为排水渠，作用是排出反冲洗废水；下层为气-水分配渠，其作用是收集滤后水和冲洗时均匀布气和冲洗水。在气-水分配渠的上部均匀分布一排配气方孔，下部均匀布置一排配水方孔。

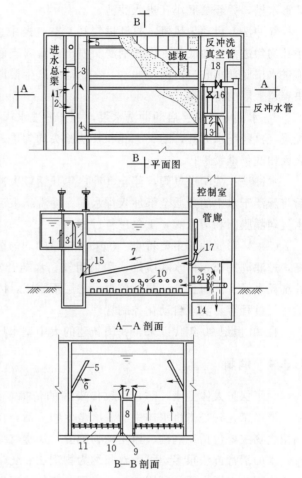

图 1.25　V 形滤池结构示意图

1—进水气动隔膜阀；2—方孔；3—堰口；4—侧孔；5—V 形进水槽；6—小孔；7—排水渠；8—气-水分配渠；9—配水方孔；10—配气方孔；11—底部空间；12—水封井；13—出水堰；14—清水渠；15—排水阀；16—清水阀；17—进气阀；18—冲洗水阀

滤板上均匀分布长柄滤头，$50\sim60$ 个/m^2，滤板下面是底部空间。在 V 形进水槽底设有一排小孔，即可作为过滤时进水用，又可供冲洗时表面横向扫洗布水用。

（1）过滤过程。打开进水气动隔膜阀和清水阀，进水总渠中的待滤水从进水气动隔膜阀和方孔同时进入，溢过堰口再经侧孔进入 V 形进水槽，然后待滤水通过 V 形进水槽底部的小孔和槽顶溢流均匀进入滤池，自上而下通过砂滤层进行过滤，滤后水经长柄滤头流入底部空间，再经配水方孔汇入中央气-水分配渠内，由清水支管流入管廊中的水封井，最后经过出水堰、清水渠流入清水池。

（2）冲洗过程。关闭进水气动隔膜阀和清水阀，开启排水阀，滤池内浑水从中央渠道的上层排水渠中排出，待滤水内浑水面与 V 形槽顶相平，即可考虑冲洗操作，冲洗一般分三步进行。由于气动隔膜阀两侧方孔常开，在下述的冲洗过程中，始终有小股待滤水进入 V 形水槽，并经槽底小孔进入滤池。

气冲洗：启动鼓风机，打开进气阀，空气经中央渠道下层的气-水分配渠的上部配气小孔均匀进入滤池底部，由长柄滤头喷出，滤料表面杂质被擦洗下来进入水中。此时从 V 形进水槽底部小孔流出的待滤水，在滤池中产生横向水流，形同表面扫洗，将杂质推向中央渠道上层的排水渠。

气-水同时冲洗：启动冲洗水泵，打开冲洗水阀，此时空气和冲洗水同时进入气-水分配渠，再经配水方孔、配气方孔和长柄滤头均匀进入滤池。使滤料得到进一步冲洗，同时表面扫洗仍继续进行。

水冲洗：关闭进气阀，停止气冲，单独用较大冲洗强度的水冲洗，加上表面扫洗，最后将悬浮于水中的杂质全部冲入排水渠。冲洗结束后，关闭冲洗水泵和冲洗水阀，打开进水气动隔膜阀和清水阀，重新进行过滤。

（3）V 形滤池的主要特点。①采用较厚的均匀级配粗砂滤料层，滤速较高，含污能力高，过滤周期长，出水水质好；②采用气、水结合冲洗，再加上表面扫洗，冲洗效果好，冲洗耗水量少。而且冲洗强度较小，滤层不膨胀，因此不会出现水力筛分现象；③整个滤池运行过程容易实现自动化控制管理。

自 20 世纪 90 年代以来，我国新建的大中型水厂大都采用 V 形滤池。

1.3.4 消毒

为了保护人体健康，防止水致传染病的传播，必须对饮用水中的致病微生物加以控制。消毒工艺就是指将水体中的病原微生物灭活，使之减少到可以接受的程度。人体内致病微生物主要包括：病菌、原生动物胞囊、病毒（如传染性肝炎病毒、脑膜炎病毒）等。

水的消毒方法很多，可大致归纳为物理法和化学法。

物理法消毒主要是利用加热、光照、紫外线辐射等物理手段破坏微生物体内的酶系统或 DNA 进行灭活微生物。但由于成本较高，操作困难，不具备持续杀菌能力等原因在应用上受到了一定限制。化学法是目前使用最广泛，效果最可靠的一种消毒方法。它是通过向水中投加化学药剂（主要是强氧化剂）破坏微生物细胞壁和体内的酶系统对微生物进行灭活和控制的。

下面就给水处理中常用的几种消毒剂进行介绍。

1. 氯消毒

氯易溶于水中，在清水中，发生下列反应

$$Cl_2 + H_2O \Longleftrightarrow HOCl + H^+ + Cl^-$$ (1.3)

次氯酸（HOCl）部分分解为氢离子和次氯酸根

$$HOCl \Longleftrightarrow H^+ + OCl^-$$ (1.4)

在水中 HOCl 和 OCl⁻ 都有氧化能力，一般认为主要是通过 HOCl 起消毒作用。实践表明 pH 值越低，消毒作用越强。

很多地表水中由于受有机物的污染而含有一定的氨氮，使得水中存在着次氯酸（HOCl）、一氯胺（NH₂Cl）、二氯胺（NHCl₂）和三氯胺（NCl₃），它们在平衡状态下的含量比例决定于氯、氨的相对浓度、pH 值和温度。根据氯在水中的存在状态又称为自由性氯（如 HOCl、OCl⁻）和化合性氯（如各种氯胺）。从消毒作用而言，氯胺的消毒也是依靠 HOCl 作用。比较三种氯胺的消毒效果，二氯胺消毒效果最好，但有臭味；三氯胺消毒作用极差，且有恶臭味。一般自来水的 pH 值接近于中性，因此三氯胺基本上不会产生，且它在水中溶解度很低、不稳定易气化，所以三氯胺的恶臭味并不会引起严重问题。

（1）加氯量。水中加氯量包括需氯量和余氯量。需氯量指灭活水中微生物、氧化有机物和还原性物质所消耗的部分氯。为了抑制水中残余病原微生物的再度繁殖，管网中尚需要维持少量余氯。GB 5749—2006《生活饮用水卫生标准》规定：出厂水接触 30min 后余氯不低于 $0.3mg/L$；在管网末梢不应低于 $0.05mg/L$。

加氯量与余氯量之间的关系与原水水质情况有关，如图 1.26 加氯曲线所示。

1）如果水中无任何微生物、有机物和还原性物质，需氯量为零，此时加氯量等于余氯量。见图 1.26 中的虚线①，该线与坐标轴成 45°角。

2）若水受少量有机物污染（无氨氮），氧化有机物和灭活细菌要消耗一定的氯量，即需氯量。加氯量必须超过需氯量后，才能保证一定的余氯量。见图 1.26 中的实线②。

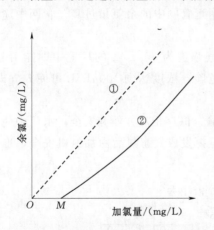

图 1.26　加氯量与余氯量之间的关系

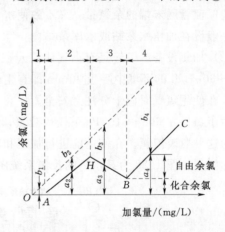

图 1.27　折点加氯曲线

3）当水中的污染物主要是氨和氮化合物时，情况比较复杂。如图 1.27 中 OAHBC 曲线所示。OAHBC 曲线与坐标轴成 45°角直线间的垂直距离表示余氯量。OA 段表示水中所加的氯全部被消耗掉，余氯量为零。AH 段有化合性余氯存在，主要是一氯胺。有一定持续消毒能力。HB 段表示水体中的化合性余氯与新生成的 HOCl 发生了歧化反应［式（1.3）］生成不具有消毒能力的其他物质，余氯反而减少，最后达到折点 B 时化合性余氯降低至最低值。超过 B 点后进入 BC 段后，此时水中已经没有消耗氯的杂质，出现了自由性余氯。这一阶段消毒效果最稳定。

消毒处理时投加氯量的多少需要根据原水水质和消毒的目的确定。对于给水处理来说，当原水游离氨小于 $0.3mg/L$ 时，加氯量一般控制在折点后。通常将加氯量超过折点需要量称为折点氯化。当原水游离氨高于 0.5mg/L 时，加氯量控制在峰点前；原水游离氨含量在 0.3~0.5mg/L 时，加氯量比较难掌握，可由具体实验确定。在缺乏参考资料时，地表水经混凝、沉淀和过滤后或清洁的地下水，加氯量一般可采用 1.0~1.5mg/L；一般地面水经混凝、沉淀而未过滤时可采用 1.5~2.5mg/L。

对于受到严重污染的原水，经过混凝、沉淀和过滤后进行折点氯化，可明显降低水质的色度，并在一定程度上可去除恶臭，降低水中有机物含量。但自从发现水中有机物能与氯生成三氯甲烷后，采用折点加氯处理受污染的原水开始引起了人们的担心，因而需要考虑在氯化前进行进一步去除有机污染的深度处理或采用其他消毒方法。

（2）加氯点。在给水处理工艺中加氯点通常有滤后加氯、滤前加氯和管网中加滤三种。

饮用水消毒一般放在过滤之后，为处理的最后一步，也称为滤后加氯。在加混凝剂时同时加氯，可氧化水中的有机物，对处理含腐殖质的高色度水，可提高混凝效果。用硫酸亚铁作为混凝剂时，可以同时加氯，将亚铁氧化成三价铁，促进硫酸亚铁的混凝作用。这种氯化法称为滤前氯化或预氯化。预氯化还能防止水厂内各种构筑物滋生青苔和延长氯胺消毒的接触时间。对于受有机物污染严重的水源，氯与有机物结合会产生有害的副产物，应避免滤前加氯。

当城市管网延长很长，管网末端的余氯量难以保证时，需要在管网中途补充加氯。这样既能保证管网末端的余氯量，又不致使水厂附近管网中的余氯量过高。管网中途加氯的位置一般设在加压水泵站或水库泵站内。

（3）加氯设备。氯气是有毒气体，人在氯气浓度为 $30\mu L/L$ 的环境中即能引起咳嗽，在 $40\sim60\mu L/L$ 的环境中呼吸 30min 即有生命危险，浓度达到 $100\mu L/L$ 可使人立即死亡。因此，在使用氯气时应十分注意安全。

由于氯气在 608~810kPa 下变成液氯，运输、保存相对方便和安全，水厂中使用的氯气均为这种瓶装液氯。在使用前进行加热和减压挥发成气态氯后由加氯机安全，准确地输送至加氯点。图 1.28 为某水厂的投氯系统图。

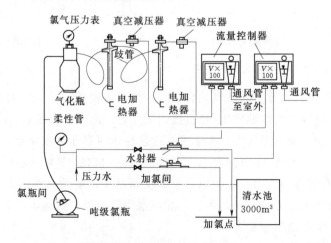

图 1.28 某水厂投氯系统图

干燥的氯气和液氯对钢瓶无腐蚀作用，但遇水或受潮则会严重腐蚀金属。因此，必须严格防止水和潮气进入氯瓶。

2. 其他消毒方法

（1）二氧化氯消毒。ClO_2 在常温下是一种黄绿色气体，具有刺激性。其溶解度是氯的 5 倍，且不与水发生反应。ClO_2 既是消毒剂，又是氧化能力很强的氧化剂。据有关专家研究，ClO_2 对细菌的细胞壁有较强的吸附和穿透能力，能有效地破坏细菌体内酶系统，对细菌、病毒等有很强的灭活能力。此外，ClO_2 作为氧化剂，还能去除或降低水中的色度等。ClO_2 极不稳定，气态和液态 ClO_2 均易爆炸，故需要现场制备，即时使用。

目前，在欧洲等经济发达国家 ClO_2 作为消毒剂已经被推行使用。我国以 ClO_2 作为传统消毒剂 Cl_2 的替代药剂也日益受到重视，一些水厂正处于试运行阶段，但广泛推广使用仍存在以下问题：ClO_2 的易爆炸性和强氧化性致使在应用时，尤其是 ClO_2 发生器的操作，对技术要求较高，需要操作人员具有较强的现场应急能力；目前制备技术不够成熟，产品质量不稳定，产品中经常混有较高比例的 Cl_2；制备成本偏高。

（2）臭氧消毒。臭氧（O_3）在常压下呈淡蓝色，是一种具有较强刺激性气味的气体。臭氧的密度为空气的 1.7 倍，易溶于水，在空气或水中极不稳定，易分解为氧气和具有很强氧化能力的新生态氧［O］，使用时也需要现场制备。臭氧对人体健康有一定影响，空气中臭氧浓度达到 $15 \sim 20 mg/L$ 即有致命危险，故在水处理中散发出的臭氧尾气需要处理。

臭氧既是消毒剂，又是氧化能力极强的氧化剂。在水中投加臭氧消毒或氧化又称臭氧氧化。作为消毒剂，对顽强的微生物如病毒、芽孢等有强大的杀伤力。臭氧的强大杀菌能力还可能是臭氧对细胞壁具有较强渗透性，或由于臭氧破坏细菌有机体结构而导致细菌死亡。臭氧在水中很不稳定，易消失，持续消毒能力差，故在臭氧消毒后，还需要投加少量的氯、二氧化氯或氯胺。

臭氧作为氧化剂的主要特点是：不会产生三卤甲烷等副产物，杀菌和氧化能力均比氯强。但近年来臭氧化的副作用也开始引起人们的关注，有人认为，水中有机物经过臭氧氧化后，有可能将水中大分子物质变成数量更多的分子较小的中间产物，这些中间产物和后加入的氯反应后，致突变性反而增强。目前，臭氧主要与活性炭联合应用于水的深度处理。

（3）紫外线消毒。紫外线杀菌的机理目前尚没有统一的认识，较普遍的观点是，细菌体内的 DNA 吸收大量紫外线能量后，可导致结构破坏而被杀死。实验表明波长为 260nm 左右的紫外线杀菌能力最强。同时，紫外线也能促使有机物的化学键断裂后分解。

紫外线的光源由紫外灯管提供。其消毒的主要优点是不会产生三卤甲烷等副产物；处理后的水无色无味。主要缺点是消毒能力受水中悬浮物含量限制；不具有持续消毒能力。另外，紫外线照射穿透能力有限，不适合处理大流量的给水。

除了以上介绍的几种消毒方法外，还有次氯酸钠消毒、漂白粉消毒以及高锰酸钾消毒等。综合各种消毒方法，都存在着一定缺陷。不同消毒方法的配合使用仍在探索中。

1.4 微污染源水处理技术

微污染源水是指因受到排入的工业废水和生活污水影响，其部分水质指标超过饮用水源卫生标准要求的源水。在江河水源上表现为氨氮、总磷、色度、有机物等指标超出饮用水源卫生标准。在湖泊水库水源上，表现为水库和湖泊水体的富营养化，并在一定时期藻类滋生，造成水质恶化，臭味明显增加。

目前，微污染水源水的处理技术主要是针对水中藻类、臭味、有机物的去除。

1.4.1 藻类控制技术

生活污水、工业废水和农田排水中都含有大量的氮、磷及其他无机盐类，在温度和阳光充足的环境下，易使藻类迅速繁殖，大量消耗水中的溶解氧，引起水体发臭，降低水质。而蓝绿藻在一定条件下所产生的藻毒素会危及鱼类和家畜的生命。同时这种富含藻类的水体作饮用水源时还有一定危害性，主要表现在以下 4 方面：堵塞滤池、药耗增加、藻类致臭和产生藻毒素。因此，在水处理过程中需要对水中的藻类进行有效地去除。目前主要的除藻单元工艺有：化学药剂法、气浮法、微滤法、直接过滤法及生物处理法。

1. 化学药剂法除藻

化学药剂法除藻是国内普遍采用的方法，需要在藻类生长旺期向水体中投加一些化学药剂（称杀藻剂，Algicide）灭活藻类。它具有见效快的特点，但会给环境带来一定的负面影响，因而在使用方面受到一定的限制。化学除藻中常用的杀藻剂可分为氧化型和非氧化型两类。

氧化型杀藻剂主要有硫酸铜、臭氧、二氧化氯、高锰酸钾、Br_2 试剂、氯化溴、有机氯、有机溴剂等。应用最广泛的是硫酸铜，但使用硫酸铜的缺点是水中铜离子无法排出，易造成铜离子在水体中累积，若长期使用杀藻剂会造成湖泊退化。臭氧在数秒钟内即可分解消失，不会对环境造成污染，且除藻效果好，与其他药剂复配效果理想。如采用臭氧和活性炭联合除藻。

非氧化型杀藻剂主要有无机金属化合物及重金属制剂、有机金属化合物及重金属制剂、铜剂、汞剂、锡剂、铬酸盐、有机硫系、季盐、异噻唑啉酮、五氯苯酚盐、戊二醛、羟胺类和季铵盐类等。

2. 气浮法除藻

气浮技术是在待处理水中通入大量的、高度分散的微气泡，使之作为载体与杂质絮粒相互黏附，形成整体密度小于水的浮体而上浮到水面，以完成水中固体与固体、固体与液体、液体与液体分离的净水方法。

应用于藻类去除的气浮技术主要是溶气气浮法（DAF）。气浮法的初期投资较小，但空气压缩装置运行费用较高。所以该法在水厂只是针对季节性的藻类暴发时才采用，此时高负荷运行时间较短。

3. 生物处理法除藻

生物除藻具有无毒副作用、无腐蚀、成本低、效用持久的特点。但目前各种病理真菌或噬菌体的杀生范围普遍狭窄且专一性强，对于水体中的复杂多样的藻类难以奏效。

养殖水生植物和水生动物。一般情况下，可通过栽种水生高等植物构建人工湿地的办法来去除营养元素和藻类。如香根草、水葫芦、荷花、菖蒲和芦苇等。还可以放养一定密度的鲢、鳙等滤食性水生动物，用以吞食大量藻类和浮游动物来控制蓝藻水华的发生。

投加复合微生物。可以定期向水中投加光合细菌（PSB）来净化水体，或者向水体中增氧并定期接种具有净水作用的复合微生物（PBB 法）。这主要是通过有益微生物、藻类、水草等的吸附，在底泥深处厌氧环境下将硝酸盐转化成气态氮从而有效去除硝酸盐。

制作生物栅与人工生物浮岛。生物栅即在固定支架上悬挂绳索状的生物接触填料，使微生物、原生动物、小型浮游动物固着在填料上生长而不被大型水生动物和鱼类吞食，使单位体积的水中水生物数量增加以加强净化作用。人工生物浮岛是将陆生喜水植物连根移植到白色塑料泡沫做成的浮岛载体内，在植物生长过程中吸收水中的氮、磷等化学物质，同时释放出抑制藻类生长的化合物，从而达到净化水质的效果。

采用生物滤沟法。生物滤沟法结合了传统的砂石过滤与湿地塘床工艺，采用多级跌水曝气方式，能有效地控制出水的臭味、氨氮值、藻类和有机物。此方法的工艺流程如图1.29 所示，原水经过带格栅的吸水井除去漂浮物后通过水泵提升，然后经三级跌水盘跌水充氧后，由跌水槽进入生物滤沟好氧段。生物滤沟好氧段根据填料的不同，又分为卵石段和炭渣段两段，之后经是植物床和生态净化沟，出水流入清水槽。

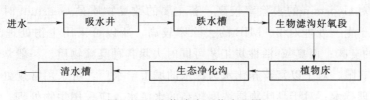

图 1.29　生物滤沟工艺流程图

4. 其他除藻方法

（1）微滤。微滤器通常用来去除原水中的浮游生物，丝状或集群藻类，去除率可达到 80%～90%，微滤器对含蓝藻的原水处理效果不佳，采用此方法时应首先对藻类进行鉴别。有胶鞘的藻类，如微囊藻，容易造成堵塞，因此，要定期将滤网取出用杀生剂杀灭藻类，再用高压水冲洗。随着膜处理技术的进步，利用孔径在 $0.5～1.0\mu m$ 的微滤膜，以压力为推动力进行精密过滤去除各种藻类、微生物和颗粒物质，已成为除藻工艺的新方向。微滤能够提供优于其他工艺处理的出水水质，处理效果可靠。其原理是机械筛分，出水仅取决于微滤膜孔径大小，和源水水质及运行条件无关。

（2）直接过滤。适用于源水中藻类和悬浮物数量较少的情况，该工艺的关键是滤速的大小。采用均质砂滤池或双层滤料滤池进行直接过滤的工艺，藻类去除率为 15%～75%。若进行预氯化并在投加混凝剂后采用白煤—砂双层滤料滤池直接过滤（滤速＜3m/h），则藻类的最优去除率约为 95%。但是当原水中藻量＞1000 个/mL、白煤粒径为 0.9mm，或藻类数量＞2500 个/mL、白煤粒径为 1.5mm 时，过滤周期明显缩短。

（3）物理方法。物理除藻是利用微生物过滤、声波、各种射线、紫外线、电子线、电场等物理学方法，对藻类进行杀灭或抑制的技术，它需一次性投入的成本较高，但效果好，无毒副作用，可持久使用。目前有光磁协同处理技术、电化学技术等去除藻类的新技术。

1.4.2　臭味去除技术

导致水有异味的物质主要是一些化合物，这些物质可分为化学性致味物质和生物性致味物质。化学性致味物质主要来源有两个方面：①工农业废水、生活污水对给水水源的复合污染，如合成洗涤剂、农药等；②给水处理过程新异味物质的产生，如消毒副产物。微生物致味物质既包括水中微生物或藻类的新陈代谢所产生的异味物质，也包括一些天然有机物（如腐殖质）在微生物作用下的分解产物，主要是两种物质：2-甲基异茨醇（MIB）和土臭素（Geosmin）。这些产物可以通过雨水、径流、渗透等形式进入原水中。常用的臭味去除技术有化学氧化法、吸附法和生物处理法。

所谓化学氧化法就是利用具有强烈氧化性能的化学药剂氧化分解水中的发臭物质，消除臭味。常用的氧化剂有臭氧、高锰酸钾和二氧化氯。

吸附法主要是利用粉末活性炭（PAC）、粒状活性炭（GAC）、沸石等的吸附作用去除致臭物质。

水体中溶解性臭味物质也可以通过细菌、微小动物共同作用逐步得到降解。

此外，还可采用光催化氧化技术，即在光催化剂（TiO_2）的作用下，利用光能降解难降解有机物的新型水处理技术。

因为吸附对Geosmin的去除率较高，若主要的致臭物质是Geosmin时，则可采取吸附法去除；由于生物处理对2-MIB的去除率较高，所以可采用生物处理法去除主要由2-MIB引起的臭味；而臭氧-活性炭工艺可同时去除各种臭味物质。一般常规处理对臭味物质去除能力有限，对于以富营养化水为源水的城市给水厂，可采用常规处理结合生物处理或活性炭处理技术；对于臭味物质浓度较高的水源水，应采用生物处理、常规处理、活性炭处理技术，或生物处理、常规处理和臭氧-生物活性炭处理技术。

1.4.3　有机物去除技术

水源水中的有机污染物对传统净水工艺及水质的影响主要是：增加制水成本；溶解性有机物不能被有效去除；氯消毒后，致突变物质含量增加；出厂水生物稳定性难以保证；减少管网使用寿命，增加输水能耗。

控制水源水中有机污染物的技术有：①化学氧化法，主要有臭氧、双氧水、高锰酸钾、光催化氧化及其联合工艺；②物理吸附法，主要是活性炭吸附；③生物氧化法；④强化絮凝法，调节水的pH值，增加混凝剂的投加量，提高对有机物的去除效果；⑤膜过滤技术。根据水源水质的特点和对出厂水的要求，有时需采用几种工艺的联合，以确保饮用水的安全。

项目 2　城市污水处理工艺

〽〽 **学习目标**

本单元要求理解城市污水处理厂的基本情况，熟悉城市污水处理厂的水质特点，掌握城市污水处理厂各级污水处理工艺的操作原理、特点和操作步骤。

〽〽 **学习要求**

能 力 目 标	知 识 要 点	技 能 要 求
城市污水处理工艺	掌握城市污水污染物和排放标准；熟悉污水处理的方法和系统；理解污水各级处理的不同方法的原理和特点；了解污水处理新方法	能查阅污水水质及排放标准；能根据实际情况选择相应的处理工艺，能看懂污水处理流程图

2.1　污水水质与排放标准

2.1.1　污水来源

人类社会活动使用过的水，其物理或化学性质被改变，便成为了污、废水。根据使用过程和污水来源的不同，污水可分为生活污水、生产废水和降水 3 大类。

生活污水是指人类在日常生活中使用过的，并被生活废弃物所污染的水；工业废水是在工矿企业生产过程中使用过的并被生产原料等废料所污染的水，如果工业废水只是水温升高，所含杂质没有被改变时，称为生产废水。相反，污染较严重的水称为生产污水。初降雨水径流过程中，会携带地面的各种污染物，所以排入水中也会形成污染。生活污水和工业废水的混合污水称为城市污水，城市污水需要输送到城市污水处理厂进行集中处理，初降雨水也应处理。

处理后的污水出路可以有 3 种：排入水体、灌溉农田、重复利用。排放水体是污水的自然归宿，也是水的社会循环的最后阶段，但也是造成水体污染的重要原因；处理水用于灌溉农田时，必须符合农田用水水质标准。对处理水的重复利用可分为直接利用和间接利用。直接利用包括中水利用、补充景观水等，间接利用主要是用于回灌地下水等。

2.1.2　污水水质

污水产生的来源不同，其所含污染物质也不同。根据我国水质分析和检测标准，表示污水水质特征的指标可分为物理性指标、化学性指标、生物性指标 3 类。

1. 物理性指标

物理性指标有温度、色度、臭和味、固体物质。

许多工业废水都有较高的温度，排放水体会引起水体的热污染，影响水生生物的生存和对水资源的利用。色度、臭和味属感官性指标。水中所有残渣的总和称为总固体（TS），总固体包括溶解物质（DS）和悬浮固体物质（SS）。水样过滤后，滤液蒸干所得的固体即为溶解性固体，滤渣烘干后即是悬浮固体。根据成分的挥发性能，悬浮固体又可分为挥发性悬浮固体（VSS）和非挥发性悬浮固体（NVSS）或称灰分两种。挥发性悬浮固体主要是污水中的有机质，是水体有机污染的重要来源。一般生活污水中挥发性悬浮固体约占 75% 左右。

2. 化学性指标

化学性指标包括有机物指标和无机性指标。

（1）有机物指标。污水中有机污染物的组成较复杂，其主要危害是消耗水中溶解氧，所以，一般以需氧量来表征有机物含量，主要有生物化学需氧量（BOD）、化学需氧量（COD）、总有机碳（TOC）和总需氧量（TOD）等指标，单位均为 mg/L。

COD 包含了易于生物降解的有机物和难于生物降解的有机物的总含量，而 BOD_5 主要反映的是污水中易于生物降解的有机物量，因此，BOD_5/COD 比值可以用来判别污水的可生化性，即污水是否适宜用生物化学方法处理。一般认为比值大于 0.3 的污水，基本能采用生化法处理；比值大于 0.45 的污水可生化性良好。据统计，城市污水的比值一般为 0.4～0.65 之间。总有机碳（TOC）包括水样中所有有机污染物质的含碳量；总需氧量 TOD 表示水中所有含碳、氢、氮、硫等元素的有机物被氧化需要的总氧量。

水质条件基本相同的污水，测得的各指标值间存在着一定的关系

$$TOD > COD_{Cr} > BOD_u > BOD_5 > TOC$$

BOD_5 不仅与 COD 间存在着一定的比例关系，BOD_5 与 TOC 间也有一定的相关关系，如城市污水的 BOD_5/TOC 比值一般为 1.0～1.6。

（2）无机性指标。无机性指标主要包括氮、磷、无机盐类和重金属离子及酸碱度等。

污水中的氮、磷为植物营养元素，但过量的氮、磷进入天然水体却易导致富营养化。即由于营养元素的大量增加会刺激以藻类为主的水生植物大量繁殖，而影响到水中鱼类的生存空间，还会造成水中溶解氧的急剧变化，引起水体的严重缺氧，从而严重影响鱼类生存。就污水对水体的富营养化作用来说，磷的作用远大于氮。

污水中的无机盐类主要来源于人类生活污水和工矿企业废水，主要有硫酸盐、氯化物和氰化物等。此外，还有些无机有毒物质，如无机砷化物等。

重金属主要是指汞、铬、铅、镉、镍、锡等。正常的天然水体中的重金属含量是很低的，重金属主要是通过废水、废气和废渣排放到环境中的，这属于点源污染，能在局部地区造成严重的污染后果。重金属作为有色金属在人类的生产和生活方面有广泛的应用，由于人类活动而进入环境中的重金属量，几乎相当于自然过程中的迁移量。

3. 生物性指标

污水的生物性检测指标主要是细菌总数、大肠菌群等。

水中细菌总数反映水体受细菌污染的程度，单位是个/mL；大肠菌群可表明水样被粪

便污染的程度，单位是个/L。细菌总数不能说明污染的来源，必须结合大肠菌群数来判断水体污染的来源和安全程度。

2.2 水体污染与污水排放标准

任何环境都有接纳一定污染物的能力，即环境容量。天然水体也具有水环境容量。水环境容量源于水体的自净作用，即水体接纳污水后，会通过自身的稀释、扩散、化学净化、生物净化等作用，使污染物的浓度降低，从而使水体部分或完全地恢复原来状态。其中生物净化过程可使有机污染物无机化，浓度降低，总量减少，是水体自净的主要原因。在这一过程，好氧微生物降解有机物需要消耗水体中的溶解氧，河流中溶解氧主要依靠大气复氧补充，水生植物的光合作用也可以释放部分氧量。

如果排入水体的污染物质总量超过了水体本身的自净能力，水体不能恢复原来的状态，此时便形成水体污染。根据污染源不同，可分为点源污染和面源污染。点源主要是指工矿企业的废水排放口；面源则指生活污水和农业生产过程所产生的污水。

为了保障天然水体不受污染，必须严格限制污水排放，并在排放前要处理到允许排入水体的程度，即符合污水排放标准。

排放标准分为两类：一般排放标准、行业排放标准。

一般排放标准包括 GBJ 4—73《工业"三废"排放试行标准》、GB 8978—96《污水综合排放标准》、GB 4284—84《农用污泥中污染物指标》、GB 8978—96《污水综合排放标准》按照污水排放方向，分年限规定了 69 种水污染物最高允许排放浓度和部分行业最高允许排水量。行业排放标准包括 GB 3544—92《造纸工业水污染物排放标准》、GB 3552—83《船舶污染物排放标准》、GB 13457—92《肉类加工工业水污染物排放标准》等，这些行业标准可作为行业的规划、设计、管理与监测的依据。

2.3 污水处理方法与系统

依照污水排放标准，污水处理的目的就是将污水处理到允许排入水体的程度。

污水处理方法可分为物理处理、化学及物理化学处理、生物处理 3 类。

物理处理方法是利用物理作用分离污水中的悬浮固体物质，主要有筛滤、沉淀、气浮、过滤及反渗透等。

化学及物理化学处理方法是利用化学反应分离回收污水中的悬浮物、胶体及溶解物质，常用方法有混凝、中和、氧化还原、电解、离子交换、电渗析和吸附等。

生物处理方法则是利用微生物氧化分解污水中呈胶体状和溶解状态的有机污染物。微生物根据其呼吸类型的不同，可分为好氧微生物、厌氧微生物和兼性微生物 3 类。据此，生物处理方法可分为好氧生物法和厌氧生物法两种。而根据微生物生化反应所需条件的提供情况，生物处理法又可分为自然生物处理和人工强化生物处理。将常用的生物处理方法归纳如下。

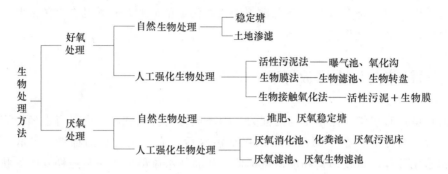

城市污水的处理流程一般如下：

城市污水 ──→ 一级处理 ──→ 二级处理 ──→ 排放或三级处理或深度处理

污水中所含的污染物质复杂多样，往往用一种处理方法很难将污水中的污染物质彻底去除，一般需要用几种方法组合成一个处理系统。城市污水是由城市市政排水管道系统汇集的混合污水，包括居民生活污水和直接排入或经一级处理后允许排入城市市政排水系统的部分工业废水。生活污水是城市污水的主要组成部分。

根据处理程度，城市污水的处理可划分为一级处理、二级处理和三级处理。另外，以污水的回收、再利用为目的的深度处理，也是在二级处理之后的增加工艺。

一级处理一般由物理方法完成，构筑物主要是格栅、沉沙池和初沉池，去除对象是水中悬浮的无机颗粒和有机颗粒、油脂等污染物。在一级处理过程中，BOD 去除率仅为30%左右，属于二级处理的预处理。

城市污水的二级处理多采用生物处理法，包括好氧生物处理法和厌氧生物处理法。如活性污泥法、生物膜法、氧化沟等均属好氧生物处理，构筑物主要是曝气池或生物转盘或氧化沟等，主要是利用微生物去降解污水中呈胶体状和溶解状态的有机污染物。二级处理可使 BOD 的去除率达到90%以上，基本能达到排放标准。

三级处理是在一级、二级处理后，为进一步提高出水水质而增加的工艺，主要有沙滤法、吸附法、离子交换法、混凝沉淀及电渗析等方法。当以污水回收、再利用为目的，或者处理水标准是针对某些特定的污染物时，而增加的处理工艺则称为深度处理。如为防止水体富营养化，处理水需进行的脱氮除磷工艺。

从污水处理过程中分离出的污染物称为污泥，因含有有机物、细菌和寄生虫卵等物质，直接排放或填埋都会造成二次污染，需进行有效处理。污泥处理方法主要有浓缩、脱水、消化等。

污水处理流程是根据污水水质与水量、处理水水质要求等条件以及回收利用的可能性等，选取的具体处理方法的组合形式。

城市污水大都以去除有机物为主，其典型流程如图 2.1 所示。

城市污水处理的典型工艺流程是由完整的二级处理系统和污泥处理系统所组成。通过二级处理，污水的 BOD_5 值可降至 20～30mg/L，一般可达到灌溉农田和排放水体的要求。污泥是污水处理过程的必然产物，污泥量的多少与污水的处理工艺有关，如氧化沟所产生的污泥量就比曝气池要少。污泥包括初沉池排出的初沉污泥和二沉池排出的生物污泥，要排到污泥处理系统进行处理，多采用浓缩、消化、脱水等处理，最终可外运制作肥料、建

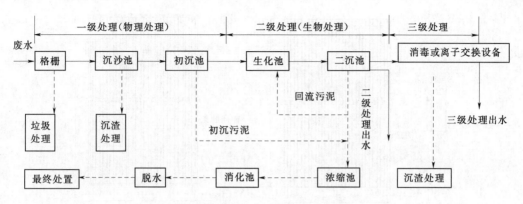

图 2.1 城市污水处理的典型工艺流程

筑材料等。

2.4 城市污水的一级处理

2.4.1 格栅

格栅是由一组或多组平行的金属栅条与框架组成,安装在进水渠道或进水泵站集水井进口处,用以拦截污水中较粗大的悬浮物或漂浮杂质,以减轻后续处理设施的处理负荷,并保证其正常运行。被拦截的物质称为栅渣,主要是一些木屑、碎皮、纤维、毛发、蔬菜等。

按栅条平面形状,可分为平面格栅和曲面格栅 2 种;按栅条间距,可分为粗格栅、中格栅和细格栅 3 种;按清渣方法可分为人工清渣格栅和机械格栅 2 类。

平面格栅由栅条和金属框架组成,栅条可布置在框架的外侧,如图 2.2 中的 A 型,适用于机械或人工清渣;栅条也可布置在框架的内侧,如图 2.2 中 B 型,一般采用人工清渣,栅条顶部有起吊架,清渣时可将格栅吊起。平面格栅的框架采用型钢焊接,栅条用 A_3 钢制作。

平面格栅的基本参数有宽度、长度、栅条间距等,其型号表示方法为 PGA - B×L - E,其中,PGA 为平面格栅 A 型;B 为格栅宽度,mm;L 为格栅长度,mm;E 为栅条间距,mm。

如,PGA - 800×1000 - 20,表示宽度 800mm、长度 1000mm、栅条间距 20mm 的 A 型平面格栅。

曲面格栅分为固定式曲面格栅和旋转式鼓筒曲面格栅 2 种。如图 2.3 (a) 所示的固定曲面格栅桨板靠渠道内的水流速度推动进行除渣;图 2.3 (b) 中的旋转式鼓筒曲面格栅,污水在由鼓筒内流向鼓筒外的过程中,栅渣被截留,并由冲洗水管冲入带网眼的渣槽而排走。

栅条的净间距,粗格栅为 50~100mm,中格栅为 10~40mm,细格栅为 3~10mm。新建污水处理厂一般采用泵前、泵后设粗、中 2 道格栅,甚至粗、中、细 3 道格栅。

栅条间距取决于所用水泵型号,当采用 PWA 型水泵时,格栅的栅条间距及所截留的

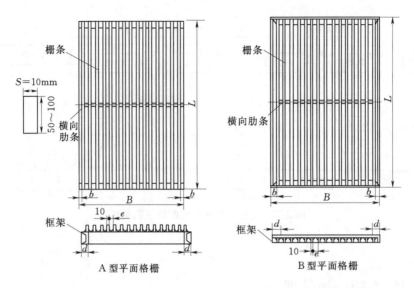

图 2.2　平面格栅

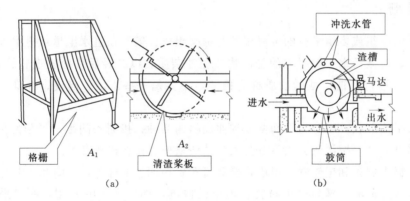

图 2.3　曲面格栅

（a）固定曲面格栅；（b）旋转鼓筒式格栅

栅渣量可按表2.1选用。

表 2.1 污水泵前格栅的栅条间距

水　泵　型　号		栅条间隙/mm	水　泵　型　号		栅条间隙/mm
离心泵	2.5PWA	≤20	离心泵	12PWA	≤110
	4PWA	≤40		14PWA	≤120
				16PWA	≤130
	6PWA	≤70		32PWA	≤150
	8PWA	≤90	轴流泵	202LB－70	≤60
	10PWA	≤110		282LB－70	≤90

　　城市污水处理厂处理系统前端的格栅栅条间距一般采用 16～25mm，最大不超过 40mm。所截留的栅渣量与污水管渠系统类型、污水流量以及栅条间距等因素有关。一般

可参考下列经验数据：当栅条间距为 $16\sim25mm$ 时，栅渣截流量为 $0.10\sim0.05m^3/10^3m^3$ 污水；当栅条间距为 49mm 左右时，栅渣截流量为 $0.03\sim0.01m^3/10^3m^3$ 污水。

根据栅渣量的多少，可选择不同的清渣方式。对于中小型城市污水处理厂或栅渣截流量小于 $0.2m^3/d$ 的大型城市污水处理厂，一般采用人工清渣；大型城市污水处理厂或泵站前的大型格栅栅渣量大于 $0.2m^3/d$ 时，为了减轻工人的劳动强度一般采用机械清渣。

采用人工清渣的格栅是由直钢条制成，一般与水平面成 45°或 60°倾角安放，如图 2.4 所示。倾角越大，占地越少，但清渣就越费力。为避免频繁清渣，人工清渣格栅的设计面积应采用较大的安全系数，一般不小于进水管渠有效面积的 2 倍。

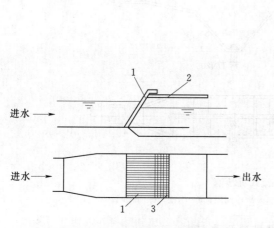

图 2.4　人工清渣的格栅

1—格栅；2—操作平台；3—滤水板

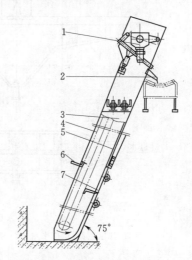

图 2.5　链条式机械格栅

1—传动装置；2—排污斗；3—机架；4—回转链条；
5—拦污板；6—除污耙；7—格栅条

机械格栅的倾斜角度比人工格栅的大，通常采用 60°～70°，有时甚至可采用 90°。机械格栅的过水断面积不应小于进水管渠有效面积的 1.2 倍。我国目前常用的机械格栅有链条式机械格栅（又称履带式）、移动式伸缩臂机械格栅、圆周回转式机械格栅和钢丝绳牵引式机械格栅（又称抓斗式）等。如图 2.5 所示，链条式机械格栅的齿耙固定在格栅链条上并伸入链条缝隙间，设有水下导向滑轮，格栅链带作回转循环转动。这种格栅构造简单，占地面积小，适用于深度不大的中小型格栅，主要清除长纤维和带状物等杂质；钢丝绳牵引式机械格栅齿耙装置包括驱动和导向部分，用钢丝绳传动，齿耙沿着钢导轨作上下运动。这种格栅又有固定式和移动式 2 种，固定式适用于中小型格栅，深度范围较大。移动式适用于宽大格栅。须注意的是，钢丝绳干湿交替，宜用不锈钢钢丝绳。

2.4.2　沉沙池

在城市污水处理厂中，沉沙池一般设置在泵站、倒虹管或初次沉淀池前，其主要作用是去除污水中比重较大的无机砂粒，如泥沙、煤渣等，以减轻这些杂质对后续的泵叶轮、机械、管道的磨损，减轻沉淀池负荷，改善污泥处理条件，保证后续处理构筑物的正常运行。

城市污水处理厂的沉沙池座数或分格数一般不少于2个，且并联运行。沉沙池有平流式沉沙池、曝气沉沙池、旋流沉沙池、多尔沉沙池等型式。

1. 平流式沉沙池

平流式沉沙池是最常用的一种型式，其构造组成包括入流渠、出流渠、闸板、水流部分、沉沙斗和排沙管等。如图2.6所示，池的上部，可以认为是一个加宽了的明渠，两端设有闸板，以控制水流。池底部设有储沙斗，下接排沙管，通过储沙斗的闸阀进行排沙。

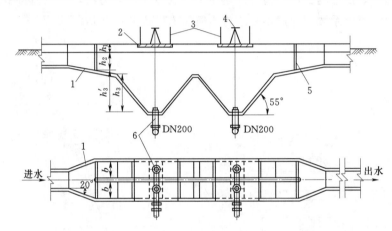

图2.6　平流式沉沙池

1—池壁；2—操作平台；3—栏杆；4—排沙阀门；5—闸槽；6—排沙管

平流沉沙池的排沙可采用重力排沙和机械排沙两种方式。

图2.7为重力排沙方式，沙斗下部加有底阀，排沙管直径200mm。

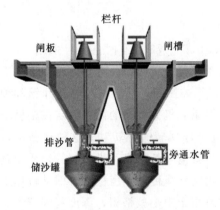

图2.7　重力排沙方式

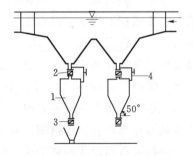

图2.8　单口泵吸式排沙机

1—钢制储沙罐；2、3—手动或电动碟阀；

4—旁通水管，将储沙罐的清水挤回沉沙

机械排沙有泵吸式排沙、链板刮沙法、抓斗排沙法等。图2.8为单口泵吸式排沙机，在行走架上装有沙泵、真空泵、吸沙管、旋流分离器等。行架沿池长方向行走的过程中排沙，经旋流分离器分离的水又回流到沉沙池。一般大、中型污水处理厂都采用机械排沙法。

2. 曝气沉沙池

曝气沉沙池为一矩形渠道，在渠道侧壁整个长度方向上，距池底约 0.6～0.9m 处设有曝气装置，池底有 0.1～0.5 的坡度坡向沉沙斗。

曝气，就是将压缩空气通过空气管道和空气扩散装置强制溶入水中。其主要目的是利用上升水流搅动水，使其做漩流运动，以增加水流对颗粒的剪切力和无机沙粒之间的相互碰撞机会，可使附着在无机沙粒上的有机颗粒被淘洗下来。同时，漩流产生的离心力可将密度较大的无机沙粒甩向外圈而下沉，而密度较小的有机颗粒在池中保持悬浮状态，随水进入后续处理构筑物。

曝气沉沙池有预曝气、除泡脱臭等作用。对后续的沉淀、曝气等工艺的正常运行提供了有利条件。沉沙中有机物含量低于 5%，长期搁置也不会腐化，因此，有利于沉沙的干燥与脱水。

3. 旋流沉沙池

旋流沉沙池利用水力旋流原理除沙，多为圆形，应用较多的是钟式沉沙池（图 2.9）和佩斯塔沉沙池（图 2.10）。

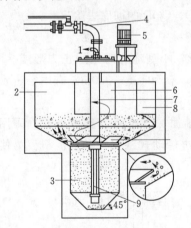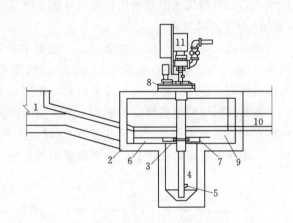

图 2.9　钟式沉沙池　　　　　　　　　　图 2.10　佩斯塔沉沙池

1—压缩空气输送管；2—沉沙部分；3—沙斗；　　1—进水渠；2—进水斜坡；3—盖板；4—集沙区；5—砂粒
4—排沙管；5—电动机；6—流出口；　　　　　流化器；6—导流板；7—螺旋浆叶；8—齿轮电动机；
7—传动轴；8—流入口；9—沙提升管　　　　　9—分选区；10—出水渠；11—沙泵

污水从圆形旋流沉沙池的切线方向进入，进水渠道末端设有跌水堰，可以使沉积在渠道底部的沙粒滑入沉沙池。池内安装的可调速桨板，可使水流保持螺旋形环流。运行过程中，在离心力作用下，比重较大的沙粒由靠近池中心的环形孔口落入沉沙斗，水和较轻的有机物被引向出水渠。

旋流沉沙池占地面积较小，适用于中小型城市污水处理厂。

4. 多尔沉沙池

多尔沉沙池多为上方下圆组合形，一般采用穿孔墙进水，固定堰出水方式，如图 2.11 所示。

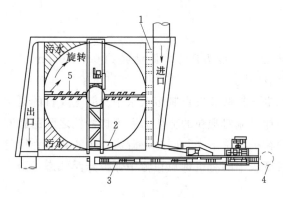

图 2.11 多尔沉沙池
1—整流器；2—排沙斗；3—洗沙器；
4—排沙机；5—刮沙机

多尔沉沙池是通过减小池内水流速度来沉淀颗粒的，沉淀过程中，利用复耙提升坡道式筛分机分离沉沙中的有机颗粒，分离出来的污泥和有机物再通过回流装置回流至沉沙池中，这样可保证分离出的砂粒纯净，砂粒中有机物含量一般仅为10%左右，含水率也比较低。

2.4.3 初沉池

城市污水处理中的沉淀理论与城市给水处理相同，但其沉淀池构造与型式除采用平流式和斜流式外，更常用的是辐流式和竖流式。一般污水一级处理的初沉池多采用平流式或辐流式沉淀池，二级处理中的二沉池一般为辐流式或斜流式；小型城市污水处理厂和工业废水处理站中的二沉池多采用竖流式。

初沉池主要去除的是生化处理前污水中所含的比重较大的有机可沉固体；而二沉池的作用主要是对曝气池混合液进行泥水分离，完成BOD、COD的彻底去除。

1. 辐流式沉淀池

辐流式沉淀池是一种大型沉淀池，池型多为圆形，小型池有时采用正方形或多角形。池径可达100m，池中心水深2.5～5.0m，池周水深一般为1.5～3.0m。有中心进水、周边出水和周边进水、中心出水两种型式，如图2.12所示。

辐流式沉淀池池底坡度一般为0.05，采用机械排泥。当池径小于20m时，采用中心传动式刮泥机和吸泥机；池径大于20m时，采用周边传动式刮泥机和吸泥机。为使布水均匀，进水管处设穿孔挡板，出水堰采用锯齿堰，堰前设挡板以拦截浮渣。

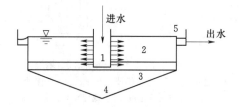

图 2.12 辐流式沉淀池
1—入流区；2—沉降区；3—缓冲区；
4—污泥区；5—出流区

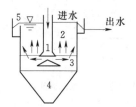

图 2.13 竖流式沉淀池
1—入流区；2—沉降区；3—缓冲区；
4—污泥区；5—出流区

2. 竖流式沉淀池

竖流式沉淀池多为圆形，也有方形或多角形的。池径或边长通常为4～7m，一般不大于10m。沉淀区呈柱体，污泥斗为截头倒锥体。如图2.13所示，污水由中心管进入，自上而下流出经反射板折向上升，澄清水由池四周的锯齿堰溢入出水槽。若池径大于7m，为减小出水堰负荷可增加辐射向的出水槽。出水槽前设挡板以隔除浮渣。污泥斗倾角为45°～60°，静水压力排泥，排泥管直径一般为200mm。为保证沉淀池水流自下而上的垂直流动，池子的深、宽（径）比不大于 3，通常取 2。

2.5 城市污水的二级生物处理——传统活性污泥工艺

2.5.1 活性污泥工艺的基本流程

活性污泥法是以存在于污水中的各种有机污染物为培养基，在通过曝气提供足够溶解氧的条件下，对微生物群体进行连续培养，使其大量繁殖，形成絮状泥粒（即菌胶团），并通过吸附凝聚、氧化分解、沉淀等作用去除有机污染物的一种污水处理方法。这种絮状泥粒就称为活性污泥。

传统活性污泥法处理系统的生物反应器是曝气池。其型式有多种，但都有其共同特征，即使具有净化功能的絮凝体状的微生物增殖体根据需要在生物反应器内不断循环，而且通过人为控制，使曝气池内的有机物和净化微生物的比例经常保持在一定水平，并在溶解氧存在的条件下，使有机物和由微生物形成的絮凝体充分接触而进行好氧氧化分解。此外，活性污泥处理系统的主要组成部分还有二次沉淀池、污泥回流系统和曝气及空气扩散系统。图 2.14 所示为活性污泥处理系统的基本流程。

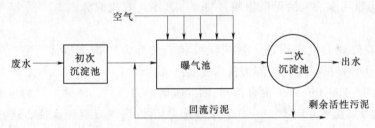

图 2.14 活性污泥处理系统的基本流程

在开始运行时，应先在曝气池内注满污水，连续曝气一段时间（所谓曝气就是往水中打入空气或用机械搅拌的方式使空气中的氧溶入水中），培养活性污泥。若附近有类似城市污水处理厂，也可直接借用已经正常工作的曝气池内的活性污泥作为接种种泥，这样可缩短污泥的培养时间。在产生污泥后，就可以连续运行了。来自初次沉淀池或其他预处理构筑物的污水连续不断地从曝气池一端流入，与活性污泥混合形成混合液。同时，曝气池要不断地进行曝气，其作用除可向污水供氧外，还可通过搅拌、混合等作用，使曝气池内的活性污泥处于悬浮状态，且与污水充分接触，保证活性污泥反应的正常进行。

通过活性污泥反应，污水中有机污染物得到降解，活性污泥本身得到增长。然后，混合液再由曝气池的另一端流出并进入二次沉淀池。在这里通过沉淀作用进行泥水分离。澄清后的出水，可排出系统。经沉淀浓缩的污泥从沉淀池底部排出，其中一部分要回流到曝气池以补充泥种，另外一部分就作为剩余活性污泥排至污泥处理系统进行处理。为保证曝气池内污泥浓度的稳定，剩余污泥与在曝气池内增长的污泥，在数量上应保持平衡。

2.5.2 活性污泥的生物相组成及其评价指标

1. 活性污泥的生物相组成及其性质

活性污泥是由细菌类、真菌类、原生动物、后生动物等异种个体群所构成的具有氧化分解有机物活性的混合微生群体，以好氧细菌为主。其异养型的原核细菌是净化污水的第一承担者，也是主要承担者。具有较强的氧化分解有机物的能力和良好的自身凝聚、沉降功能。

菌胶团吸附、氧化分解有机污染物后，完成了第一次污水净化，而使处理水中存在大量的游离细菌。这些游离细菌又被原生动物所捕食，使污水水质进一步净化。原生动物是污水净化的第二承担者，还可作为活性污泥系统中的指示性生物，即通过显微镜镜检，可观察到出现在活性污泥中的原生动物，并辨别认定其种属，据此能够判断处理水质的优劣。后生动物（主要指轮虫）在活性污泥中很少出现，仅在处理水质很好的完全氧化型的活性污泥系统中出现（如延时曝气活性污泥系统）。因此，轮虫也具有指示性生物的功能。轮虫的出现，表明水质非常稳定，而且后生动物也是游离细菌的第二次捕食者。

在活性污泥中，还夹杂着由入流污水挟入的有机和无机的固体物质。在有机性固体物质中，包括一些惰性的、难于被细菌摄取利用的物质。另外，微生物进行氧化分解有机物的同时，还通过内源呼吸进行自身氧化。

综上所述，活性污泥主要由4部分所组成：①具有活性的微生物群体（Ma）；②微生物自身氧化的残留物（Me）；③原污水挟入的、吸附在活性污泥上不能为微生物降解的有机物（Mi）；④原污水挟入的无机物质（Mii）。其中，有机成分占75％～85％，无机成分占15％～25％。

活性污泥在外观上呈黄褐色、絮绒颗粒状，又称为生物絮凝体。它具有以下性质：①较强的氧化分解有机污染物的能力；②粒径一般介于$0.02～0.2$mm之间，具有较大的比表面积（$2000～10000$m^2/m^{3}混合液），因此吸附能力强；③活性污泥的含水率高，一般都在99％以上，其比重介于$1002～1006$之间；④活性污泥具有疏水性。这些性质使活性污泥能够吸附分解大量的有机污染物而形成絮凝体，并能在二次沉淀池里很好地沉淀下来，完成污水的净化。

2. 活性污泥的评价指标

（1）混合液悬浮固体浓度（*MLSS*）。混合液悬浮固体浓度又称混合液污泥浓度，系指曝气池中单位体积混合液内所含悬浮固体的总重量，即

$$MLSS＝Ma＋Me＋Mi＋Mii$$

一般以mg/L混合液（或g/L混合液，g/m^{3}混合液或kg/m^{3}混合液）计。混合液悬浮固体浓度常以X表示。

很明显，污泥浓度的大小可间接反映混合液中所含微生物的量。为保证曝气池的净化效率，对于一般的普通活性污泥法，曝气池内污泥浓度常控制在$1～4$g/L之间；在合建的完全混合曝气池中约为$3～6$g/L。混合液悬浮固体过多，会妨碍充氧，也使它难以在二沉池中沉降。

（2）混合液挥发性悬浮固体浓度（*MLVSS*）。混合液挥发性悬浮固体是用混合液悬浮固体中有机性固体物质的重量来表示活性污泥浓度的。即

$$MLVSS＝Ma＋Me＋Mi$$

这项指标避免了活性污泥中惰性物质的影响，更能反映活性污泥的活性。但其中仍包括Me、Mi二项非活性有机物质，所以，它表示的也是活性污泥数量的相对数值。混合液

挥发性悬浮固体的浓度常以 X_V 表示。

一般地，$MLVSS$ 与 $MLSS$ 的比值比较固定，对生活污水常为 0.75 左右。

（3）污泥沉降比（SV%）。污泥沉降比系指曝气池混合液静置 30min 后所形成的沉淀污泥的容积占原混合液容积的百分率。因为活性污泥沉淀 30min 后，便可接近它的最大密度，所以常以 30min 作为测定其沉降和浓缩性能指标的基础。

污泥沉降比表示活性污泥的沉降、浓缩性能。它的大小能够反映曝气池正常运行时的污泥数量，可用来控制剩余污泥的排放量。即当污泥沉降比超过正常运行范围时，就排放一部分污泥，以免曝气池内污泥过多，耗氧过快而造成缺氧状况，以致影响处理效果。此外，通过污泥沉降比的大小，还可发现污泥膨胀等异常现象的发生。

污泥沉降比测定方法简单，又能说明一定的问题，应用较广。它是评定活性污泥质量、控制活性污泥法运行的重要指标之一。

（4）污泥体积指数（SVI）。污泥体积指数简称污泥指数，系指曝气池出口处 1000mL 混合液静沉 30min 后，每克干污泥所形成的沉淀污泥所占的体积（以 mL 计）。其计算式为

$$SVI = \frac{(1000\text{mL})混合液静沉\ 30\text{min}\ 形成的活性污泥体积(\text{mL})}{(1000\text{mL})混合液中悬浮固体干重(\text{g})}$$

即

$$SVI = \frac{SV(\text{mL/L})}{MLSS(\text{g/L})} \tag{2.1}$$

表示污泥指数时，单位常省略。

污泥指数能全面地反映出活性污泥的凝聚、沉降性能。一般地，以 $SVI = 70 \sim 100$ 为宜；$SVI < 70$，说明泥粒细小，无机物含量高，缺乏活性和吸附的能力；$SVI > 100$，说明污泥沉降性能不好，并有产生污泥膨胀的可能；当 $SVI > 200$ 时，则说明已经产生了污泥膨胀。

（5）污泥龄（t_s）。污泥龄系指曝气池内工作着的活性污泥总量与每日排放的剩余污泥量之比。单位以 d 计。运行稳定时，它表示活性污泥在池内的平均停留时间或污泥增长一倍所需要的时间。即

$$t_s = \frac{池内污泥总量}{每日的排泥量(污泥增长量)} = \frac{VX}{\Delta X} \tag{2.2}$$

式中　t_s——污泥（生物固体平均停留时间），d；

　　　V——曝气池有效容积，m^3；

　　　X——混合液悬浮固体浓度，kg/m^3；

　　ΔX——每日的污泥增长量（即排放量），kg/d。

若微生物的增殖速度（世代时间）小于污泥龄，则微生物会在曝气池内生长存在。但参与分解污水中有机物的微生物的世代时间通常都比微生物在曝气池内的平均停留时间长。因此，必须使浓缩的活性污泥连续地回流到曝气池内，才能保证曝气池内的活性污泥浓度处于稳定状态，进而使活性污泥处理系统处于正常稳定状态。

（6）污泥的 BOD_5 负荷率（N_s）。实践表明，活性污泥的能量含量，亦即营养物或有

机底物量（F）与微生物量（M）的比值（F/M），是活性污泥微生物增殖速率、有机物（BOD）去除速率、氧利用速率、活性污泥的凝聚与吸附性能的重要影响因素。曝气池内活性污泥微生物的增殖期处于哪种阶段，是由池中有机物与微生物之间的相对数量（即 F/M）来决定的。而一般减速增殖期或内源呼吸期是活性污泥法所采用的工作阶段。也就是说，在活性污泥处理系统中，可通过对 F/M 值的调整，使曝气池内的活性污泥，主要是在出口处的活性污泥处于减速增殖期或内源呼吸期。因此，有机底物与微生物量的比值（F/M）是生物处理最重要的参数。但是在活性污泥系统中，真正的 F/M 值无法测定。在实用中，通常以污泥的 BOD_5 负荷率（N_s）来表示 F/M 值，即

$$\frac{F}{M}=N_s=\frac{每日进入曝气池的\ BOD_5\ 总量}{曝气池内污泥总量}=\frac{QL_a}{XV}\quad \left[\text{kgBOD}_5/(\text{kgMLSS}\cdot\text{d})\right]\quad(2.3)$$

式中　Q——污水流量，m^3/d；

　　　L_a——曝气池进水 BOD_5 浓度，mg/L；

　　　X——曝气池有效容积，m^3；

　　　V——混合液悬浮固体浓度，mg/L。

为了使活性污泥处理系统处于稳定正常状态，条件之一就是保持稳定的 BOD_5 污泥负荷率。在城市污水处理中，运行管理者无法控制进水 BOD_5 污泥负荷率，只能通过控制曝气池污泥总量相对稳定来完成。而活性污泥反应的结果使活性污泥在量上有所增长，这样，就必须每天从系统中排出数量相当于增长的污泥量，使排出量与增长量保持平衡，从而使曝气池内污泥总量保持相对稳定。

2.5.3　活性污泥反应的影响因素

活性污泥净化污水的过程实质上就是有机底物作为营养物质被活性污泥微生物摄取、代谢与利用的过程。为使活性污泥反应正常进行，就必须创造有利于微生物生理活动的环境条件。影响活性污泥的环境因素有以下 6 个方面。

1. BOD 污泥负荷率

BOD 污泥负荷率过高，会加快活性污泥的增长速率和有机底物的降解速率，从而可缩小曝气池容积，在经济上是合理的。但处理后的水质不一定能达到要求；若 BOD 污泥负荷率过低，则会降低有机底物的降解速率，使处理能力降低，而加大了曝气池的容积，提高了建设费用，也是不合理的。因此，应根据具体情况，选择合适的 BOD 污泥负荷率。

另外，BOD 污泥负荷率与活性污泥膨胀现象有直接关系。一般 BOD 污泥负荷率介于 $0.5\sim1.5\text{kgBOD}/(\text{kgMLSS}\cdot\text{d})$ 之间的值时，容易产生污泥膨胀现象。所以在设计与运行上应避免采用这个区段的负荷率值。

2. 溶解氧

活性污泥反应是好氧微生物进行的好氧分解，所以，曝气池混合液中必须保持一定浓度的溶解氧。否则，会出现厌氧状态，抑制活性污泥微生物的正常代谢，且易滋长丝状菌。对于生物处理过程来说，水中溶解氧只要在 0.5mg/L 以上反应就能正常进行。但运行经验证明，若要保证曝气池全池溶解氧水平控制在 0.5mg/L，就必须把曝气池进口端的

混合液溶解氧控制在 $2\sim3mg/L$ 左右，若溶解氧过高，则耗能增加，在经济上是不适宜的。

3. 水温

活性污泥微生物生理活动旺盛的温度范围是 $20\sim30℃$ 之间，所以城市污水在夏季易于进行生物处理，而在冬季净化效果则会降低。因此，一般将活性污泥反应进程的最高和最低温度限值定为 $35℃$ 和 $10℃$。不过，近来大量试验证明，即使在 $50\sim55℃$ 的高温，也能得到与中温相同的净化效果。但是只要水温下降，在一般情况下净化功能是要降低的，此时可通过降低污泥负荷率来保持与正常水温同样的净化功能。

4. pH 值

活性污泥微生物最适应的 pH 值范围是 $5.5\sim8.5$，pH 值低于或高于这个范围，都会促进真菌生长繁殖，而使活性污泥絮凝体遭到破坏，产生污泥膨胀现象，使处理水质恶化。

在活性污泥的培养与驯化过程中，若能考虑 pH 值的因素，则活性污泥在一定范围内可以逐渐适应。但如出现冲击负荷，pH 值的急剧变化，便会对活性污泥反应严重不利，净化效果也将急剧恶化。

5. 营养物平衡

活性污泥微生物在发挥其正常的有机物代谢功能时，需要的基本元素是 C、N、P 等。碳元素在量上是以污水中的 BOD 值来表示的，一般 BOD 的量对活性污泥微生物来说是足够的。氮、磷这两种元素是微生物的细胞核和酶的组成元素。如水中氨、磷不足，就会抑制微生物的增殖，使其失去对有机物的降解功能。一般城市污水中由于含有适量的这种盐类，因而氮、磷是足够的。而大部分工业废水，如石油化工、纸浆工业等排放的废水中，几乎不含氮、磷等物质，可以投加硫酸铵、硝酸铵、尿素、氨水等以补充氮，而投加过磷酸钙、磷酸以补充磷。

对活性污泥微生物来说，不同的微生物对每一种营养元素需要的数量是不同的，并且要求各营养元素之间有一定的比例关系。生活污水一般为 $BOD_5:N:P=100:5:1$。而进入曝气池的污水，由于经物理处理后 BOD_5 值有所降低，所以 $BOD_5:N:P=100:20:4$。这就说明，经物理法处理后的污水，其中 N、P 物质含量多于所需要的，因此，生活污水宜和工业废水一起处理。

6. 有毒物质

要保证活性污泥处理系统正常运行，就不得含有抑制净化微生物酶系统的金属、氰及特殊有机物质等有毒物质。另外，有些元素虽然是微生物生理上所需要的，但在其浓度达到某种高度时，就会对微生物产生毒害作用。

除此 6 个因素以外，有机底物的成分组成等对微生物的生理功能和生物降解过程也有较大的影响。

2.5.4　曝气池运行方式与曝气设备

1. 曝气池的类型及其构造

传统活性污泥法中常采用推流式曝气池，即矩形渠道式。一般在结构上常分成几个单

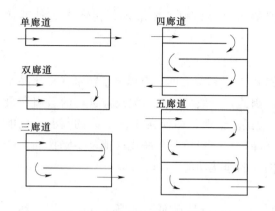

单廊道

双廊道

三廊道

四廊道

五廊道

图2.15 推流式曝气池的廊道组合

元，每个单元包括几个池子，每个池内设有隔墙，将池子分成1～4个折流的廊道，如图2.15所示，用单数廊道时，污水入口和出口在池子的不同侧；采用双数廊道时，入口和出口在池子的同侧。廊道的单双数取决于城市污水处理厂的总平面布置和运行方式。

曝气池池长以50～70m之间为宜，有的也可长达100m，要根据城市污水处理厂的地形条件与总体布置而定。为避免产生短流，廊道的长宽比在5～10m之间。池深与池子造价和动力费用密切相关。而且，池越深，氧的利用率也越高。在一般设计中，常根据土建结构和池子的功能要求以及允许占用的土地面积等决定池深（一般介于3～5m之间）。

为了减小水流旋转阻力，廊道的4个墙角（墙顶和墙脚）都做成外凸45°斜面。曝气池壁应有0.5m的超高，池隔墙顶部可建成渠道状，作为配水渠道用，或充作空气干管的管沟，渠道上要盖上盖板作为人行道。

曝气池的进水口、进泥均设于水下，以避免形成短流，影响处理效果，并设闸门以调节水量。曝气池的出水一般采用溢流堰式。在池底、池子的1/2深处或距池底1/3深处都应设管径为80～100mm的排水管，前者用作池子的清洗、排空；后者是考虑在培养、驯化活性污泥时用于周期排放上清液。

推流式曝气池适用于各大、中型城市污水处理厂以及寒冷地区的小型城市污水处理厂。

2. 曝气方法与曝气设备

曝气就是将空气中的氧气强制溶解到混合液中去的过程。曝气池内进行曝气的主要目的是充氧和搅拌。充氧，即将空气中的氧（或纯氧）转移到混合液中的活性污泥絮凝体上，以供微生物呼吸需要。搅拌与混合的目的是使曝气池内的混合液处于混合、悬浮状态，使活性污泥、溶解氧、污水中的有机底物三者充分接触，且防止活性污泥在曝气池内产生沉淀。

推流式曝气池通常采用鼓风曝气方法，即将压缩空气通过管道系统送入池底的空气扩散装置，经过扩散装置，使空气形成不同尺寸的气泡，气泡经过上升和随水循环流动，最后在液面处破裂。在这一过程中，气泡中的氧转移到混合液中供微生物利用。

将空气中的氧（或纯氧）有效地转移到混合液中去的装置为曝气设备。对鼓风曝气装置的效能，一般以动力效率和氧利用效率两项指标评定：动力效率（E_P），指每消耗1度电所能转移到混合液中去的氧量，以$kgO_2/(kW \cdot h)$计；氧利用效率（E_A），则指通过鼓风曝气转移到液体中的氧量占供给氧量的百分比（%）。

鼓风曝气系统由空压机、空气扩散装置和连接两者的一系列管道组成。其空气扩散装置一般分为：微气泡、中气泡、大气泡、水力剪切等类型。

（1）微气泡空气扩散装置。这种空气扩散装置一般有：由陶瓷、粗瓷等多孔性材料和合成树脂高温烧结制成的空气扩散板或空气扩散管，或者由尼龙和萨然树脂卷成的空气扩散管及几种微孔扩散器。其特点是气泡细小、气液接触面大、氧的利用率高（10％以上）。但气压损失较大，且容易被空气中的微小尘埃和油脂所堵塞，对送入的空气需要预先进行净化。

1）扩散板。扩散板有方形和长条形两种。方形扩散板尺寸通常是 300mm×300mm×35mm。扩散板安装在池底一侧或两侧的预留槽上或预制的长槽形水泥匣上，每个板匣有自己的进气管。空气由空气管通过进气管进入槽或板匣内，然后通过扩散板进入混合液，如图 2.16 所示。

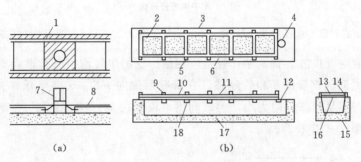

图 2.16　扩散板空气扩散装置

（a）扩散板沟安装方式；（b）扩散板匣安装方式

1、2、8、11、16—扩散板；3、15、17—板匣；4、7、12—空气管接头；

5、9、14—板夹；6、10、13—板框；18—格条

2）扩散管。扩散管常以组装形式安装，以 8～12 根管组装成一个管组（图 2.17）。其布置形式同扩散板。扩散管的氧利用率介于 10％～13％之间，动力效率约为 $2kgO_2/(kW \cdot h)$。

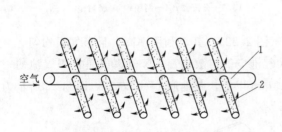

图 2.17　扩散管组安装图

1—空气主管；2—扩散管

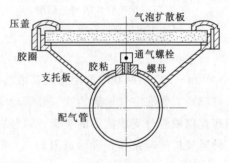

图 2.18　固定式平板型微孔空气扩散器

3）微孔空气扩散器。如图 2.18 所示为固定式平板型微孔空气扩散器。这种空气扩散器主要由扩散板、配气管、通气螺栓、三通短管和压盖等组成。图 2.19 所示为固定钟罩形微孔空气扩散器。这两种微孔空气扩散器多采用陶瓷、刚玉等钢性材料制造，氧利用率和动力效率都较高，但也有易堵塞、空气需要净化等缺点。还有一种称为膜片式微孔空气扩散器，其构造如图 2.20 所示。这种空气扩散器不易堵塞，也不需设除尘设备。此外，

还有摇臂式微孔空气扩散器、提升式微孔空气扩散器等。

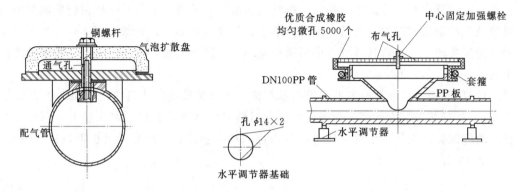

图 2.19　固定式钟罩型微孔空气扩散器　　　　图 2.20　膜片式微孔空气扩散器

（2）中气泡空气扩散装置。穿孔管是应用最广泛的中气泡空气扩散装置，它由管径介于 25～50mm 之间的钢管或塑料管制成。在管壁两侧向下以 45°夹角开有直径为 3～5mm 的孔眼或缝隙，不易堵塞，阻力小，但氧利用率较低在 6%～8% 之间。一般多组装成栅格型，用于浅层曝气（图 2.21）。

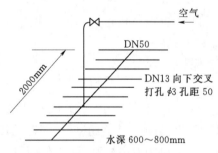

图 2.21　穿孔管扩散器组装图
（用于浅层曝气的曝气栅）

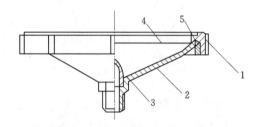

图 2.22　Wm-180 型网状膜空气扩散装置
1—螺盖；2—扩散装置本体；
3—分配器；4—网膜；5—密封垫

Wm-180 型网状中气泡空气扩散装置（图 2.22），其氧利用率高，且布气很均匀。

（3）大气泡空气扩散装置。竖管属于大气泡空气扩散装置。竖管曝气是在曝气池的一侧布置以横管分支成梳形的竖管，口径在 15mm 以上，距池底 15cm 左右。图 2.23 所示为一种竖管扩散器及其布置示意图。

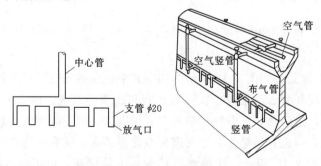

图 2.23　竖管扩散器及其布置型式

另外，近年来又出现了可安装在由钢或合成树脂制成的管上的喷气式和圆盘式空气扩散器。这些都属于大气泡空气扩散装置。由于大气泡在上升时可形成较强的紊流，并能够剧烈地翻动水面，从而加强了气泡液膜层的更新和从大气中吸氧的过程。虽然气液接触面积小，但氧利用效率仍在 $6\%\sim7\%$ 之间，动力效率为 $2\sim2.6kgO_2/(kW\cdot h)$。而且孔眼大，无堵塞问题，因此，目前在国内一些城市污水处理厂应用很广泛，甚至有些工业废水处理系统中的曝气池也采用这种形式曝气。

（4）水力剪切空气扩散装置。这种装置是利用本身的构造特征，产生水力剪切作用，在空气从装置吹出之前，将大气泡切割成小气泡。

倒盆式扩散装置属于水力剪切空气扩散装置。它由盆形塑料壳体、橡胶板，塑料螺杆及压盖等组成，其构造如图 2.24 所示。空气由上部进气管进入，由盆形壳体和橡胶板间的缝隙向周边喷出，在水力剪切的作用下，空气泡被剪切成小气泡。停止供气时，借助橡胶板的回弹力，使缝隙自行封口，防止混合液倒灌。这种扩散器其各项技术参数为：服务面积为 $6m\times2m$；氧利用率为 $6.5\%\sim8.8\%$；动力效率为 $1.75\sim2.88kgO_2/(kW\cdot h)$。

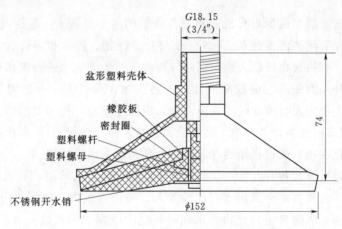

图 2.24　塑料倒盆型空气扩散装置

目前，我国生产的水力剪切扩散装置还有固定螺旋式扩散装置、金山型空气扩散装置等。

3. 推流式曝气池的运行方式

推流式曝气池的运行方式主要有 3 种：普通曝气、阶段曝气、吸附-再生。

（1）普通曝气法。普通曝气法又称传统曝气法。污水从池子首端进入池内，回流污泥也同步注入。污水在池内呈推流形式流动至池子的末端，再流出池外进入二沉池。曝气池进水口处有机底物负荷率高，耗氧速率高，因此，为避免形成厌氧状态，进水有机负荷率不宜过高。这种曝气池容积大、占地多，而且池内耗氧速率与供氧速率也难以吻合。

（2）阶段曝气法。该法是使污水沿曝气池的长度从不同处分别流入，如图 2.25 所示。

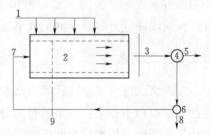

图 2.25　阶段曝气法

1—预处理后的污水；2—曝气池；3—从曝气池流出的混合液；4—二次沉淀池；5—处理后污水；6—污泥泵站；7—回流污泥系统；8—剩余污泥；9—来自空压机站的空气

这种分段注入污水的运行方式提高了曝气池对水质、水量变化的适应能力，且有机底物浓度沿池长均匀分布，负荷均匀，供氧速率与耗氧速率之间的差距小。另外，由于混合液中的活性污泥浓度沿池长逐步降低，因此出流混合液的污泥浓度降低，减轻了二次沉淀池的负荷，可提高沉淀效果。

（3）吸附-再生法。吸附-再生法又称接触稳定法，其工艺流程如图2.26所示。

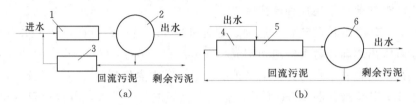

图2.26　吸附-再生活性污泥系统
（a）分建式；（b）合建式
1—吸附池；2—二次沉淀池；3—再生池；4—再生段；5—吸附段；6—二次沉淀池

这种运行方式将活性污泥对有机底物进行降解的两个过程——吸附与代谢分别进行。活性污泥和污水在吸附池内接触0.5～2h，使部分悬浮物、胶体和溶解状态的有机底物被活性污泥所吸附，有机底物得以去除。混合液再流入二次沉淀池进行泥水分离，处理水和剩余污泥排至池外，而回流污泥则从底部进入再生池，通过2～3h的曝气，达到稳定状态。活性污泥微生物完成合成和代谢反应而进入内源呼吸期，使污泥的活性得到充分恢复（处于"饥饿"状态的微生物其吸附、凝聚能力最高，即活性最强），再次进入吸附池与污水接触，吸附有机底物，就这样使活性污泥在处理系统中循环使用。

总之，三种运行方式各有其特点，其主要区别在于投水点不同，从而造成了全池平均浓度的不同。普通曝气方式全部污水在池端投入；阶段曝气方式将污水分散为几点投入，故也称多点投水法；吸附再生方式将污水在曝气池中段集中一点投入（指合建式）。就全池平均浓度而言，吸附-再生法＞阶段曝气法＞普通曝气法；如果维持一定的污泥负荷率，则曝气池容积情况是，普通曝气法＞阶段曝气法＞吸附-再生法。吸附-再生法虽然能以较小的池容积处理较多的污水，但污水停留时间较短，在处理效果上，略低于普通曝气方式。而阶段曝气方式使全池的耗氧速率较平均，所以应用较广。

2.5.5　二沉池

二次沉淀池（或合建式曝气沉淀池的沉淀区）是活性污泥处理系统的重要组成部分。它的作用有两个方面：一是进行混合液的泥水分离，以获得澄清的出水；二是将分离出来的活性污泥重力浓缩后再回流到曝气池中利用。其工作效果对出水水质和回流污泥浓度有直接影响，从而影响曝气池的运行，也就影响着整个系统的净化效果。

与曝气池分建的二次沉淀池，从结构型式上与初次沉淀池相同，即有平流式、辐流式、竖流式、斜板（管）式等多种。但在选择使用上有些区别：一般对于大、中型污水处理厂，二次沉淀池多采用机械吸泥的圆形辐流式沉淀池；中型污水处理厂也可采用方形多斗式平流式沉淀池；而对于小型污水处理厂，一般适宜采用竖流式沉淀池。由于二沉池所分离的污泥质量轻，容易产生异重流，因此，二沉池的沉淀时间比初沉池长，水力表面负荷比初沉池的小。二沉池的排泥通常采用刮吸泥机从池底大范围排泥，而初沉池一般采用刮泥机刮泥，然后从池底集中排出。

2.6 城市污水的二级生物处理——氧化沟工艺

2.6.1 氧化沟类型

氧化沟是在传统活性污泥法基础上开发的一种污水生物处理技术。氧化沟一般呈环形沟渠状，平面多为椭圆形，总长可达几十米，甚至百米以上，沟深为 $2\sim6m$；进水管进水，溢流堰出水。其运行方式多采用延时曝气方式，活性污泥曝气时间多在 24h 以上。污水在沟内的平均流速为 0.4m/s，污水在整个停留时间内，可以做几十次，甚至几百次循环，所以氧化沟内混合液的水质可以认为是近乎一致的。氧化沟进水 BOD_5 负荷率较低，对水温、水质、水量的变动有较强的适应性，同时，也使污泥在沟内长期处于营养不足的状态，促使微生物自行分解，从而大大减少了剩余污泥量，而不需再进行污泥的厌氧消化处理，可以说这种方式是废水和污泥的综合处理设备。

此外，氧化沟污泥的泥龄长，一般可达 $15\sim30d$，可以存活世代时间长、增殖速度慢的微生物，如硝化菌。这样，在氧化沟内可能产生硝化反应，如运行得当，还具有反硝化脱氮的效应。除此之外，这种方式还具有处理水稳定性较高，不需设初次沉淀池等优点。但是，由于曝气时间长，使氧化沟容积增大，则占地面积大。如图 2.27 所示，为以氧化沟为生物处理单元的污水处理流程图。

图 2.27 为以氧化沟为生物处理单元的污水处理流程图

下面简单介绍几种常用的氧化沟系统。

1. 卡罗塞（Carrousel）氧化沟

这种氧化沟是 20 世纪 60 年代末由荷兰某公司开发的，其构造如图 2.28 所示。卡罗塞氧化沟系统是一个多沟串联系统。在每组沟渠都分别安装一台表面曝气器。靠近曝气器的下游为富氧区，而曝气器的上游可能为低氧区，外环还可能成为缺氧区，这有利于形成生物脱氮的条件。

卡罗塞氧化沟系统在世界各地应用广泛，其规模一般从 $200m^3/d$ 到 $650000m^3/d$，BOD_5 去除率高达 $95\%\sim99\%$，脱氮效果达 90% 以上，除磷率可达 50%。

2. 交替工作氧化沟

交替工作氧化沟分两种。一种是由容积

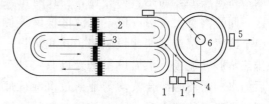

图 2.28 卡罗塞氧化沟
1—污水泵站；1'—回流污泥泵站；2—氧化沟；
3—转刷曝气器；4—剩余污泥排放；
5—处理水排放；6—二次沉淀池

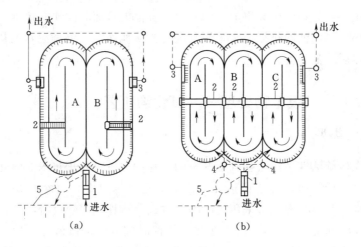

图 2.29　交替工作氧化沟

（a）双沟式；（b）三沟式

1—沉沙池；2—曝气转刷；3—出水堰；4—排泥管；5—污泥井

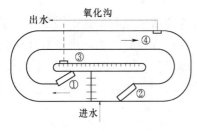

图 2.30　VR 型氧化沟

3. 曝气-沉淀一体化氧化沟

相同的 2 个池或 3 个池交替作为曝气池和沉淀池，不设污泥回流系统。如图 2.29 所示，为 3 池交替工作氧化沟，两侧的 A 池，C 池交替作为曝气池和沉淀池，中间的 B 池则一直为曝气池，原污水连续进入 A 池或 C 池，处理水则相应地从作为沉淀池的 C 池和 A 池流出。另外一种是氧化沟连续运行，而设两座二次沉淀池交替运行，交替回流污泥。这样交替工作的氧化沟有多种形式，图 2.30 所示为其中一种。

所谓一体化氧化沟就是为充分利用氧化沟较大的容积和水面，而将二次沉淀池建在氧化沟内。一体化氧化沟有多种形式，其中最有代表性的就是 BMTS 式。

BMTS 氧化沟是由美国 Bums and Mc Donnd 咨询公司于 20 世纪 80 年代研究开发的，其结构如图 2.31 所示。这种氧化沟的隔墙不在池中心，而是偏向一侧，使设有沉淀区一侧的沟宽大于另一侧，沉淀区横跨该侧整个沟宽。沉淀区两侧设隔墙，其底部设一排三角形导流板，水面设集水管以收集处理后的水。循环的混合液均匀地通过沉淀区底部的导流板间隙上升进入沉淀区。澄清水通过穿孔管或溢流堰排走，沉淀污泥则从间隙流回混合液中。底部导流板的设置，可减少沉淀区中下层水流的紊动，通过底部导流板的水流紊动，可以清除构件上的沉淀物。

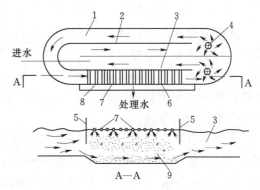

图 2.31　曝气-沉淀一体化氧化沟

1—氧化沟；2—氧化沟隔墙；3—曝气区；4—表面曝气器；5—沉淀区隔墙；6—集水管；7—出水槽；8—出水槽；9—沉淀区

一体化氧化沟因其具有占地少、效率高、耐冲击负荷及耐 pH 值变化能力强、维护管理又方便等特点，故此技术发展迅速，在国内外应用广泛。

2.6.2　氧化沟的曝气方法与曝气装置

氧化沟通常采用机械曝气方法，即利用安装在曝气池水面的叶轮的转动，剧烈地搅动水面，使液体循环流动，不断更新液面并产生强烈水跃，从而使空气中的氧与水滴或水跃界面充分接触，在负压吸氧的作用下，转移到混合液中去。

机械曝气装置包括表面叶轮式曝气器和转刷式曝气器。表面叶轮或转刷安装在曝气池水面上、下，在动力驱动下转动。曝气器的转动，可以使水面上的污水形成水跃，液面的剧烈搅动卷入空气，且通过负压吸氧作用吸入部分空气；曝气器的转动，还具有提升液体的作用，使混合液连续地上下循环流动，气液接触界面不断更新，不断地使空气中的氧向液体内转移。

机械曝气装置的效能以氧利用效率和充氧能力两项指标评定。氧利用效率同上，充氧能力（E_L）则指通过机械曝气装置，在单位时间内转移到混合液中去的氧量，以 kgO_2/h 计。

1. 表面叶轮式曝气器

这类曝气器根据叶轮的型式不同，又分为泵型、K 型、倒伞型和平板型等。

（1）泵型叶轮曝气器。泵型叶轮曝气器是由叶片、上平板、上压罩、下压罩、导流锥顶以及进气孔、进水口等组成（图 2.32）。

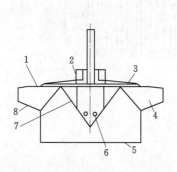

图 2.32　泵型叶轮曝气器构造示意图
1—上压罩；2—进气孔；3—上平板；
4—叶片；5—进水口；6—引气孔；
7—导流椎顶；8—下压罩

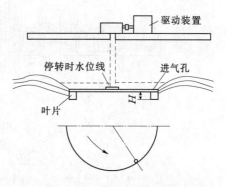

图 2.33　平板型叶轮曝气器构造示意图

（2）平板型叶轮曝气器。平板型叶轮曝气器由平板、叶片和法兰构成，如图 2.33 所示。叶轮与平板半径的角度一般为 0°～25°，制造方便，不堵塞。

（3）倒伞型叶轮曝气器。如图 2.34 所示，倒伞型叶轮曝气器由圆锥体及连在其外表面的叶片所组成，叶片的末端在圆锥体底边沿水平伸展出一小段，使叶轮旋转时，甩出的水幕与池中水面相接触，从而扩大了叶轮的充氧、混合作用。

这些表面曝气叶轮具有构造简单，运行管理方便，充氧效率高等优点。目前在国内得

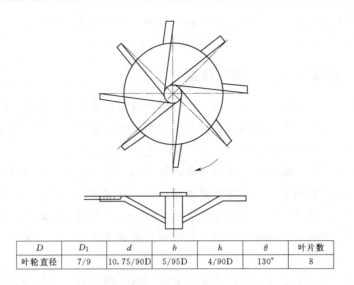

D	D_1	d	b	h	θ	叶片数
叶轮直径	7/9	10.75/90D	5/95D	4/90D	130°	8

图 2.34　倒伞型叶轮曝气器结构及其尺寸

到广泛应用，在国外一般仅用于小型曝气池。

2. 曝气转刷

转刷曝气器由横轴和固定在轴上的叶片所组成，电机带动转轴转动，叶片也随着转动，搅动水面，产生波浪，空气中的氧便通过气液接触面转移到水中，如图 2.35 所示。

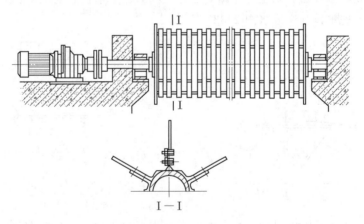

图 2.35　横轴旋转表面曝气器

安装转刷曝气器时，转刷应贴近液面，部分浸在池液中。

转刷曝气器主要用于氧化沟，它具有负荷调节方便，维护管理容易，动力效率高等优点。我国邯郸市城市污水处理厂（氧化沟工艺）用的就是丹麦克鲁格公司制造的转刷曝气器。

另外，在寒冷地区为避免水面结冰或者运行方式为深层曝气时，可采用鼓风-机械联合式曝气装置。即叶轮安装在水下，只进行机械搅拌，不提供氧。而氧的供给靠安设在池底的鼓风空气扩散装置。由机械搅拌所产生的强力剪切作用，对从空气扩散装置喷出的气泡加以微细化的同时，将气泡分散在强烈紊动的水流中，并形成一种能防止气泡从水面逸散的流线。

这种联合方式的特点是，可通过改变空气量来适应负荷的变化；可提高原鼓风曝气装置的氧利用率；能在底部形成强烈的紊流，防止污泥淤积。但是，这种方式水下的叶轮易磨损，易腐蚀，而且同时需要机械搅拌和空压机两种动力，因而动力费用较高。

2.7 城市污水的二级生物处理——SBR 工艺

SBR（Sequencing Batch Activated Sludge Reactor Technology，SBR）即序批式活性污泥处理系统，或者称为间歇式活性污泥处理系统。早期的污水处理池由于进出水切换复杂和控制设备方面的原因，限制了其发展。但随着科学技术的不断发展，计算机和自动控制技术的加入，使 SBR 在城市污水、工业废水中的应用越来越广泛。

2.7.1 SBR 工艺的工作原理和特点

1. SBR 工艺工作原理

序批式活性污泥法作为活性污泥法的一种，其去除有机物的机理与传统活性污泥法相同。传统活性污泥法的曝气池，在流态上属推流，在有机物降解方面也是沿着空间而逐渐降解的。而 SBR 工艺的曝气池，在流态上属完全混合，即污水和回流污泥进入曝气池后立即与池内原有的混合液充分混合，使池内各点水质比较均匀。在有机物降解上，却是时间上的推流，有机物是随着时间的推移而被降解的。图 2.36 为 SBR 工艺的基本运行模式，其基本操作流程由进水、反应、沉淀、排水和闲置等 5 个基本过程组成，从污水流入到闲置结束构成一个周期，在每个周期里，上述过程是在一个设有曝气或搅拌装置的反应器内依次进行的。

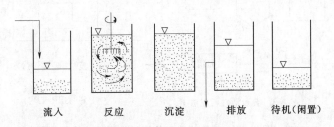

流入   反应   沉淀   排放   待机（闲置）

图 2.36　序批式活性污泥法曝气池运行操作工序示意图

（1）进水期。在污水注入之前，反应器处于 5 道工序中最后的闲置段（或待机段），处理后的污废水已经排放，器内残存着高浓度的活性污泥混合液。污水注满后再进行反应，从这个意义上说，反应器起到调节池的作用，因此，反应器对水质、水量的变动有一定的适应性。

污水注入，水位上升，可以根据其他工艺的要求，配合进行其他的操作过程，如曝气既取得预曝气的效果，又使污泥再生恢复其活性；也可以根据要求，如脱氮、释放磷进行缓慢搅拌；还可以根据限制曝气的要求，不进行其他技术措施，而单纯注水等。

（2）反应期。这是本工艺最主要的一道工序。污水注入达到预定高度后，开始反应操作，根据污水处理的目的，如 BOD_5 去除、硝化、磷的吸收以及反硝化等，采取相应的技术措施，如前三项为曝气，后一项缓速搅拌，并根据需要达到的程度决定反应的延续时间。如需要使反应器连续地进行 BOD 去除—硝化—反硝化反应，则 BOD 去除—硝化反应需要较长的曝气时间，而在进行反硝化时，应停止曝气，使反应器进入缺氧或厌氧状态，进行缓速搅拌，此时为了向反应器内补充电子受体，应投加甲醛或注入少量有机污水。

（3）沉淀期。本工序相当于活性污泥法连续系统的二次沉淀池。停止曝气和搅拌，使混合液处于静止状态，活性污泥与水分离，由于本工序是静止沉淀，沉淀效果一般良好。

（4）排水排泥期。上个工序沉淀后产生的上清液，作为处理水排放。一直到最低水位，在反应器内残留的一部分活性污泥，作为种泥。

（5）闲置期。也称为待机工序，即在处理水排放后，反应器处于停滞状态，等待下一个操作周期开始的阶段，此工序时间，应根据现场具体情况而定。

2. SBR 工艺主要特点

作为主体构筑物的 SBR 反应池，既能作储水池（或水量调节池），又是生物反应池（进行生物去除 BOD_5、COD、N 和 P），也是二沉池（去除 SS），是个具有多功能的构筑物。SBR 工艺过程能改善活性污泥的沉降性能，在静置状态下进行固液分离，高效，出水澄清质优，易于达到排放标准规定的水质要求。图 2.37 给出了 SBR 同常规活性污泥法的工艺比较。

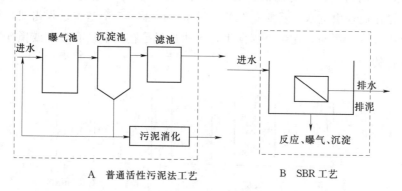

A 普通活性污泥法工艺　　　　B SBR 工艺

图 2.37　SBR 工艺与传统活性污泥法比较

SBR 工艺与传统的连续活性污泥法相比具有以下优点。

（1）SBR 法不需要设置流量调节池，不需要设置二次沉淀池及回流污泥泵房，而二次沉淀池及回流污泥泵房占地面积相当于曝气池的 80%。SBR 池在一个池子内通过时间的调节与安排，通过以电子计算机为中心的调控，对 BOD_5、COD、SS 和 N、P 等完成系列净化过程，实现厌氧、缺氧和好氧等生化反应过程。

（2）对于连续流的活性污泥法，在小流量规模时需设置流量调节池及二次沉淀池及各种专门功能的构筑物，工艺流程长，构造复杂，操作繁琐，各池的反应过程与功能单一，需要回流抽汲设备，因此，设备多而复杂，维护管理费用高。

（3）SBR 法净化出水的水质往往比常规活性污泥法的要好，水质也较稳定。

（4）SBR法结构紧凑，占地面积小。

（5）SBR法耐受负荷变动的能力强，对净化效果的影响也较小。

（6）SBR法基建投资少，比常规活性污泥法省24%的投资费用。

（7）SBR法容易控制污泥膨胀。

（8）系统实现PLC控制，操作管理方便。

2.7.2　SBR工艺的主要设备

1. 滗水器

SBR工艺的最根本特点是，单个反应器的排水形式均采用静止沉淀、集中排水的方式运行，排水时池中的水位是变化的，为了保证排水时不会扰动池中各水层，使排出的上清液始终位于最上层，所以使用一种能随水位变化而可调节的出水堰，为了防止浮渣进入，还要将排水口淹没在水面下一定深度，称这种装置为滗水器。

滗水器的形式有很多。从传动形式上可分为机械式、自动式及两种方式的组合；从运行方式上分虹吸式、浮筒式、套筒式和旋转式；从堰口形式上分直堰式和弧堰式等。除虹吸式滗水器只有自动式一种传动方式外，其余三种运行方式的滗水器都有机械、自动和组合的传动方式。滗水器的结构如图2.38所示。

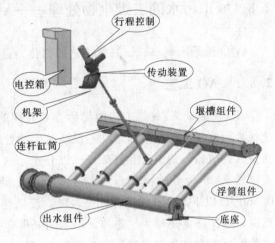

图2.38　旋转式滗水器结构图

滗水器的组成一般分为收水装置、连接装置及传动装置。收水装置设有挡板、进水口及浮子等，其主要作用是将处理好的上清液收集到滗水器中，再通过导管排放，由于滗水时瞬时流量较大，而滗水时既要使水顺利通过，又要使反应器中的沉淀不受扰动，更不能使污水随水流出。滗水器的连接装置是滗水器的又一关键部位，滗水器在排水中需要不断地转动，其连接装置既要保证运转自由，同时又要保证密封性。滗水器的传动装置是保证滗水器正常动作的关键，不论是采用液压式还是机械式的传动，均需要同自控和污水处理系统进行有机的结合，通过自动的程序控制滗水动作。

2. 水下推进器

水下推进器的作用主要是搅拌和推流，与鼓风系统相结合应用于SBR，一方面使混合液搅拌均匀；另一方面，在曝气供氧停止、系统转至兼氧状态下运行时，能使池中活性污泥处于悬浮状态。这种应用主要是由于射流曝气器一般适用于较小水量的曝气，而在较大水量的应用上有局限性。

3. 自动化控制系统

SBR采用自动化控制系统来达到复杂的控制要求，把用人工操作难以实现的控制通过计算机、软件、仪器设备的有机结合自动完成，并创造满足微生物生存的最佳环境。SBR

的自动控制主要是以时间为基本参数使 SBR 正常运转，控制过程中所需要的指令信息及反馈信息均利用各种水质、水量监测仪器仪表获得。

　　SBR 自动控制的硬件设施包括计算机控制系统和仪器仪表系统。仪器仪表系统包括一次仪表的各种形式，如污泥浓度计、溶解氧仪、pH 计、ORP 计、液位计、流量计以及需要控制的各种电动气动阀门、水泵、风机、滗水器等。计算机控制系统也就是狭义上的自动控制系统，是自控系统的核心部分。计算机控制系统主要有 PLC 和 DCS 两种，最常用的是 PLC 控制系统。PLC 系统主要由中控室主站和现场子站构成，利用网络相连，实现集中管理和分散控制。自动控制系统包括控制设备和控制对象两部分，控制设备由主机、打印机、可编程程序控制器等组成，控制对象包括主反应池、风机及变配电间、污泥浓缩池、污泥池、沉砂池、提升泵站、脱水机房等、PLC 的核心控制处理器对系统的多个开关量和模拟量进行控制。

2.8　城市污水的二级生物处理——A²O 工艺

　　A²O 法是厌氧/缺氧/好氧工艺的简称，是以 AO 法为基础的。

2.8.1　AO 工艺

　　AO 法是缺氧/好氧工艺的简称，具有同时去除有机物和脱氮的功能。其工艺是在传统活性污泥法处理系统前增加一段缺氧生物处理流程，一级处理之后的污水新经过缺氧段再进入好氧段，缺氧段和好氧段可以分建，也可以合建。

　　图 2.39 为分建式 AO 工艺处理系统。A 段在缺氧条件下运行，溶解氧可控制在 0.5mg/L 以下。缺氧段的作用是脱氮：反硝化细菌以污水中的有机物作为碳源进行反硝化反应，将硝态氮还原为气态氮，污水的氮得到去除。在好氧段进行的是好氧微生物降解有机物的反应和硝化细菌进行的硝化反应（将氨氮转化为硝态氮）。

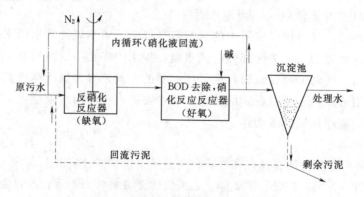

图 2.39　分建式 AO 工艺处理系统

　　AO 工艺也可以将反硝化、硝化及有机物的去除在一个曝气池中完成，即建成合建式，如图 2.40 所示为合建式 AO 工艺处理系统。

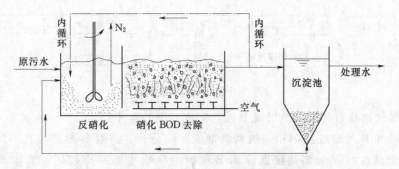

图 2.40　合建式 AO 工艺处理系统

2.8.2　A²O 工艺

而 A²O 工艺是在 AO 前增加一段厌氧生物处理流程，一级处理后的污水与含磷的回流污泥一起先进入厌氧段，再进入缺氧段，最后进入好氧段。A²O 工艺去除有机物的同时，能够同步脱氮除磷。图 2.41 为 A²O 工艺流程。

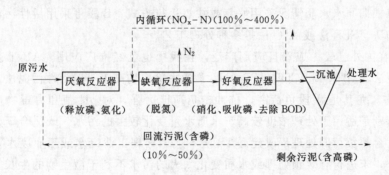

图 2.41　A²O 工艺流程

厌氧段主要是释放磷，并对部分有机物进行氨化，缺氧段的功能主要是脱氮，在好氧段 BOD 去除、硝化和吸收磷三项反应同时进行。

与传统活性污泥法相比，A²O 工艺的特点如下。

（1）为保证两个 A 段的溶解氧不增加，只需轻缓搅拌，大大降低了运行费用，运行中不需投加药剂。

（2）厌氧、缺氧、好氧的交替运行，抑制了丝状菌的大量增殖，可避免污泥膨胀的发生，其 SVI 值一般都会低于 100。但脱氮除磷效率很难进一步提高是该工艺的缺点。

（3）工艺简单，总停留时间短，建设总投资少。

2.9　城市污水的二级生物处理——AB 工艺

AB 法是吸附-生物降解的简称，其工艺流程如图 2.42 所示。

从图可见，AB 法与传统活性污泥法有着不同的特点。

（1）未设初沉池，由吸附池和中间沉淀池组成的 A 段为一级处理系统，它能充分利用原污水中的微生物。

图 2.42 AB 工艺流程

（2）由曝气池和最终沉淀池组成 B 段，完成二级处理任务。

（3）A 段和 B 段通过互不相关的两套回流系统分开，并且各段有各自不同的微生物群体，A 段的活性污泥全部是细菌；而 B 段的微生物主要是菌胶团、原生动物和后生动物。

（4）A 段对污染物的去除，主要是依靠生物污泥的吸附作用，A 段污泥负荷高，污泥龄短，水力停留时间短，溶解氧浓度低，这为细菌提供了良好的环境条件；B 段污泥负荷较低，停留时间较长，溶解氧浓度高。

（5）A 段对 BOD 的去除率约为 40％～70％，B 段所承受的负荷仅为总负荷的 30％～60％，曝气池容积可减少 40％左右。

A 段可以根据原水水质情况采用好氧或缺氧运行方式，B 段可采用活性污泥法、生物膜法、氧化沟法、SBR 法或 A^2O 法等多种处理工艺。

AB 工艺在国外已较为成熟且应用广泛，在我国也已经推广应用。AB 工艺是一种新型的活性污泥法，对 BOD、COD、SS、N、P 的去除率均高于一般活性污泥法，且可节约能耗 15％左右。尤其是 A 段负荷高，抗冲击负荷能力强，对 pH 值和有毒物质有很大的缓冲作用，特别是适用于处理浓度较高、水质水量变化较大的污水，既适合新建城市污水处理厂，也适合超负荷旧处理厂改建。AB 法不适于处理工业废水或工业废水占比高的城市污水，另外，未进行有效预处理或水质变化太大的污水不利于微生物的生长繁殖，也不适宜使用 AB 法处理。

2.10 城市污水的二级生物处理——生物膜工艺

污水的生物膜处理法是与活性污泥法并列的一种污水好氧生物处理技术，活性污泥法是以在曝气池内呈流动状态的絮凝体作为净化微生物的载体，并通过吸附在絮凝体上的微生物来分解有机物的。与此相反，生物膜处理法是使污水长时间与滤料或某种载体流动接触，污水中的细菌、原动物、后生动物等微生物便会附着在滤料或某种载体上生长繁殖，并在其上形成膜状生物污泥—生物膜。污水中的有机污染物质，作为营养物质被生物膜上的微生物所摄取，微生物得以繁衍增殖，污水得到净化。

这种生物膜处理工艺分为生物滤池、生物转盘、生物接触氧化等几类。它们的设备构造差异很大，但其作用原理是相同的。

2.10.1 生物膜的净化机理与工艺特征

图 2.43 所示为附着在生物滤池滤料上的生物膜的构造。生物膜形成后，一般 30d 后便可成熟。生物膜是高度亲水物质，在污水不断在其表面更新的条件下，在其外侧总

是存在着一层附着水层。生物膜又是微生物高度密集的物质，在其表面和一定深度的内部生长繁殖着大量的微生物和微型动物，并形成有机物-细菌-原生动物（后生动物）的食物链。在污水与生物膜不断地流动接触过程中，生物膜的内、外层以及生物膜与水层之间一直进行着多种物质的传递。空气中的氧先溶解于流动水层中，再通过附着水层传递给微生物，供微生物，供微生物用以呼吸；污水中的有机污染物则由流动水层传递给附着水层，然后进入生物膜，通过细菌的代谢活动而被降解；微生物的代谢产物如 H_2O，则通过附着水层进入流动水层，并随其排走。而分解产生的气体则从水层逸出进入空气中。随着微生物的不断增加，增厚到一定程度时，在氧不能透入的里侧深部，转变为厌氧层。厌氧层与好氧层在一开始可保持一定的平衡与

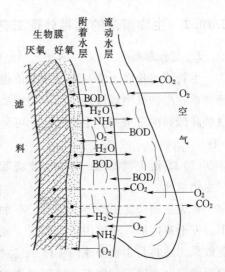

图 2.43　生物滤池滤料上
生物膜的构造

稳定关系，直到厌氧层加厚到一定程度，过多的代谢产物（如 NH_3、H_2S、CH_4 等气体）向外侧逸出，通过好氧层时，便破坏了好氧层生态系统的稳定状态，失去了两层之间的平衡关系，加之气态产物的不断逸出，也减弱了生物膜在滤料上的固着力，这时的生物膜便成为老化生物膜。老化了的生物膜净化功能差、易脱落。生物膜脱落后，在滤料或载体上又可生成新生物膜。脱落后的生物膜随着水流到后续处理构筑物中，最终沉淀下来，以污泥形式排除。

与活性污泥工艺相比，生物膜环境稳定、安静，因此生物膜上的微生物种属多，包括各种菌类、原生动物、后生动物等，故而形成的食物链长，污泥生成量少；而且生物膜上生长的硝化菌和亚硝化菌，可使生物膜法具有一定的硝化功能；对水质水量变化有较强的适应性；低水温条件下，能够保持一定的净化功能；老化脱落的生物膜比重大，易于固液分离；能够处理低浓度污水。另外，生物膜法与活性污泥法处理流程基本相同，只是根据处理工艺的不同，可以进行生物膜处理设备的多种组合。如图 2.44 所示为生物膜法处理工艺的基本流程。

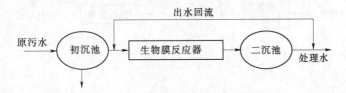

图 2.44　生物膜法处理工艺的基本流程

但由于对附着在膜表面上的微生物数量难以人为控制，因而，生物膜处理法其缺点是，在运行、操作方面缺乏灵活性，且膜的比表面积小，使得 BOD 的容积负荷受到限制，降低了空间效率。

2.10.2　生物膜法的几种处理工艺

1. 生物滤池

生物滤池是以土壤自净原理为依据,在污水灌溉实践的基础上发展起来的人工生物处理技术。生物滤池通过几个阶段的发展,已从低负荷发展为高负荷。根据出现的先后及其负荷高低和构造型式,生物滤池又可分为普通生物滤池、高负荷生物滤池和塔式生物滤池3种。

(1) 普通生物滤池。普通生物滤池又名滴滤池,是生物滤池早期出现的类型,即第一代生物滤池。

普通生物滤池由池体、滤料、布水装置和排水系统4部分组成。池体在平面上多呈圆形、方形或矩形,池壁用砖石筑造。池壁可带孔洞,以利滤料内部通风,但低温时影响净化效果。滤料是生物滤池的主体,它对生物滤池的净化功能有直接影响。一般多采用实心拳状滤料,如碎石、卵石、炉渣和焦炭等,也可选人工滤料如塑料球、小塑料管等。布水装置是固定喷嘴式布水装置系统,其主要任务是向滤池表面均匀地洒污水。排水系统设于池的底部,它的作用一是用于支撑滤料,二是排除处理后的污水。

普通生物滤池的工作过程是,由布水管通过布水装置向滤池表面均匀喷洒污水,污水沿着滤料的空隙从上而下流动。滤料一般分工作层和承托层两层。在污水流经滤料表面时,就会形成生物膜,生物膜成熟后,栖息在膜上的微生物摄取污水中有有机污染物质作为营养,并将其氧化分解,污水得到净化,净化后的水通过池底的排水系统排至池外。

普通生物滤池最大缺点是负荷低,占地面积大;滤料易堵塞,易产生滤池蝇,影响环境卫生等,近年普通生物滤池正逐渐被淘汰。

(2) 高负荷生物滤池。高负荷生物滤池是生物滤池的第二代工艺。它是在普通生物滤池的基础上,通过限制进水 BOD_5 值和运行上采取处理水回流等技术措施,既降低了进水

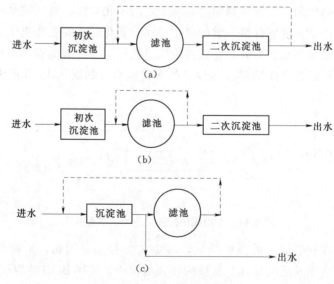

图 2.45　高负荷生物滤池

浓度，又提高了滤池的水力负荷，从而改善了普通生物滤池在净化功能和运行中存在的实际缺点。在构造上，高负荷生物滤池与普通生物滤池基本相同，但也有差异。高负荷生物滤池在表面上多为圆形。滤料多用由聚氯乙烯、聚苯乙烯和聚酰胺等材料制成的呈波形板状、列管状和蜂窝状的人工滤料。此外，高负荷生物滤池多采用旋转布水器进行布水，如图 2.45 所示。

（3）塔式生物滤池。塔式生物滤池，简称塔滤，属第三代生物滤池。塔滤一般高达 8～24m，直径为 1.0～3.5m，外形呈塔状，由塔身、滤料、布水系统、通风及排水装置所组成（图 2.46）。

塔身沿着高度分层砌造，分层处设格栅，每层设检修孔。滤料宜采用轻质滤料。塔滤的布水装置可采用固定喷嘴式布水系统或旋转布水器。塔底留有通风孔进行自然通风，也可在塔顶和塔底安设风机进行机械通风。

塔滤内部通风良好，污水由上而下滴落，水量负荷率高，滤池内部水流紊动强烈，污水、空气和生物膜三者接触充分。

塔滤的水力负荷率较高负荷生物滤池高 2～10 倍。其 BOD 容积负荷率也较高负荷生物滤池高 2～3 倍。较高的有机负荷使生物膜生长迅速，高水力负荷率又使生物膜受到强烈的水力冲刷，从而使生物膜不断地脱落、更新，这样，塔滤内的生物膜能够经常保持较好的活性。但是，生物膜生长过程短速，易于产生滤料堵塞的现象。因此，一般将进水 BOD_5 值控制在 500mg/L 以下，否则需采取处理水回流稀释的措施。

塔滤既适用于处理生活污水和城市污水，也适于处理各种有机性的工业废水，但只适用于处理水量小的小型城市污水处理厂。

图 2.46 塔式生物滤池
构造示意图
1—集水槽；2—布水器；
3—进水管；4—塔身；
5—支座；6—滤床；
7—底座

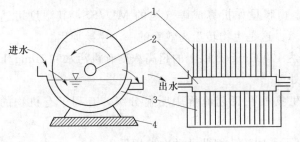

图 2.47 生物转盘构造
1—盘片；2—转轴；3—氧化槽；4—底座

2. 生物转盘

生物转盘又称浸没式生物滤池，它是 20 世纪 60 年代在德国开创的一种污水生物处理技术。它的工作原理和生物滤池基本相同，但构造形式却和生物滤池大不相同。

（1）生物转盘的构造及其工作过程。生物转盘是由盘片、接触反应槽、转轴及驱动装置 3 部分组成（图 2.47）。现分别就其构造阐述于下。

盘片——盘片的形状一般采用圆形或正多边形平板，或采用表面呈波纹状或放射状波纹的盘片，或采用平板、波纹状或二重波纹状盘片相结合的转盘。

接触反应槽——其断面呈半圆形，槽两侧设进、出水设备。对多级生物转盘，反应槽分为若干格，格与格之间设导流槽。

转轴用驱动装置——转轴两端固定安装在接触反应槽两端的支座上。转盘的驱动装置又包括动力设备、减速装置以及传动链条等。

生物转盘的工作过程是：污水由设在接触反应槽一侧的进水装置流入槽内，转盘盘片面积的 40%～50% 浸没在槽内的污水中。由电机减速器和传动链条组成的驱动转盘，以较低的线速度在槽内转动，并交替地和空气与污水相接触。盘片的作用与生物滤池中滤料相似。经一段时间转动后，在盘片上即附着一层滋生着大量微生物的生物膜。当盘片的一部分浸入污水时，污水中的有机物被生物膜所吸附、降解，污水得以净化，微生物获得丰富营养而繁殖。当转盘转出水面与空气接触时，生物膜上的固着水层又从空气中吸收氧，并将其传递到生物膜和污水中，使槽内污水的溶解氧含量达到一定的浓度，甚至可达到饱和。如此反复循环，使污水中的有机物在好氧微生物作用下不断得到氧化分解，盘片上的生物膜也逐渐增厚，当在其内部形成厌氧层，并开始老化时，老化的生物膜在污水水流与盘片之间产生的剪切力作用下剥落，剥落的破碎生物膜在沉淀池内被截留而得到去除。

（2）生物转盘处理系统的工艺特征。生物转盘处理系统如图 2.48 所示，在工艺和运行维护方面有其独到的优点。

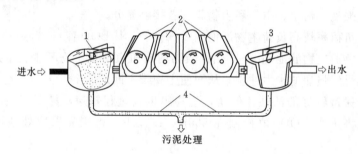

图 2.48　生物转盘系统的基本流程
1—初次沉淀池；2—生物转盘；3—二次沉淀池；4—污泥管

1）微生物浓度高。生物转盘上的生物膜量如折算成曝气池的 MLVSS，其浓度可达 40000～60000mg/L，F/M 值为 0.5～0.1。这是生物转盘高效率的一个主要原因。

2）耐冲击负荷能力强，对 BOD 值达 10000mg/L 以上的超高浓度有机污水和 10mg/L 以下的超低浓度污水都可采用生物转盘处理。

3）微生物食物链长，污泥龄长且生物相在工艺流程中明显分级，有利于有机物的降解。

4）接触反应槽内不需曝气，污泥也不需回流，因此，动力费用低。

另外，设计合理、运行正常的生物转盘，不产生滤池蝇，不散发臭味、不产生泡沫、也不产生噪声。

因此，这种方法是一种效果好、效率高、便于维护、运行费用低的污水生物处理技术。但是由于生物转盘盘片直径还受一定限制，当处理水量很大时，将需要很多盘片，国内塑料价格较贵，所以筑造费用较高。并且，转盘水深较浅，占地面积较大。因此，这种技术仅用于水量较少的工业废水、生活污水（尤其是医院污水）的处理。但也有处理较大污水量的实例，如美国 1977 年建成了一个较大的生物转盘城市污水处理厂处理城市污水，处理水量约为 20 万 m³/d。在寒冷地区，生物转盘应采取保温措施或建于室内。

　　3. 生物接触氧化法

　　生物接触氧化法是在池内填置填料，通过曝气而充氧的污水浸没全部填料，并以一定的流速流经填料，填料上生满生物膜，在污水与生物膜广泛接触的过程中，污水中的有机物被生物膜上的微生物所分解而得到去除，使污水得到净化。因此，生物接触氧化处理技术，又称为淹没式生物滤池。又因为该项处理技术是采用与曝气池相同的曝气方法，向微生物提供所需的氧，并起到搅拌、混合作用，相当于在曝气池内充填供微生物栖息的填料，因此，又称为接触曝气法。

　　据上所述，生物接触氧化法是一种介于活性污泥法与生物滤池两者之间的生物处理技术，可以说是具有活性污泥法特点的生物膜法。但生物接触氧化法在其构造、曝气方法、工艺、功能及运行等方面具有一定的特征。

　　（1）生物接触氧化处理装置的构造。生物接触氧化处理装置的中心处理构筑物是接触氧化池。接触氧化池是由池体、填料、布水装置和曝气系统等几部分组成，如图 2.49 所示。

　　接触氧化池的池体在平面上多呈圆形、矩形或方形，池内填料多采用蜂窝状填料、球状填料和软性填料等（图 2.50）。

　　（2）曝气方法及曝气位置。接触氧化池的曝气方法同活性污泥一样，可采用鼓风曝气和机械曝气。但其曝气装置的位置却与曝气池不同。

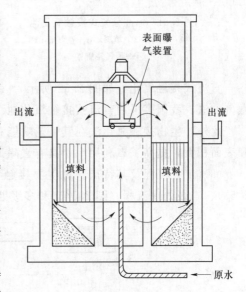

图 2.49　接触氧化池的基本构造

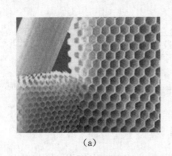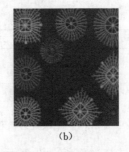

　　　　　（a）　　　　　　　（b）　　　　　　　（c）

图 2.50　几种填料

　　根据曝气装置的位置，可把接触氧化池分为分流式与直流式。

　　分流式接触氧化池如图 2.51 所示，就是使污水在单独的隔间内进行充氧，充氧后的污水又缓慢地流经充填着填料的另一隔间，与填料和生物膜充分接触。若分流式接触曝气池中心为曝气区，其周围外侧为充填填料的接触氧化区，称为中心曝气型；若填料设在池的一侧，另一侧为曝气区，则为单侧曝气型。

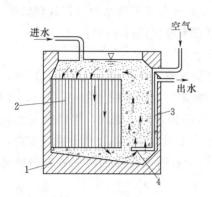

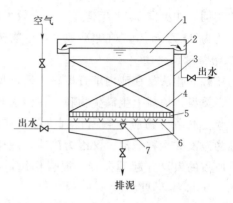

图 2.51 标准分流式接触氧化池
1—池体；2—填料；3—空气管；
4—曝气装置

图 2.52 直流式接触氧化池
1—稳定水层；2—出水槽；3—池体；4—填料；
5—填料支架；6—布气装置；7—配水装置

直流式接触氧化池如图 2.52 所示，一般是直接在填料底部设曝气装置，多采用鼓风曝气方法。我国多采用直流式接触氧化池。

此外，生物接触氧化法在其工艺功能和运行方面也具有一些特征：生物相丰富；生物膜表面积大，提高了氧利用率；具有去除 BOD、脱氮、除磷功能，可用以三级处理等。

（3）工艺流程及其特点。对生物接触氧化池的工艺流程，可分为一级处理流程（图 2.53）、二级处理流程（图 2.54）和多级处理流程。

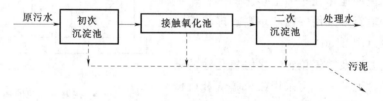

图 2.53 一级处理流程

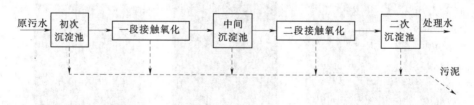

图 2.54 二级处理流程

一级处理流程，原污水先经过初次沉淀池处理后进入生物接触氧化池，经接触氧化后，水中的有机物得到氧化分解，脱落或老化的生物膜与处理水进入二沉池中进行泥水分离。沉淀后，污泥排出处理系统，出水排放。

二级处理流程，将两段接触氧化池串联，两个氧化池中间的沉淀池可设或可不设。在一段接触氧化池内，有机物与微生物比值较高，BOD 负荷率高，有机物去除较快，同时生物膜增长亦较快；而在后级接触氧化池内，BOD 负荷低，处理水水质得到提高。

多级处理流程是连续串联 3 座或多个接触氧化池组成的系统。在各池内，有机污染物浓度差异较大，前级池内 BOD 浓度高，后级则很低。因此每个池内的微生物相有很大不同，前级以细菌为主，后级可出现原生动物或后生动物。这样，处理效果好，处理水水质稳定。另外，多级接触氧化池同时具有硝化和生物脱氮功能。

生物接触氧化法的优点是处理能力大，污泥生产量少，不产生污泥膨胀的危害；处理效率高；能够保证出水水质。生物接触氧化法的主要缺点是，如设计或运行不当，填料易堵塞，曝气、布水不易均匀等。生物接触氧化法除可以用以处理城市污水和生活污水外，还可应用于石油、化工、农药、印染、纺织、轻工造纸、食品加工和发酵酿酒等工业废水的处理。

2.11 城市污水的天然生物处理——稳定塘工艺

稳定塘又称氧化塘或生物塘，是一种利用经过人工修整的池塘处理污水的构筑物，其对污水的净化过程和天然水体的自净过程很相近。

稳定塘是经过人工适当的修整，并设有围堤和防渗层的池塘。污水在塘内经较长时间的缓慢流动、储存，通过细菌、真菌、藻类及原生动物等微生物的代谢活动，使污水中的有机物降解，污水得到净化。水中的溶解氧主要是由塘内生长的藻类通过光合作用提供的，塘面的复氧则起辅助作用。

2.11.1 稳定塘的净化机理

在稳定塘的塘水中存活着细菌、藻类、微型动物（即原生动物与后生动物）、水生植物及其他水生生物。这些类型不同的生物，构成了稳定塘内的生态系统，而不同类型的稳定塘所处的环境条件不同，其中形成的生态系统又有各自的特点。

稳定塘对污水的净化作用主要是通过稀释作用、沉淀和絮凝作用、微生物的代谢作用、漫游生物以及水生植物的作用来完成的。

污水进入塘后与塘内已有的污水先进行一定程度的混合，使进水得到稀释，虽没有改变污染物的性质，却降低了其中各项污染指标的浓度，为进一步的净化作用创造了条件。塘内的污水所挟带的悬浮物质，在重力作用下，沉于塘底，使污水中的 SS、BOD、COD 等各项指标都得到降低。此外，塘水中含有大量的具有絮凝作用的生物分泌物，在其作用下，污水中的细小悬浮颗粒产生絮凝作用，小颗粒聚集成大颗粒，沉于塘底成为沉积层。沉积层通过厌氧分解进行稳定。

异养型好氧菌和兼性菌对污水中有机污染物的代谢作用，是稳定塘内污水净化的最关键性因素。通过好氧微生物的代谢作用，稳定塘能够取得较高的有机物去除率，BOD_5 可去除 90%以上，COD 去除率可达 80%。而厌氧微生物的代谢作用主要发生在厌氧塘内和兼性塘塘底的沉积层内。稳定塘内存活的多种浮游生物，也从不同的方面发挥着各自的作用。如藻类，其功能主要是供氧，同时也可去除 N、P 等污染物。而原生动物、后生动物及枝角浮游动物在稳定塘的功能是吞食游离细菌和细小的悬浮状污染物和污泥颗粒。

稳定塘内的水生植物，可以吸收 N、P 等营养元素，可以富集重金属。

2.11.2 稳定塘的分类与特点

稳定塘有多种分类方式，一般是根据塘水中微生物优势群体类型和塘水的溶解氧情况来划分，可分为好氧塘、厌氧塘、兼性塘、曝气塘与深度处理塘等。

1. 好氧塘

图 2.55 所示为好氧塘净化功能的模式。好氧塘深度较浅，一般在 0.5m 左右。阳光能够直接透入塘底，塘内存在着藻—菌—原生动物的共生系统。在阳光照射时间内，塘内生长的藻类在光合作用下，释放出大量的氧，塘面也由于风力的搅动进行自然复氧，使塘水保持良好的好氧状态。在水中生长繁殖的好氧异养微生物通过其本身的代谢活动对有机物进行氧化分解，而其代谢产生的 CO_2 便作为藻类光合作用的碳源。藻类摄取 CO_2 及 N、P 等无机盐类，并利用太阳的光能合成其基本的细胞质，并释放出氧气。藻类也具有从水中直接吸取污染物的功能。但对藻类应进行适当的处理，否则会造成二次污染。此外，原生动物、后生动物对好氧塘的净化功能也起着一定的作用。

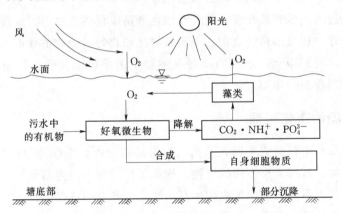

图 2.55 好氧塘净化功能模式

好氧塘的优点是塘内物质分布均匀，污水停留时间短，净化功能强，溶解性 BOD 去除率高。但是，由于有机负荷低，造成占地面积大，且处理水中藻类含量高，排放前需采用自然沉淀、混凝沉淀等方法予以去除。此外，好氧塘不能去除游离的细菌。

2. 厌氧塘

图 2.56 所示为厌氧塘净化功能的模式。厌氧塘塘深为 2.5m 以上，最深可达到 4.5m 或 5.0m。厌氧塘是依靠厌氧菌的代谢功能使有机污染物得到降解的。在塘表面形成的浮渣层，具有保护和防止光合作用的功能。

在厌氧塘反应系统中主要有产酸菌和甲烷共存，二者关系不是直接的食物链关系，产酸菌的代谢产物——有机酸、醇和氢是甲烷的营养物质。产酸菌是由兼性菌和厌氧菌组成的群体，而甲烷菌则是专性厌氧菌。另外，反应的最终产物 CH_4 可作为能源加以回收。

厌氧塘不需供氧，能够接受高负荷，处理高浓度污水时污泥量少。但厌氧塘对 BOD 的处理效率不高，一般以厌氧塘作为首塘，可替代初沉池。但厌氧塘整个塘水均呈厌氧状态，净化速度太慢，污水停留时间长，塘内污水的污染浓度高，易污染地下水，塘内散发

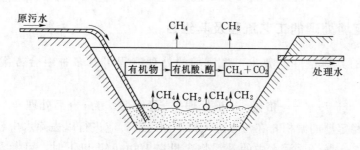

图 2.56　厌氧塘净化功能模式图

臭气影响环境卫生；此外，水面上的浮渣层虽然对保护塘内水温有利，但在浮渣上易滋生小虫，有碍环境卫生。

　　厌氧塘多用于处理浓度高、水量少的有机废水，如肉类加工、食品工业、畜生饲养场等排放的废水。

　　3.兼性塘

　　兼性塘深为 1.0～2.5m。一般兼性塘可分为 3 层：塘的上层，阳光能照射透入的部位，为好氧层，其净化功能同好氧塘；在塘的底部，由沉淀的污泥和衰死的藻类、菌类形成污泥层，在这里由于缺氧而进行由厌氧微生物起主导作用的厌氧发酵，从而称为厌氧层；好氧层与厌氧层之间为兼性层，在这一层，白天有溶解氧时，微生物进行好氧反应，夜晚缺氧时则进行厌氧反应。

　　兼性塘的主要优点是，对水量水质的冲击负荷有一定的适应能力；处理水中所含的藻类浓度低于好氧塘；其基建投资与维护管理费用低。兼性塘的主要缺点是在兼性塘厌氧层进行的厌氧反应，经常伴随着散发硫化氢恶臭和浮渣上浮的现象，给运行管理造成困难。

　　兼性塘的净化功能是多方面的，除了能去除城市污水、生活污水中的有机污染物外，兼性塘还能够比较有效地去除某些较难降解的有机化合物，如木质素、合成洗涤剂、农药以及氮、磷等植物性营养物质。因此，兼性塘适用于处理城市污水和木材化工、制浆造纸、石油化工等工业的废水。

　　4.曝气塘与深度处理塘

　　曝气塘是安装人工曝气设备的稳定塘，是介于稳定塘和活性污泥法中延时曝气之间的污水处理技术，可看做是没有回流的完全混合曝气池。

　　曝气塘一般采用机械曝气，即表面叶轮或机械转刷曝气。曝气塘可分为好氧曝气塘和兼性曝气塘两类。当曝气装置的功率较大，足以使塘水中全部生物污泥都处于悬浮状态，并向塘水提供足够的溶解氧时，即为好氧曝气塘；如果曝气装置的功率仅能使部分固体物质处于悬浮状态，而有一部分固体物质沉积塘底，进行厌氧分解，即为兼性曝气塘。

　　由于经过人工强化，曝气塘的净化功能、净化效果及工作效率都明显高于一般类型的稳定塘，污水在塘内的停留时间短，所需容积及占地面积都较少。但由于采用人工曝气措施，耗能增加，运行费用也有所提高。

　　另外，还有一种深度处理塘，其处理对象是常规二级处理工艺的处理水以及处理效果与二级处理技术相当的稳定塘出水。深度处理塘可使处理水达到较高的水质标准，以适应受纳水体或回用水对水质的要求。

2.11.3　稳定塘处理的工艺流程及其组合

根据当地的具体条件与要求，稳定塘的处理流程可有多种组合方案，但其基本流程为：

污水─→格栅─→前处理─→稳定塘系统─→后处理

为了防止稳定塘的淤积，在污水进入稳定塘之前，应进行以去除水中悬浮物质为中心环节的预处理。一般当原污水中的悬浮物含量在 100mg/L 以下时，可考虑设沉砂池，以去除砂质颗粒；当原污水悬浮物含量大于 100mg/L 时，可考虑设沉砂池和沉淀池。

后处理是对稳定塘的处理水在排放水体之前进行的除藻处理。因为好氧塘和兼性塘的处理水中含有大量的藻类，所以去除处理水中的藻类，应当作为稳定塘处理系统的一个组成部分，以免造成二次污染。一般是用自然沉淀、混凝沉淀、气浮和过滤等方法来去除处理水中的藻类，其中混凝加气浮法去除藻类使用比较多。

在稳定塘系统内，对于城市污水，若 BOD 不高，一般以兼性塘为首塘。常用的工艺流程是兼性塘—厌氧塘—好氧塘。而对于高浓度有机污水，则是以厌氧塘为首塘，后续单元考虑兼性塘、好氧塘或其他可资利用的稳定塘。而且，各类塘均可设单级或多级串联，也可并联。

2.11.4　稳定塘处理技术的优点、缺点

稳定塘作为污水处理技术，具有与活性污泥法和生物膜法不同的特点。其优点主要如下。

（1）能够充分利用地形，工程简单，基建投资省。稳定塘一般是在一些农业开发利用价值不高的废河道、沼泽地、峡谷等的基础上经人工修整而成，且工程工期短，易施工。

（2）能实现污水资源化，使污水处理与利用相结合。稳定塘处理的污水，一般能够达到农业灌溉的水质标准，可用于农业灌溉，充分利用污水的水肥资源；稳定塘内能够形成藻菌水生植物、浮游生物、底栖动物以及、鱼、水禽等多级食物链，组成复合的生态系统，而将污水中的有机污染物转化为鱼、水禽等物质而得以回收。

但稳定塘也存在一些弊端，如污水停留时间长，占地面积大；季节、气温、光照等自然因素对污水的净化有很大影响；防渗处理不当，地下水可能遭到污染；易于散发臭气和滋生蚊蝇，影响环境卫生。总的来说，稳定塘不仅能用来处理污水，而且它也是一种利用污水的有效方法。

2.12　城市污水的天然生物处理——土地处理工艺

污水的土地处理技术是将污水有控制地投配到土地上，通过土壤—微生物—植物组成的生态系统净化污水的一种处理工艺，是一种土壤自净的过程。

污水土地处理系统的净化机理很复杂，包括物理过滤、物理吸附、物理沉积、物理化学吸附、化学反应、微生物降解有机物等过程。其中，污水的 BOD 大部分是在土壤表层，

由栖息在土壤中的微生物进行降解而去除的；污水中的氮主要是通过植物吸收、微生物脱氮等方式被去除；磷是通过植物吸收、化学反应和沉淀等方式被去除；作物和土壤颗粒间孔隙的截留、过滤过程将污水中的悬浮物质及大部分病毒和病菌去除；重金属的去除则是通过物理吸附、化学反应和沉淀等途径去除的。

污水的土地处理系统能够经济有效地净化污水，还能充分利用污水中的营养物质种植农作物、牧草等，既能创造经济效益，还可以改良土壤，保护环境。因此，近年来，污水的土地处理技术开始有推广应用的趋势。土地处理系统由污水预处理设施、污水调节和储存设施、污水的输送、投配及控制系统、土地净化田、净化水的收集与利用系统等 5 部分组成。

常用的污水土地处理技术有 5 种类型：慢速渗滤、快速渗滤、地表漫流、湿地处理和地下渗滤处理。

2.12.1　慢速渗滤系统

慢速渗滤系统是将污水通过表面布水或喷灌布水方式投配到种有作物的土地表面，污水垂直向下缓慢渗滤，一部分污水直接被作物所吸收，一部分则渗入土壤中，污水得到净化。

为保证污水中的成分与土壤中微生物有较长的接触时间，要减慢污水在土壤层中的渗滤速度，所以污水投配负荷一般较低。

该工艺适用于渗水性能良好的土壤和蒸发量小、气候湿润的地区，其对污水的净化效率很高，一般 BOD 的去除率可达到 95％以上，COD 去除率达 85％～90％，氮的去除率则会高达 70％～80％。土地上种植的作物类型可根据处理污水的目的来选择，如以净化污水为主要目的时，可选择多年生牧草；若以污水利用为目的，则应种植谷物。

2.12.2　快速渗滤系统

快速渗滤系统是周期性地向具有良好渗透性能地渗滤田灌水和休灌，污水灌至渗滤田表面后快速下渗进入地下，灌水和休灌循环进行，使滤田表层土壤处于缺氧—厌氧—好氧交替运行状态，利用土壤过滤截留、氧化还原、沉淀、生物硝化及反硝化、微生物降解等作用，使污水得到净化。由于表层土壤交替处于缺氧、厌氧、好氧状态，所以，该系统还有利于氮、磷的去除。

快速渗滤系统是一种高效、低耗、经济的污水处理与再生方法，其主要用于补给地下水和废水的再生回用。用于再生回用时，要设地下集水管或井群以收集再生水，如图 2.57 所示。

为保证有较大的渗滤速率，进入快速渗滤系统的污水应进行适当预处理，一般需经一级处理，有时需要以二级处理作为预处理，以加大渗滤速率或保证高质量的出水水质。

该工艺净化效果很好，一般对 BOD 的去除率可达 95％，COD 可达 91％，氨氮去除率 85％除磷率达 65％。另外，该工艺对大肠菌的去除率能达到 99.9％，出水含大肠菌≤40 个/100mL。

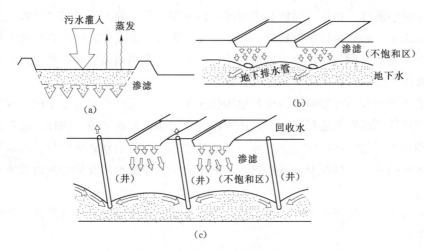

图 2.57　快速渗滤系统示意图

2.12.3　地表漫流系统

地表漫流系统是将污水以喷灌法或漫灌法有控制地投配到种有多年生牧草、地面坡度较小、土壤渗透性能差的土地上，污水以薄层方式沿土地缓慢流向设在坡脚的集水渠，流行过程中，污水得到净化，尾水收集后排放或利用，如图 2.58 所示。

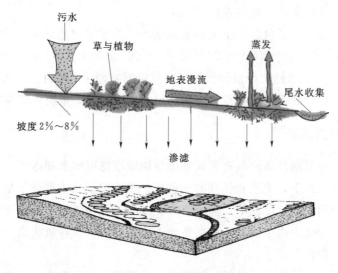

图 2.58　地表漫流系统

该工艺适用于渗透性能较差的黏土、亚黏土，地面最佳坡度为 2%～8%。污水需要进行格栅、筛滤等预处理后才可进入漫流系统。其对 BOD 的去除率在 90% 左右，总氮的去除率为 70%～80%，悬浮物的去除率达 90%～95%。

2.12.4　湿地处理系统

湿地处理是一种利用低洼湿地和沼泽低处理污水的方法。即将污水有控制地投配到种有芦苇、香蒲等耐水性、沼泽性植物的湿地上，污水在沿一定方向流动的过程中，在植物和土壤的共同作用下得以净化。

在湿地处理系统中，主要利用的是生长在沼泽地的维管束植物。繁茂的维管束植物可以向其根部输送光合作用产生的氧，使根区附近的微生物能够维持正常的生理活动，从而有效降解污水中的有机物。同时，维管束植物也能够直接吸收和分解有机污染物。

如图 2.59 所示，将天然洼淀、苇塘进行人工修整，中设导流土堤而成的湿地，称为天然湿地系统。其水深一般在 30～80cm 之间，净化作用类似于好氧塘，适宜做污水的深度处理。

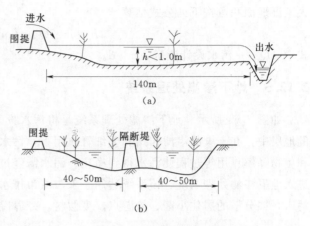

图 2.59　天然湿地系统
(a) 纵剖面示意图；(b) 横剖面示意图

用人工筑成水池或床槽作为湿地的系统，称为人工湿地系统。人工湿地一般底面要铺设隔水层以防渗水，再充填一定深度的土壤层，种植作物。当在土壤层中种植维管束植物时，一般污水由湿地一端进入，以较浅的水层在地表上推流，流至另一端溢入集水沟，在流动过程中，污水始终保持着自由水面。这称为自由水面人工湿地。如图 2.60 所示，若床内在土壤下层再填充一层炉渣或碎石等，在土壤层种植芦苇等耐水植物，下层作为植物的根系层；也可以在床内只填充碎石或砾石等，将芦苇直接种植在碎石或砾石的孔隙中。这种湿地系统称为人工潜流湿地系统。其中只填充碎石或砾石时，充填深度应根据种植的植物根系能够达到的深度而定，一般芦苇可为 60～70cm，碎石或砾石直径介于 10～30mm 之间。

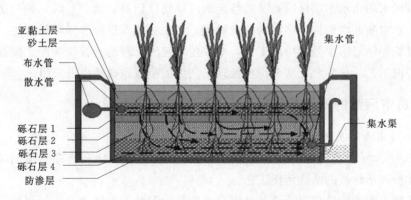

图 2.60　人工潜流湿地系统

近年来，我国利用人工湿地系统处理雨水或污水后回灌地下水或补充景观水、处理生活污水后用于小区中水水源等工程实例越来越多。其设计参数可按以下经验值采用：水力停留时间 7～10d；长宽比＞10/1；投配负荷率 2～20cm/d；布水深度，夏季为 10cm，冬

季为 30cm；种植植物可选择芦苇、香蒲、水葱、灯芯草、蓑衣草等；湿地坡度小于 3%；人工湿地面积可按下列公式估算

$$F = 65.7Q \quad (m^2) \tag{2.4}$$

式中　Q——污水设计流量，m^3/d。

2.12.5　地下渗滤处理系统

　　如图 2.61 所示，地下渗滤处理系统是将污水投配到距地面约 0.5m 深，有良好渗透性的地层中，在土壤的渗滤作用和毛细管作用下，污水向四周扩散，通过过滤、沉淀、吸附和生物降解作用等过程使污水得到净化。污水需经过化粪池或酸化水解池的预处理才可以进入地下渗滤处理系统。该系统适用于未与城市排水系统接通的分散建筑物排出的小流量污水，如分散的居住小区、旅游点、度假村、疗养院等。

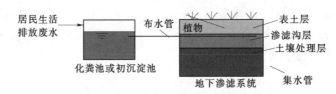

图 2.61　地下渗滤处理系统

2.13　城市污水的三级处理与深度处理

　　一般城市污水经过二级处理后即可达到排放要求，若要进一步提高出水水质，则还需在二级处理之后增加工艺，即进行三级处理。如出水要满足回用要求时，可在二级处理之后增加混凝过滤工序；如出水要求的重点在于难降解的有机物时，可增加活性炭吸附工序，或在活性污泥法中投加粉末活性炭，也可采用化学氧化法。

　　当城市污水的出水水质标准是某些特定的污染物（如氮、磷等）时，则为进一步改善二级处理出水水质而增加的工序称为深度处理，如二级处理后的脱氮除磷工艺。

　　混凝过滤等同与给水处理中的工艺，本节仅对三级处理的活性炭吸附、投加粉末活性炭的活性污泥工艺、化学氧化法和深度处理工艺中的脱氮除磷法做以介绍。

2.13.1　城市污水的三级处理

　　1. 投加粉末活性炭的活性污泥工艺

　　如图 2.62 所示，将活性炭直接加入曝气池中，使生物氧化和物理吸附同时进行，就组成了投加粉末活性炭的活性污泥工艺。

　　粉末活性炭的投加量与混合液悬浮固体浓度及污泥龄等参数有关，污泥龄增加，单位活性炭去除有机物的量也会增加，从而可提高系统的处理效率。

　　2. 活性炭吸附

　　三级处理中的活性炭吸附对象主要是传统活性污泥法出流中难降解化合物，残余的无机化合物（如氮、硫化物和重金属）。

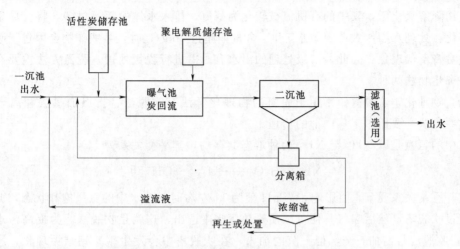

图 2.62 投加粉末活性炭的活性污泥工艺流程

三级处理时，为使活性炭真正用于处理二级处理不能处理的污染物上，要尽可能地降低二级处理水中溶解性有机物的浓度。另外，通常在应用活性炭前设置滤池，来去除二级出水中以悬浮颗粒形态存在的有机物。

3. 化学氧化法

应用化学氧化法可降低残留有机物的浓度，减少水中细菌和病毒的数量。常用的化学氧化剂有氯、二氧化氯和臭氧等。其中，因加氯氧化过程中会形成三氯甲烷等有害物质，所以其他氧化剂更常被使用。

氯和臭氧在氧化废水中有机物所需的剂量与达到的处理程度成正比，实际应用时应进行实验，以确定最佳用量，大致用量范围可参考表 2.2 中数据。

表 2.2　　　　　　　　氧化二级出水中残留有机物所需化学药剂剂量

化学药剂	作　用	剂量（kg/kg 有机物）	
		范围	参考值
氯	降低 BOD 浓度	1.0～3.0	2.0
臭氧	降低 COD 浓度	3.0～8.0	6.0

2.13.2 城市污水的深度处理

城市污水经传统的二级处理以后，出水中常含有一定量的氮、磷等化合物，一般氮（TN）20～50mg/L；磷（P）6～10mg/L。氮、磷为植物性生长元素，可助长藻类和水生生物，而引起水体的富营养化，影响饮用水水源。目前，我国的三大湖泊（昆明滇池、江苏太湖、安徽巢湖）都已出现不同程度的富营养化现象。因此，欲控制水体的富营养化，必须限制氮、磷的排放。

1. 氮的去除方法

废水中的氮主要以有机氮、氨氮、亚硝酸氮和硝酸氮四种形态存在。它们主要来源于生活污水、工业废水、施用氮肥的农田排水和地表径流。污水中的有机物在二级处理过程中被生物降解氧化后，其中的有机氮被转化为氨氮，排入水体的氨氮过多，将会导致水体富营养化。处理水用作农业灌溉水，TN 含量如超过 1mg/L 时，某些作物会因过量吸收氮而产生贪青倒伏现象。因此，二级处理的出水有时需进行脱氮处理。脱氮方法主要有物理化学法和生物法两种。

（1）物理化学法脱氮。常用于脱氮的物理化学法有吹脱法、折点加氯法和离子交换法。这些方法主要用于工厂内部的治理。

水中的氨氮是以 NH_3 与 NH_4 两种形态共存的，其平衡关系为

$$NH_3 + H_2O \longrightarrow NH_4^+ + OH^- \qquad (2.5)$$

这一平衡关系受 pH 值影响，当 pH 值为 11 左右时，污水中的氨呈饱和状态，此时让污水流过吹脱塔，然后曝气，便可以使氨从污水中逸出，这就是吹脱法。为提高污水中的pH 值，吹脱法常需加石灰。但石灰的加入，在吹脱塔中会发生碳酸钙结垢现象，影响运行，而且 NH_3 气的释放会造成空气污染。所以，大多使吹脱塔的气体通过硫酸溶液以吸收 NH_3。

折点加氯法的原理与方法同给水处理过程的加氯除氨氮，存在下列反应

$$Cl_2 + H_2O \longrightarrow HOCl + H + Cl \qquad (2.6)$$

$$NH_4 + HOCl \longrightarrow NH_2Cl + H + H_2O \qquad (2.7)$$

$$NH_4 + 2HOCl \longrightarrow NHCl_2 + H + 2H_2O \qquad (2.8)$$

$$2NH_4 + 3HOCl \longrightarrow N_2 + 5H + 3Cl^- + 3H_2O \qquad (2.9)$$

加氯脱氮时采用的加氯量应以折点相应的加氯量为准，为了减少氯的投加量，此法常与生物硝化联用，先硝化再除微量的残留氨氮。

离子交换法去除氨氮时，常用沸石做离子交换剂。与合成树脂相比，这种天然离子交换剂价格便宜且可用石灰再生。

（2）生物脱氮。传统的二级处理对氮、磷的去除率较低，如活性污泥法氮的去除率为20%～30%，而磷的去除率仅为 10%～30%。城市污水处理厂主要采用生物脱氮法来进一步提高氮的去除率。

污水的生物脱氮是在微生物的作用下，将有机氮和氨态氮转化为 N_2 和 N_xO 气体。该过程中氨的转化包括同化、氨化、硝化和反硝化作用。

硝化和反硝化过程受温度、溶解氧、酸碱度、C/N 比、有毒物质等因素的影响。常用的生物脱氮工艺有传统三段生物脱氮工艺、二段（巴颠甫 Bardenpho）生物脱氮工艺、单段生物脱氮工艺、缺氧—好氧生物脱氮工艺。

1）传统三段生物脱氮工艺。图 2.63 为传统的三级生物脱氮工艺流程，分别将有机物去除、硝化和反硝化反应分别在三个独立的反应器内进行，并分别回流。在反硝化脱氮反应器终借助于机械搅拌使污泥处于悬浮状态以获得良好的泥水混合效果。处理过程终需要向反硝化反应器中额外投加甲醇等碳源。因为此工艺具有不同功能的微生物在各自的生长环境中生存，因而可同时获得良好的去除 BOD_5 和脱氮效果，但工艺流程长、处理构筑物多，基建费用高，同时需要投加额外的碳源，因而运行费用较高。

2）二段生物脱氮工艺。针对传统活性污泥法脱氮工艺的上述缺点，进行了初步的改

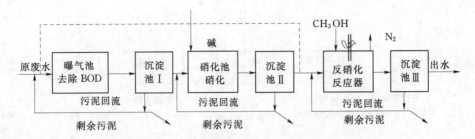

图 2.63 传统活性污泥法脱氮工艺（三级活性污泥法流程）

进，将去碳和硝化作用在一个反应器中进行，该工艺相对于传统的三级生物脱氮处理工艺虽然缩短了工艺流程，减少了基建费用，但仍需要向反硝化池中投加碳源，针对这种缺点，又提出了内碳源生物脱氮处理工艺，如图 2.64 所示其主要特点是将部分的原水引入反硝化池中，作为脱氮池的碳源（即利用了内碳源），不仅节省了外加碳源，而且降低了去碳硝化池的负荷，但是由于原水中碳源多为复杂的有机物，因而反硝化菌利用这些碳源进行脱氮反应的速度有所降低，同时造成出水的 BOD_5 值略有上升。为了保证出水中 BOD_5 值满足控制在较低的水平，在反硝化池后增设一个水力停留时间小于 60min 的曝气池，此工艺流程虽能保证处理出水中的 BOD_5，但由于流程较长，工程总投资和运行管理费用较高。

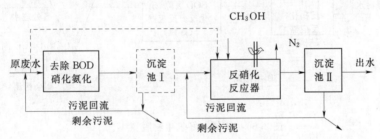

图 2.64 两级生物脱氮系统

注：虚线所示为可能实施的另一方案，沉淀池 I 也可以考虑不设。

3）巴颠甫（Bardenpho）生物脱氮工艺。Bardenpho（又称 Phoredox 工艺）脱氮工艺是由两级 A/O 工艺组成，如图 2.65 所示。各段反应池均独立运行。第一个好氧池的混合液回流至第一段缺氧池，回流混合液中的 $NO_x^- - N$ 在反硝化菌的作用下利用原水中的含碳有机物作为碳源在第一个缺氧池中进行反硝化反应，出水进入第一好氧池，在此进行含碳有机物的氧化、含氮有机物的氨化和氨氮的硝化作用，同时，第一缺氧池产生的 N_2 经曝气吹脱释放。第一好氧池中混合液流入第二缺氧池，反硝化菌利用混合液中的内源代谢产物进一步进行反硝化，同样，反硝化作用产生的 N_2 在第二好氧池中得到吹托释放，从而改善污泥的沉淀性能。溶菌作用产生的 $NH_4^+ - N$ 也在第二好氧池中得到优化。该工艺的脱氮效率能达到 90%～95%。

4）缺氧—好氧生物脱氮工艺。如图 2.66 所示，缺氧—好氧生物脱氮工艺将反硝化段设置在系统的前面，因此又称为前置式反硝化生物脱氮系统，是目前较为广泛采用的一种脱氮工艺。反硝化反应以污水中的有机物为碳源，曝气池中含有大量硝酸盐的回流混合

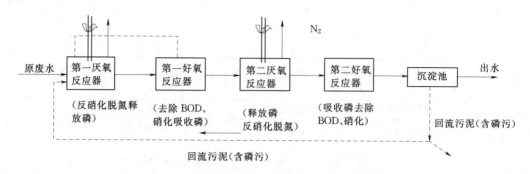

图 2.65　巴颠甫（Bardenpho）脱氮除磷工艺流程

液，在缺氧池中进行反硝化脱氮。在反硝化反应中产生的碱度可补偿硝化反应中所消耗的碱度的 50% 左右。该工艺流程简单，无需外加碳源，因而基建费用及运行费用较低，脱氮效率一般在 70% 左右；但由于出水中含有一定浓度的硝酸盐，在二沉池中，有可能进行反硝化反应，造成污泥上浮，影响出水水质。

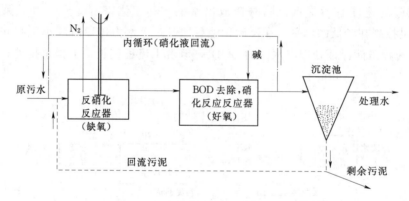

图 2.66　缺氧—好氧生物脱氮工艺

5）同步硝化反硝化工艺。当将生物脱氮过程中的硝化和反硝化两个阶段通过不同运行条件和工艺操作方式的合理设计而使其在同一处理构筑物内同时实现时，此过程称之为同步硝化反硝化。实现同步硝化反硝化的方式主要有两种，一是通过硝化和反硝化过程在处理构筑物不同区域的设计，即通过控制处理构筑物内不同区域曝气强度、混合液循环流动及进水点位的合理设计，在同一时间、不同区域进行硝化和反硝化而实现脱氮。在实际应用中，如人工湿地污水处理系统、氧化沟等工艺。二是在同一处理构筑物内按时间序列运行，控制不同时间段的供氧、供有机质，使活性污泥同时存在好氧和缺氧的环境中，实现同步硝化、反硝化，如 SBR、CASS 及其变型工艺。

随着生物脱氮技术的发展，开发了脱氮与除磷相结合的 A/O、UCT 等工艺。

2. 磷的去除方法

污水中磷的主要来源为粪便、洗涤剂和某些工业废水。城市污水中的含磷物质基本上都是不同形式的磷酸盐，按其化学特性可分为正磷酸盐（简称正磷）、聚合磷酸盐（简称聚磷）和有机磷酸盐（简称有机磷）。在常规的二级生物处理中，这些含磷化合物除少量用于微生物自身生长代谢的营养物质之外，大部分难以去除，而随二级处理出水排入受纳水体。一般地，当水体中磷的含量超过 0.5～1.0mg/L 时，就易产生富营养化现象。磷不同于氮，不能形成氧化体或还原体，向大气释放，但具有以固体形态和溶解形态相互循环转化的性能。污水除磷技术就是以磷的这种性能为基础而开发的，其主要技术有：使磷成为不溶性的固体沉淀物而从污水中分离出去的化学除磷法和使磷以溶解态被微生物所摄取，与微生物成为一体，并随同微生物从污水中分离出去的生物除磷法。磷的去除方法分物理法、化学法和生物法 3 大类，其中物理法因成本过高、技术复杂而很少采用。

（1）化学除磷。化学法是最早采用的一种除磷方法。它是以磷酸盐能和某些化学物质如铝盐、铁盐、石灰等反应生成不溶的沉淀物为基础进行的。包含两个过程，即先通过投加化学药剂将溶解性磷酸盐转化成不溶性的悬浮颗粒，然后再分离悬浮颗粒达到除磷目的。

1）混凝法。混凝法除磷是一种比较可靠的除磷技术，它是通过在原废水或二级处理出水中投加混凝剂生成磷的聚合物沉淀而使磷得到去除的方法。常用的混凝剂有硫酸铝、硫酸亚铁、聚合氯化铝、石灰等。当 pH 值为 11.5 时，石灰法的磷去除率可达 99%，但其产泥量比用其他絮凝剂要多，同时易在池子、管道和其他设备上结垢，大量含石灰沉渣的污泥需处置，费用较高。混凝法的除磷效率较高，由于混凝法很容易利用已有装置来除磷，故运转灵活性较大；其缺点是药剂费导致系统运行费用偏高。

2）晶析法。晶析法除磷又称接触脱磷法，其原理是利用式上述反应生成羟基磷灰石晶析的现象而开发的一种化学除磷方法。

晶析法除磷不产生污泥，且除磷效果稳定。晶析法处理二级生物处理出水与混凝沉淀效果相同，且设备面积可减少 1/3～1/2，维护管理费可减少 2/3，因而是一种有效的除磷方法。

（2）生物除磷。所谓生物除磷是利用聚磷菌（PAO）一类的微生物，在好氧条件下，能够过量地吸收污水中的溶解性磷酸盐，并将磷以聚合的形态储藏在菌体内，形成高磷污泥，排除系统外，达到从污水中除磷的效果。

生物除磷工艺一般都包括厌氧池和好氧池串联而构成。目前，A/O 工艺是典型的除磷工艺。在此基础上，根据 PAO 的特性，通过运行操作方式的改进，又出现了 Phostrip 和 AP 等工艺。

A/O 法是由厌氧池和好氧池组成的、同时去除污水中有机污染物及磷的处理系统。为了使微生物在好氧池中易于吸收磷，溶解氧应维持在 2mg/L 以上，pH 值应控制在 7～8 之间。磷的去除率还取决于进水中的 BOD_5 与磷浓度之比。如果这一比值大于 10:1，出水中磷的浓度可在 1mg/L 左右。由于微生物吸收磷是可逆的过程，过长的曝气时间或污泥在沉淀池中停留时间过长都有可能造成磷的释放。

Phostrip 除磷工艺如图 2.67 所示，是一种生物法和化学法协同的除磷方法。该工艺操作稳定性好，出流中磷含量可小于 1.5mg/L。

此外，A_2/O 工艺，改进的 Bardenpho 工艺，UCT 工艺和 SBR 工艺等可以实现在一个处理系统中同时去除氮、磷的目的，即同步脱氮除磷。

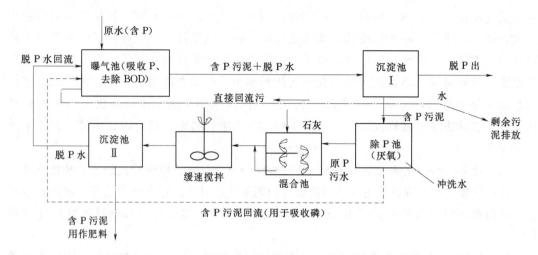

图 2.67 Phostrip 除磷工艺流程

2.14 城市污水处理厂的污泥处理工艺

城市污水处理厂所产生的污泥约占处理水量体积的 $0.3\%\sim0.5\%$ 左右，并且污泥中含有大量的有害有毒物质，如寄生虫卵、病原微生物、细菌、合成有机物及重金属离子等。如不加处理随意堆放将对周围环境产生不利影响。如进行深度处理，污泥量还可能增加 $0.5\sim1.0$ 倍。对于一个污水处理厂而言，它的全部基建费用中，用于处置污泥的约占 $20\%\sim50\%$，甚至 70%，所以污泥处理与处置是污水处理系统的重要组成部分。

污泥的处理与处置，就是要通过适当的技术措施，使污泥得到再利用或以某种不损害环境的形式重新返回到自然环境中。在排水工程中，将改变污泥性质称为处理，而安排出路称为处置。只有对这些污泥进行及时处理和处置，才能确保污水处理效果，防止二次污染；才能使容易腐化发臭的有机物得到稳定处理；才能使有毒有害物质得到妥善处理或利用；才能使有用物质得到综合利用，变害为利。总之，污泥处理和处置的目的是减量、稳定、无害化及综合利用。

2.14.1 污泥的来源、性质和数量

1. 污泥的来源

在城市污水的处理过程中，通常要截留相当数量的悬浮物质，这些物质统称为污泥固体。污泥中的固体有的是截留下来的悬浮物质，有的是由生物处理系统排出的生物污泥，有的则是因投加药剂而形成的化学污泥。污泥固体与水的混合体统称为污泥，但有时将以有机物为主的称为污泥，而以无机物为主的称为泥渣。

污泥的组成、性质和数量主要取决于污水的来源，同时还与污水处理工艺有密切关系。按污水处理工艺的不同，污泥可分为以下几种。

初次沉淀污泥：来自初次沉淀池，其性质随污水的成分而异。

腐殖污泥与剩余活性污泥：来自生物膜法与活性污泥法后的二次沉淀池。前者称腐殖

污泥，后者称剩余活性污泥。

硝化污泥：初次沉淀污泥、腐殖污泥、剩余活性污泥经厌氧硝化处理后的污泥。

化学污泥：用混凝、化学沉淀等化学法处理污水，所产生的污泥称为化学污泥。

栅渣呈垃圾状，沉沙池沉渣中比重较大的无机颗粒含量较高，一般作为垃圾处置。初沉池污泥和二沉池生物污泥，因富含有机物，容易腐化、污染环境，必须妥善处置。初沉池污泥还含有病原体和重金属化合物等。二沉池污泥基本上是微生物机体，含水率高，数量多，也要处置好。污泥处置前常需处理，其目的在于：降低含水率，使其变流态为固态，同时减少数量；稳定有机物，使其不易腐化，避免对环境造成二次污染。

2. 污泥性质

表征污泥性质的主要参数有污泥比重、含水率与含固率、挥发性固体、有毒有害物含量以及脱水性能等。

污泥比重，指污泥的重量与同体积水重量的比值，其大小主要取决于含水率和固体的比重，固体比重愈大，含水率低，则污泥的比重就越大。生活污泥及类似的工业污泥比重一般略大于1。工业污泥的比重往往很大，例如，铁皮沉渣为5～8，污泥比重 γ 可按下式计算

$$\gamma = \frac{1}{\sum\limits_{i=1}^{n}\left(\dfrac{W_i}{\gamma_i}\right)} \tag{2.10}$$

式中　W_i——污泥中第 i 种组分的百分含量；

　　　γ_i——污泥中第 i 项组分的比重。

若污泥仅含有一种固体成分（或者近似为一种成分），且含水率为 $P(\%)$，则上式可简化如下

$$\gamma = \frac{100\gamma_1\gamma_2}{P\gamma_1+(100-P)\gamma_2} \tag{2.11}$$

式中　γ_1——固体的比重；

　　　γ_2——水的比重。

城市污水的 $\gamma \approx 2.5$，若含水率为 99.5%，则 $\gamma = 1.001$。

含固率与含水率，按照污泥固体的可溶解性，污泥中的总固体包括溶解固体和悬浮固体两部分；按照污泥固体的挥发性，又可分为非挥发固体（一般指无机物，又称灰分）和挥发固体（一般指有机物）。

污泥中水的百分含量称为含水率。不同污泥，其含水率差异很大，表2.3给出了污泥含水率与状态的关系。

表 2.3　　　　　　　　　　污泥含水率及其状态的关系

含水率/%	污泥状态	含水率/%	污泥状态
≥90	几乎为液体	60～70	几乎为固体
80～90	粥糊状	50	黏土块
70～80	柔软状		

污泥的体积、重量及所含固体物浓度之间的关系，可用下式表示

$$\frac{V_1}{V_2}=\frac{W_1}{W_2}=\frac{P_{S1}}{P_{S2}}=\frac{100-P_{W2}}{100-P_{W1}} \tag{2.12}$$

式中　　P_{W1}、P_{W2}——污泥的含水率，%；

　　　　V_1、W_1、P_{S1}——污泥的含水率为 P_{W1} 时，污泥的体积、重量、固体物浓度；

　　　　V_2、W_2、P_{S2}——污泥的含水率为 P_{W2} 时，污泥的体积、重量、固体物浓度。

挥发固体（VSS），是指在 600℃ 的燃烧炉中能被氧化燃烧，并以气体产物逸出的那部分固体，它通常用来表示污泥中的有机物含量。污泥固体浓度常用 mg/L 表示，也可用重量百分数表示。VSS 也反映污泥的稳定化程度。

污泥中的有毒有害物质，因为城市污水处理厂的污泥中含有相当数量的氨（约占污泥干重的 4%）、磷（约占 2.5%）和钾（约占 0.5%），有一定肥效，所以可用于改善土壤。但其中也含有病菌、病毒、寄生虫卵等，在施用之前应采取必要的处理措施（如污泥硝化）。污泥中的重金属是主要的有害物质，含量超过规定的污泥不能用作农肥。

2.14.2　污泥处理工艺

由于污水处理工艺不同，造成污泥种类性质各异，因此，污泥的处理与处置方法也各不相同，并需要相应的前处理。

1. 污泥中水分及其对污泥处理的影响

污泥中水的存在形式大致有三种，如图 2.68 所示。空隙水或游离水，存在于污泥颗粒间隙中的水约占污泥水分的 70% 左右。这部分水一般借助外力可与泥粒分离。毛细水，存在于污泥颗粒间的毛细管中，约占污泥水分的 20% 左右。也有可以用物理方法分离出来。内部水，黏附于污泥颗粒表面的附着水和存在于其内部（包括生物细胞内的水）的内部水，约占污泥中水分的 10% 左右。只有干化才能分离，但也不完全。通常，污泥浓缩只能去除污泥游离水中的一部分。

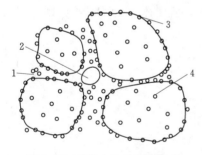

图 2.68　污泥中水的存在形式
1—毛细水；2—空隙水；
3—吸附水；4—内部水

污泥处理的方法取决于污泥的含水率和最终的处置方式。例加，含水率大于 98% 的污泥，一般要考虑浓缩，使含水率降至 96% 左右，以减少体积，利于后续处理。为了便于污泥处置时的运输，污泥要脱水，使含水率降至 80% 以下，失去流态。某些国家规定，若污泥进行填埋其含本率要在 60% 以下，这就决定了要用板框压滤机进行污泥脱水。

2. 污泥处理流程

污泥处理与处置的基本流程如图 2.69 所示。

3. 污泥处置的前处理

（1）浓缩是降低污泥含水率的最简单有效的方法，使剩余活性污泥的含水率约从

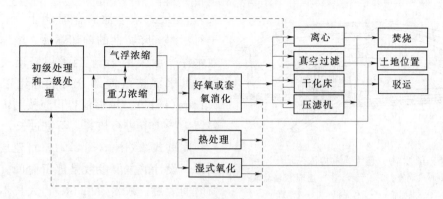

图 2.69　污泥处理与处置的基本流程
——污泥；---返回处理的废液；—·—返回处理的污泥固体

99.2％，下降到 97.5％左右，污泥体积缩到原来的 1/3 左右。

（2）稳定是为了避免污泥进入环境时，有机部分发生腐败，污染环境，在其脱水之前先进行降解。

（3）调理使经过稳定的污泥脱水性能变好。

（4）干化使脱水污泥的含水率由 60％～80％左右，降至低于 10％。

经过各级处理，100kg 湿污泥转化为干污泥时，重量常不到 5kg。

4. 污泥浓缩

污泥浓缩的目的是通过浓缩去除颗粒间隙的部分游离水，减少污泥的体积。污泥浓缩也相当于污泥脱水操作的预处理过程，具体浓缩方式包括重力浓缩、气浮浓缩以及离心浓缩等，其中以前两种方法的应用最为普遍。表 2.4 为几种常用的污泥浓缩方法之间的比较。

表 2.4　　　　　　　　　　　　　常用污泥浓缩方法及比较

浓缩方法	优　点	缺　点	适　用　范　围
重力浓缩法	储泥能力强，动力消耗小；运行费用低，操作简便	占地面积较大；浓缩效果较差，浓缩后污泥含水率高；易发酵产生臭气	主要用于浓缩初沉污泥；初沉污泥和剩余活性污泥的混合污泥
气浮浓缩法	占地面积小；浓缩效果较好，浓缩后污泥含水率较低；能同时去除油脂，臭气较少	占地面积、运行费用小于重力浓缩法；污泥储存能力小于重力浓缩法；动力消耗、操作要求高于重力浓缩法	主要用于浓缩初沉污泥；初沉污泥和剩余活性污泥的混合污泥。特别适用于浓缩过程中易发生污泥膨胀、易发酵的剩余活性污泥和生物膜法污泥
离心浓缩法	占地面积很小；处理能力大；浓缩后污泥含水率低，全封闭，无臭气发生	专用离心机价格高；电耗是气浮法的 10 倍；操作管理要求高	目前主要用于难以浓缩的剩余活性污泥和场地小、卫生要求高，浓缩后污泥含水率很低的场合

重力浓缩法用于浓缩初沉污泥和剩余活性污泥的混合污泥时效果较好，重力浓缩构筑物称重力浓缩池。重力浓缩池类似于废水处理的二沉池，根据运行方式不同，可分为连续式重力浓缩池、间歇式重力浓缩池两种。

连续运行的浓缩池可采用沉淀池的形式，如图 2.70 所示，一般为竖流式（或辐流

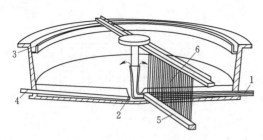

图 2.70 连续式重力浓缩池

1—中心进泥管；2—污泥斗；3—上清液溢流堰；
4—排泥管；5—刮泥机；6—搅动栅

式），连续式浓缩池的合理设计与运行取决于对污泥沉降特性的确切掌握。浓缩池的有效水深一般采用 4m，当采用竖流式浓缩池时，其水深按沉淀部分的上升流速不大于 0.1mm/s 计算。浓缩池容积应按污泥在其中停留 10～16h 进行核算，不宜过长。

间歇式浓缩池（图 2.71）可建成矩形或圆形，设计的主要参数是停留时间。如果停留时间太短，浓缩效果不好；太长不仅占地面积大，还可能造成有机物厌氧发酵，破坏浓缩过程。浓缩池的上清液，应回流到初沉池前重新进行处理。

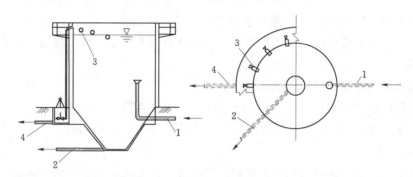

图 2.71 间歇式浓缩池

1—进泥管；2—浓缩污泥排出管；3—上清液溢流管；4—排液管

重力浓缩池最适于重质污泥，对于比重接近于 1 的轻质污泥，如活性污泥，效果不佳，在此情况下，最好采用气浮浓缩法。图 2.72 是气浮浓缩的典型工艺流程。

澄清水从池底引出，一部分排走，另一部分用水泵回流。通过水射器或压气机将空气引入，然后在溶气罐内溶入水中。溶气水经减压阀进入混合池，与流入该池的新污泥混合。减压析出的空气泡便携带固体上浮，形成浮渣层，用刮板刮出便得到分离。采用回流充气的优点是节省新水，管理方便，缺点是增加回流系统电耗。

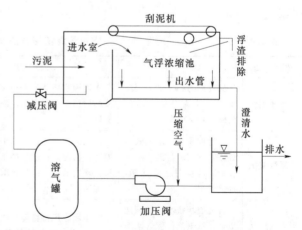

图 2.72 气浮浓缩的典型工艺流程

离心浓缩原理是污泥中固液两相密度不同，在高速旋转的离心机中因受到不同的离心力，被分离的污泥和水分别由不同的通道导出机外而得以分离，达到浓缩目的，对于轻质污泥有较好的祛除效果。用于污泥浓缩的离心机种类有转筒式离心机、篮式离心机和盘式离心机等。在浓缩剩余活性污泥时，为了取得较好的浓缩效果，得到较理想的含固率（＞4％）和固体物质回收率（＞90％）往往需要添加 PFS（聚合硫酸铁）、PAM（聚丙烯酰胺）等助凝剂。

离心浓缩机呈全封闭式，可连续工作。一般用于浓缩剩余活性污泥等难脱水物。污泥在机内停留时间只有 3min 左右，出泥含固率可达 4％以上。离心浓缩法的最大优点是效率高、节省时间、占地少。因离心力比密度力大几千倍，它能在很短的时间内就完成浓缩工作。此外，离心浓缩法工作场所卫生条件好，因此，该方法应用越来越广泛。但其电耗很大，在达到相同的浓缩效果时，其电耗约为气浮法的 10 倍，一般需要添加助凝剂。

5. 污泥的消化稳定

多数一级处理和二级处理的污泥都含有大量有机物，若不加处理投放到自然界，仍将受微生物的作用，继续对环境造成危害，所以需采取措施降低其有机物含量或使其暂时不产生分解，通常将此过程称之为污泥稳定。

污泥稳定处理的方式有生物稳定和化学稳定两类方法。生物稳定是在人工条件下加速微生物对有机物的分解，使之变成稳定的无机物或不容易降解的有机物过程，包括厌氧消化法和好氧消化法。化学稳定是采用化学药剂对污泥中的微生物加以处理，使有机物在短时间内不产生腐败过程，主要包括石灰稳定法和加氯稳定法两种。生物稳定是目前应用较为普遍有机污泥稳定处理方法，又分为好氧消化和厌氧消化两种方式。由于化学稳定处理效果的维持时间有限，因而多将其应用于对有机污泥进行应急处理的场合。

（1）好氧消化。污泥的好氧消化法类似于活性污泥法，是指通过对二级处理的剩余污泥或一级、二级处理的混合污泥进行持续曝气，促使菌细胞自溶，以降低其挥发性悬浮固体含量的处理方法。该方法主要用于污泥处理量（小型污水处理厂）不大的场合。

消耗自身的机体来维持生命活动，细胞在此过程中的代谢产物为二氧化碳、水和氨，而氨进一步氧化为硝酸盐。因此微生物机体的可生物降解部分（约占 MLVSS 的 80％）可被氧化去除，消化程度高，剩余消化污泥量少。

污泥好氧消化的最终反应式为

$$C_5H_7NO_2 + 7O_2 \longrightarrow 5CO_2 + 3H_2O + H^+ + NO_3^-$$

好氧消化池的构造与完全混合式活性污泥法曝气池相似，主要构造包括好氧消化室，进行污泥消化；泥液分离室，使污泥沉淀回流并把上清液排除；消化污泥排泥管；曝气系统：由压缩室气管、中心导流管组成，提供氧气并起搅拌作用。

（2）厌氧消化。厌氧生物消化就是利用厌氧微生物的代谢过程，在无需提供氧气的情况下将有机物转化为无机物和微生物细胞物质。厌氧微生物主要有产甲烷细菌和产酸发酵细菌。转化成的无机物主要是沼气（甲烷、二氧化碳的混合气体）和水，沼气作为能源可被回收。

厌氧消化是对有机污泥进行稳定处理的最常用的方法。一般认为，当污泥中的挥发性固体的量降低 40％左右即可认为已达到污泥的稳定。在污泥中，有机物主要以固体状态存在，因此，污泥的厌氧消化包括：水解、酸化、产乙酸、产甲烷等过程。有机废水的厌氧处理，也包括以上几个过程。一般认为，固态物的水解、液化是污泥的厌氧消化主要的控制过程。

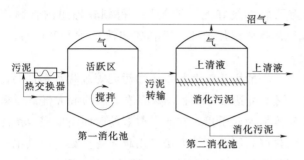

图 2.73　二级厌氧消化处理系统

经过厌氧消化使污泥中的有机物得到降解稳定，与此同时获得可利用的沼气资源。按温度的不同，厌氧消化可分为中温消化（30～37℃）和高温消化（50～55℃）两种形式；按运行方式可分为一级消化、二级消化、厌氧接触消化等；按负荷的不同，可分为低负荷（一般 0.5～1.6kgVSS/m³·d）和高负荷（1.6～6.4kgVSS/m³·d 或更高）两种。目前应用最为广泛的是两个高负荷消化池相组合构成二级厌氧消化处理系统如图 2.73 所示。

在二级厌氧消化系统内，第一消化池主要进行加热、搅拌、产气和除渣，池温约 33～35℃；第二消化池无须加热和搅拌，利用从第一消化池排出污泥的余热，继续进行消化、浓缩和排出上清液，池温约 24～26℃。采用这种方法，可为下同类别的微生物提供各自最适宜的繁殖条件，从而获得理想的消化效果。

二级消化池的总容积与一级消化池相同，因无需搅拌、加热，所以总动力消耗较少，而消化更彻底，但由于消化池的数量增加一倍，基建投资和占地面积较大。

影响污泥消化的主要因素：

1）pH 值和碱度。最佳的 pH 值为 7.0～7.3。为了保证厌氧消化的稳定运行，提高系统的缓冲能力和 pH 值的稳定性，要求消化液的碱度保持在 2000mg/L 以上（以 $CaCO_3$ 计）。

2）温度。试验表明，污泥的厌氧消化受温度的影响很大，温度的高低决定消化的快慢，同时也影响沼气产量。中温消化的消化时间一般为 25～30d，采用二级消化时，两级停留天数的比值可采用 1/1、2/1 或 3/1，一般采用 2/1 的比值。消化池温度波动 2℃时就可破坏产甲烷菌的消化作用。因此，操作时应严格执行操作规程，供给充足的热源。

3）投配率。投配率是指日进入的污泥量与池子容积之比，在一定程度上反映了污泥在消化池中的停留时间。投配率的倒数就是生污泥在消化池中的平均停留时间。工程上常用每日定量地将新鲜污泥投配到消化池中，并与熟污泥进行混合消化的办法。

4）消化池的搅拌。搅拌混合让反应器中的微生物和营养物质（有机物）充分接触，将使得整个反应器中的物质传递、转化过程加快。通过搅拌，可使有机物充分分解，增加了产气量。此外，搅拌还可打碎消化池面上的浮渣。

根据甲烷菌的生长特点，搅拌亦不需要连续运行，过多的搅拌或连续搅拌对甲烷菌的生长不利。目前一般在污泥消化池的实际运行中，采用每隔 2h 搅拌一次，约搅拌 25min 左右，每天搅拌 12 次，共搅拌 5h 左右。

5）有毒有害物质。有毒物质主要指对厌氧消化过程有负面影响作用的重金属离子及某些阴离子。

厌氧消化系统的主要设备是消化池及其附属设备。

消化池一般是一个锥底或平底的圆池，四周为垂直墙体。大型消化池由现浇钢筋混凝土制成，体积较小的消化池一般用预制构件或钢板制成。整个池子由集气罩、池盖、池体与下锥体四部分组成。圆形消化池的直径一般在6～30m，柱体的高约为直径的1/2，而总高接近直径。

附属设备有加料、排料、加热、搅拌、破渣、集气、排液、溢流及其他监测防护装置。

加热方法分为池外加热和池内加热两种。搅拌方法主要有三种：螺旋桨搅拌的消化池、鼓风机抽吸污泥气、射流器抽吸污泥气。消化池的监测防护装置应包括安全阀、温度计等。

破碎浮渣层可采用下列的方法：用自来水或污泥上清液喷淋；将循环污泥或污泥液送到浮渣层上。用鼓风机或用射流器抽吸污泥气进行搅拌时，只要抽吸的气体量足够，由于造成池面的搅动较剧烈，已可达到破碎浮渣层效果。

消化池必须附设各种管道，包括：污泥管（进泥管、出泥管和循环搅拌管）、上清液排放管、溢流管、沼气管和取样管等。

甲烷的燃烧热值约为35000～40000kJ/m³，如沼气的甲烷含量为53%～56%，平均以54.5%计，沼气的燃烧热值应为19075～21800kJ/m³，约相当于1kg无烟煤或0.7L汽油。沼气可作为家庭生活燃料，每日每人约需1.5m³；作为锅炉燃料，加温消化池污泥；作为化工原料，沼气中CO_2可制造干冰，CH_4可制CCl_4或炭黑；利用沼气发电并利用冷却水与锅炉废气加温污泥。

（3）化学消化。化学硝化是向污泥中投加化学药剂，以抑制和杀死微生物，消除污泥可能对环境造成的危害（产生恶臭及传染疾病），有石灰稳定法和氯稳定法两种方法，石灰稳定法就是用石灰使污泥的pH值提高到11～11.5，15℃下接触4h，能杀死全部大肠杆菌及沙门氏伤寒杆菌，但对钩虫、阿米巴孢囊的杀伤力较差。若采用石灰乳投加则制备麻烦、产生的渣量大，但其脱水性好。氯能杀死病菌，有较长期的稳定性。但pH值低，过滤性差，而且氯化过程中常产生有毒的氯胺，给后续处置带来一定困难。

6. 污泥的调理

城市污水处理厂污泥中的固体物质主要是腐殖质，与水的亲和力很强，其脱水非常困难。所谓调理就是破坏污泥的胶态结构，减少泥水间的亲和力，改善污泥的脱水性能。因此，消化污泥、剩余活性污泥、剩余活性污泥与初沉污泥的混合污泥等在脱水之前应进行调理，以改善污泥的脱水性能。污泥的调理方法有化学调理（加药调理法、淘洗加药调理法）、物理调理（淘洗调理法、加热调理法、冷冻调理法、加骨粒调理法）。其中加药调理法功效可靠，设备简单，操作方便。

加药调理法的原理就是用化学药品破坏泥水间的亲和力，通过调理使污泥的比阻抗（或CST）降低。所用药品可称调理剂。调节剂的使用量范围，一般需通过试验来确定。表2.5给出以$FeCl_3$和CaO为调节剂，用于城市污水生化处理系统污泥调节的用量情况。

表 2.5			调节剂 FeCl₃、CaO 用量		单位：g/kg 干污泥
污　泥　类　型	真空过滤机		板式过滤机		
	CaO	FeCl₃	FeCl₃	CaO	

表 2.5 调节剂 $FeCl_3$、CaO 用量　　　单位：g/kg 干污泥

污　泥　类　型	真空过滤机		板式过滤机	
	CaO	FeCl₃	FeCl₃	CaO
初次沉淀池污泥	80～100	20～40	40～60	110～140
普通曝气法的剩余活性污泥	0～160	60～100	70～100	200～250
初次沉淀池污泥与普通曝气法的剩余活性污泥	150～210	30～60	40～100	110～300
经热调节和厌氧消化后的初次沉淀池污泥	100～130	30～60		

7. 污泥的脱水

污泥经浓缩处理后，体积大幅度减缩，污泥中的游离水基本获得分离，为污泥的后续处理创造了条件，但浓缩过程很难实现污泥内部水的分离。

将污泥的含水率降低到 80%～85% 以下的操作叫脱水。污泥脱水的作用是去除污泥中的毛细水和表面附着水，从而缩小其体积，减轻其重量。经过脱水处理，污泥含水率能从 96% 左右降到 60%～80%，其体积为原体积的 1/10～1/5，脱水后的污泥具有固体特性，呈泥块状，便于装车运输及最终处置。污泥脱水分为人工机械脱水和自然脱水两种。多数国家普遍采用的脱水机械为板框压滤机、带式压滤机和离心机，也有采用干化床对污泥进行自然干化。各种脱水方法的比较见表 2.6。

表 2.6　　　　　　　　　　各种脱水方法的比较

方法		优　　　点	缺　　　点	适用范围
机械脱水	板框压滤机：间歇脱水液压过滤	滤饼含固率高；固体回收率高；药品消耗少，滤液清澈	间歇操作，过滤能力较低；基建设备投资大	其他脱水设备不适用的场合；需要减少运输、干燥或焚烧费用；降低填埋用地的场合
	带式压滤机：连续脱水机械挤压	机器制造容易，附属设备少，投资、能耗较低；连续操作，管理简便，脱水能力大	聚合物价格贵，运行费用高；脱水效率不及板框压滤机	特别适合于无机性污泥的脱水；有机黏性污泥脱水不适宜采用
	离心机：连续脱水离心力作用	基建投资少，占地少；设备结构紧凑；不投加或少加化学药剂；处理能力大且效果好；总处理费用较低；自动化程度高，操作简便、卫生	国内目前多采用进口离心机，价格昂贵；电力消耗大；污泥中含有砂砾，易磨损设备；有一定噪声	不适于密度差很小或液相密度大于固相的污泥脱水
自然脱水	污泥干化床：间歇运行自然蒸发和渗透	基建费用低，设备投资少；操作简便，运行费用低，劳动强度大	占地面积大、卫生条件差；受污泥性质和气候影响大	用于渗透性能好的污泥脱水；气候比较干燥的地区，多雨地区不宜建于露天；用地不紧张或环境卫生条件允许的地区

（1）自然脱水。污泥自然脱水的主要形式为干化场。干化场（图2.74）纵向结构由两层组成，上层为厚 10～20cm 砂床层，下层为厚 20～30cm 的砂砾层或碎石层；砂砾层或碎石层中铺设排水管，管径为 15cm 左右，间距约 3m 左右。为适应使用运行时的操作要求，砂床用高度在 40cm 以上的土堤和板墙划分成若干条形场地，每块条形场地为一个独

立单元，条形场地的宽度与污泥脱水后的除泥方法有关。如，用轻便轨道和手推车除泥时，要求宽度小于 6m；用拖拉机或除泥机时宽度可增大。

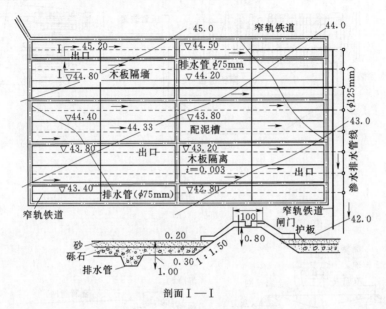

剖面 I—I

图 2.74 干化场示意图

在运行过程中，每次灌污泥深度在 20～30cm 之间，主要随着污泥的脱水性能而定。待污泥表面出现裂纹，含水率降到 75%，流态污泥变为固态污泥时，即可铲除。

污泥的自然干化是利用自然力量而将污泥脱水的，适用于气候比较干燥、用地不紧张以及环境卫生条件允许的地区。

（2）机械脱水。机械脱水是污泥脱水的主要方向。基本原理是以过滤介质两面的压力差作为推动力，污泥水分被强制通过过滤介质，形成滤液；而固体颗粒被截留在介质上，形成滤饼。

主要的脱水机械有转筒离心机、板框压滤机、带式压滤机和真空过滤机。真空过滤机已逐步被淘汰，转筒离心机和带式压滤机由于其优点显著发展迅速，在很多国家普遍采用。

板框压滤机是最先应用于化工脱水的机械。如图 2.75 所示，板框压滤机的主要工作部件是板、框和滤布，此外还有挤压机、动力和传动装置。板框压滤机除主机外，还有进泥系统、投药系统和压缩空气系统。

虽然板框压滤机一般为间歇操作、基建设备投资较大、过滤能力也较低，但由于其滤饼的含固率高、滤液清澈、固体物质回收率高、调理药品消耗量少等优点，对需要运输、进一步干燥或焚烧以及卫生填埋的污泥，可以降低运输费用、减少燃料消耗、降低填埋场用地。所以，在一些国家被广泛使用。

如图 2.76 所示，带式压滤机的主机由许多零部件组成，有导向辊轴、压榨辊轴和上、下滤带，以及滤带的张紧、调速、冲洗、纠偏和驱动装置等。

带式压滤机的滤带是以高黏度聚酯切片生产的高强度低弹性单丝原料，经过编织、热

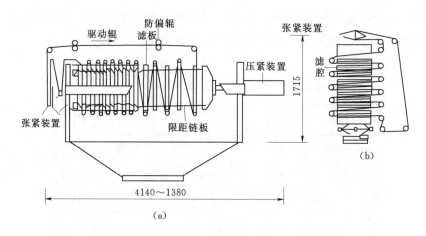

图 2.75 自动板框压滤机

(a) 卧式；(b) 立式

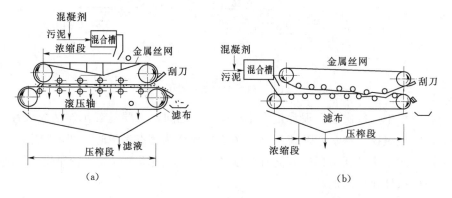

图 2.76 带式压滤机

定型、接头、加工而成。它具有抗拉强度大，耐折性好，耐酸碱、耐高温、滤水性好、质量轻等优点。

利用带式压滤机脱水的污泥的调理药剂一般采用合成有机聚合物。

带式压滤机具有能连续运行、操作管理简单、附属设备较少、机器制造容易等特点，从而使投资、劳动力、能源消耗和维护费用都较低，在国内外的污泥脱水中得到了广泛应用。

（3）转筒式离心机。转筒式离心机的构造和脱水过程如图2.77所示，离心机种类很多，污泥处理中主要使用卧式螺旋卸料转筒式离心机。

8. 污泥的干燥与焚化

污泥干燥是将脱水污泥通过处理，去除污泥中绝大部分毛细管水、吸附水和颗粒内部水的方法。污泥

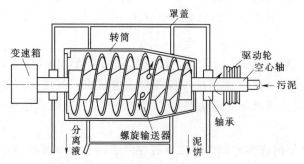

图 2.77 转筒式离心机

经干燥处理后含水率从 $60\%\sim80\%$ 降低至 $10\%\sim30\%$ 左右。焚化处理能将干燥污泥中的吸附水和颗粒内部水及有机物全部去除，使含水率降至零，变成灰尘。

污泥干燥与焚化是一种可靠而有效的污泥处理方法，但其设备投资和运行费用十分昂贵，在我国几乎没有用于城市污水处理厂污泥的实例，仅应用于工业污泥和垃圾的处理。

（1）转筒式干燥器和焚化炉。脱水污泥经粉碎后与返送回来的干燥污泥混合，使进泥含水率降低至 50% 左右。污泥在转筒抄板的搅拌下与热气流充分接触，并缓缓滑向出口端。炒热气体与污泥的流动方向一致，即为顺流操作。经卸料室通过格栅进入储存池、排气经旋流分离器分离后，经除臭燃烧器排入大气。

转筒式焚化炉的构造与转筒式干燥器基本相同与转筒式干燥器相反，焚化炉常采用逆流操作。进料预热干燥（含水率 $10\%\sim39\%$），后 2/3 长度为焚化段 $700\sim900℃$。

（2）流化床焚化炉。流化床焚化炉是近来发展的高效污泥焚化炉。常以硅砂为热载体。运行时，经过预热的灼热空气从砂床底部进入，使整个砂床成悬浮状态。脱水污泥首先通过快速干燥器，污泥中水分被焚化炉烟道气带走，污泥含水率从 70% 左右降至 40% 左右，烟道气温则从 $800℃$ 降至 $150℃$。干燥后的污泥用输送带从焚化炉顶部加入炉内，与灼热流化的硅砂层（约 $700℃$）混合、气化，产生的气体在流化床上部焚烧（$850℃$），污泥灰与灼热空气一起进入旋流分离器分离。

9. 污泥的综合利用

污泥的最终出路一般是部分或全部利用，或者以某种形式返回到环境中去。在利用过程中，污泥中的部分物质也有可能以某种形式返回到环境中。

目前，我国常用的污泥处置与综合利用方法有：农业利用、建筑材料利用、沼气利用、填埋、焚烧和投放海洋或废矿等。

（1）农业利用。污泥中含有植物所需要的营养成分和有机物，因此污泥应用在农业上是最佳的最终出路。较常用的处理方法是堆肥。堆肥是利用嗜热微生物，使污泥中的有机物和水分好氧分解，能达到腐化稳定有机物、杀死病原体、破坏污泥中恶臭成分和脱水的目的。缺点是天气不好时，过程缓慢，且会产主臭气。

（2）建筑材料利用。如作为铺路、制砖、制纤维板和水泥生产等的原材料。

（3）沼气利用。污泥发酵产生的沼气既可作为燃料，又可作为化工原料，因此是污泥综合利用中十分重要的方面。沼气的主要成分是甲烷和二氧化碳，净化除去二氧化碳后，即可得到甲烷，以甲烷为原料可制成多种化学品。它的成分随污泥的性质而异，一般含 CH_4 在 $50\%\sim60\%$。消化池所产生污泥气能完全燃烧，保存运输方便，无二次污染，是一种理想的燃料。

（4）填埋。污泥单独填埋或者与固体垃圾一起填埋是一种常用的最终处置方法。污泥在填埋之前要进行稳定处理，在选择填埋场地时，要考虑到土壤和当地的水文地质条件，避免对地表水和地下水的污染。同时，还要做好对地面水、土壤、污泥中的重金属、难分解的有机物、病原体和硝酸盐的动态监测工作，必要时应对污泥填埋场地的渗滤液及地面径流进行收集并作适当处理。

（5）焚烧。当污泥自身的燃烧热值很高，或城市卫生要求高，或污泥有毒物质含量高，不能被利用时，可采用焚烧处理。焚烧是一种常用的污泥最终处置方法，它可破坏全部有机质，杀死一切病原体，并最大限度地减少污泥体积。污泥在焚烧前，应先进行脱水处理，以减少负荷和能耗。

（6）废矿改造。可以把污泥用于露天报废煤矿或其他贫瘠土地的改造。实践证明，这种方法需要的污泥投放量大，一般每年每公顷土地需 100～1000t 污泥。但实施之前应进行充分的可行性论证，以免对环境产生污染影响。如果没有良好的排除地面径流和控制地表水下渗的措施，利用污泥进行废地改造可能会导致地表和地下水污染问题。此外，含重金属元素污泥大量投放，也会造成在土壤中的积累，进而会导致农作物品质的下降。

（7）投放海洋。沿海地区，可考虑把污泥投海，投海污泥最好是经过消化处理的污泥，而且投海地点必须远离海岸。对于污泥投海，在国外有成功的经验，也有造成严重污染的教训，已在各国环保人员和公众当中引起激烈的争论，目前此方法已经不提倡。

10. 污泥的管道输送

污泥在厂内输送或排除厂外，都使用管道。因此，必须掌握污泥流动的水力特征。

污泥在管道中流动的情况和水流不大相同，污泥的流动阻力随流速大小而发生变化。在层流状态时，污泥黏滞性大，悬浮物易于在管道中沉降，因此污泥流动的阻力比水流阻力大。当流速提高到紊流状态时，由于污泥的黏滞性能够消除边界层产生的漩涡，使管壁的粗糙度减少，污泥流动的阻力反而比水流要小。含水率越低，污泥的黏滞性越大，上述现象越明显；含水率越高，污泥黏滞性越小，越接近于水流状态。根据污泥流动的特性，在设计输泥管道时，应采用较大的流速，使污泥处于紊流状态。

项目 3 污水处理新工艺与水处理厂自动控制系统

》》学习目标

本单元要求熟悉城市污水处理厂新工艺的工作原理、特点及操作步骤，了解城市水处理厂的自动控制系统组成及操作流程。

》》学习要求

能 力 目 标	知 识 要 点	技 能 要 求
污水处理新工艺	了解污水处理新工艺，包括 CASS 工艺、膜生物反应器、污水同步生物脱氮除磷工艺、厌氧生物滤池、厌氧接触法、厌氧流化床、厌氧生物转盘、折流式厌氧反应器与厌氧批式反应器等	能掌握各种污水处理新工艺的原理、特点及操作步骤
城市水处理自动控制系统	了解污水处理自动控制系统的功能，了解变频调速控制系统和自动调节系统的操作	能清楚变频调速控制系统和自动调节系统的各组件功能和操作流程

3.1 CASS 工艺

循环活性污泥系统（Cyclic activated sludge system，CASS），又称为 CAST（Cyclic activated sludge technology，CAST），它是把选择池（预反应区）和接触池（主反应区）这一可变容积的反应器组合在一起，在单一的反应器中用单一的污泥系统进行生物处理和固液分离，如图 3.1 所示。

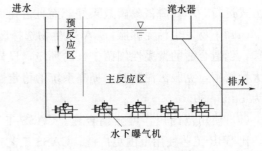

图 3.1 CASS 工艺示意图

完整的 CASS 操作周期一般包括以下 4 个步骤。

（1）进水—曝气阶段。由曝气系统向反应池内供氧，此时有机污染物被微生物氧化分解，同时污水中的 $NH_3 - N$ 通过微生物的硝化作用转化为 $NO^{2-} - N$。此阶段边曝气边进水，同时将主反应区的污泥回流至生物选择区。污泥回流量约为处理废水量的 20%。

（2）进水—沉淀阶段。此时停止曝气，微生物利用水中剩余的 DO 进行氧化分解。反应池逐渐由好氧状态向缺氧状态转化，开始进行反硝化反应。活性污泥逐渐沉到池底，上层水变清。此阶段不仅不停止进水而且污泥回流也不停止，整个反应池成为一个较理想的平流沉淀池，未经处理的水经布水器进入预反应池后以低速流动。

（3）滗水阶段。沉淀结束后，置于反应池末端的滗水器开始工作，自下而上逐渐排出上清液。此时，反应池逐渐过渡到厌氧状态并继续反硝化。此阶段污泥回流不停止，其目的是为了提高缺氧区的污泥浓度，以使随污泥回流到该区污泥中的硝态氮进行反硝化，并进行磷的释放而促进在好氧区内对磷的吸收。

（4）闲置阶段。闲置阶段就是滗水器上升到原始位置阶段。正常的闲置期通常在滗水器恢复待运行状态后 4~5min 后开始，闲置期内，污泥回流系统照常工作。在实际运行过程中，闲置阶段往往与排水和排泥同步进行，因而一般不需要在运行周期中独立分配时间。

CASS 工艺的主要设备同 SBR 一样。CASS 多采用鼓风曝气的方式，多数采用小气泡曝气方式，这样易于维护，但也有采用微气泡和射流曝气系统的。

与传统活性污泥法及 SBR 法相比，CASS 工艺有其独特的特点。

（1）CASS 是一种具有脱氮除磷功能的循环间歇处理工艺。根据生物选择原理，利用与主反应区分建或者合建的位于系统前端的生物选择区对磷的释放、反硝化作用及对进水中有机污染物的快速吸附及吸收作用，增强了系统运行的稳定性。

（2）抗冲击负荷能力强。可变容积的运行提高了系统对水量水质变化的适应性；在反应器的进水端设置生物选择区，利于创造适于微生物生长的条件并选择出絮凝微生物，因而可更有效地保持污泥的良好沉降性能，并有效提高系统的抗冲击负荷能力。

（3）工艺流程简单，占地面积小，投资较低。CASS 的核心构筑物为反应池，没有二沉池及污泥回流设备，一般情况下不设调节池及初沉池，因此，污水处理设施布置紧凑、占地面积省、投资低。根据生物反应动力学原理，可采用多池串联运行，使废水在反应器的流动呈现出整体推流的状态，而在单个反应器以厌氧—缺氧—好氧—缺氧—厌氧的序批式方式运行，不仅脱氮除磷效果好，而且占地面积小、投资及运行管理费用低。

（4）不易发生污泥膨胀。CASS 生物选择区的设置是利用活性污泥种群组成动力学的规律，创造合适的絮凝性细菌生长的环境，设计合理的生物选择区可以有效地抑制丝状菌的大量繁殖，克服污泥膨胀，提高系统的稳定性。一般选择区与缺氧区和好氧区的容积之比为 1：5：30。

（5）使用范围广，可分期合建。CASS 工艺可应用于大型、中型及小型污水处理工程，比 SBR 工艺使用范围更广泛；CASS 工艺在进水阶段不设单纯的充水过程或缺氧混合过程，连续进水的设计和运行方式，一方面便于与前处理构筑物相匹配，另一方面控制系统比 SBR 工艺更简单。

对大型污水处理厂而言，CASS 反应池设计成多池模块组合式，单池可独立运行。当处理水量小于设计值时，可以在反应池的低水位运行后投入部分反应池运行等多种方式灵活操作；由于 CASS 系统的主要核心构筑物是 CASS 反应池，如果处理水量增加，超过设计水量不能满足处理要求时，可同样复制 CASS 反应池。因此，CASS 法污水处理厂的建设可随企业的发展而发展，它的阶段建造和扩建较传统活性污泥法简单得多。

3.2 膜生物反应器

3.2.1 工艺特点

膜—生物反应器工艺（Membrane Biological Reactor，MBR）是 20 世纪 60 年代开始研究，80 年代广泛应用，90 年代得到快速发展的一项废水生物处理新技术，它是将生物处理与膜分离技术相结合而成的一种高效污水处理新工艺，由膜过滤取代传统生化处理技术中的二次沉淀池。近年来已经被逐步应用于城市污水和工业废水的处理，在中水回用处理中也得到了越来越广泛的应用。

1. 原理

MBR 是膜分离技术与生物技术有机结合的新型污水处理技术，它利用膜分离设备将生化反应池中的活性污泥和大分子有机物截留住，省掉初沉池和二沉池。活性污泥浓度因此大大提高，水力停留时间和污泥停留时间可以分别控制，而难降解的物质在反应器中不断地反应、降解，大大强化了生物反应器的功能。

其优点是出水水质良好，不会产生卫生问题，感官性状佳，同时处理流程简单、占地少、运行稳定、易于管理且适应性强。

由于 MBR 工艺具备的独特优势，自 20 世纪 80 年代以来在日本等国得到了广泛应用。目前，日本已有近 100 处高楼的中水回用系统采用 MBR 处理工艺。在我国，应用此技术进行废水资源化的研究始于 1993 年，目前在中水回用的研究领域中取得了阶段性研究成果。

2. MBR 工艺类型

从整体结构上看，MBR 主要由膜组件、生物反应器和泵三部分组成，其中生物反应器是污染物降解的主要场所，膜组件相当于生物处理系统中的二沉池，起固液分离的作用，泵是系统出水的动力来源。

（1）分类。根据生物反应器有无供氧可分为好氧式膜—生物反应器和厌氧式膜—生物反应器。生物反应器的类型主要由废水的性质决定。

按膜组件的作用与功能，将 MBR 分成分离膜生物反应器、曝气膜生物反应器和萃取膜生物反应器。

按膜组件与生物反应器的组合形式分，可将 MBR 分为一体式、分置式和复合式 MBR 三类，如图 3.2 所示。

分置式的 MBR 又称为第一代 MBR 工艺，膜组件与生物反应器分开放置，膜组件一般采取加压的方式。生物反应器的混合液经循环泵增压后打入膜组件中，在压力的作用下，混合液中的液体透过膜，成为系统出水；固形物、大分子物质等则被截留在生物反应器中。早期的分离式 MBR 均采用错流式膜组件，即被过滤流体平行于过滤表面，由此产生的剪切力或湍流流动以限制滤饼层的厚度，为了维持稳定的透水率，膜面流速一般大于 2m/s，这就需要较高的循环水量，造成较高的单位产水能耗。分置式的特点是运行稳定可靠，操作管理容易，易于膜的清洗、更换和增设。但由于为减轻污染物在膜组件表面的积累，由循环泵所提供的水流流速很高，使能量消耗增大，还有由于循环泵的高速旋转

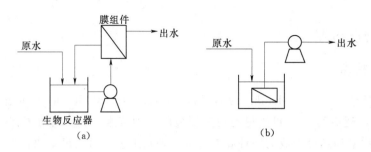

图 3.2　膜生物反应器组成形式
(a) 分置式膜生物反应器；(b) 一体式膜生物反应器

产生的剪切力对某些微生物菌体会产生失活现象。

一体式 MBR 是将膜组件浸没在生物反应器中，微生物在生物池中好氧降解有机物，水通过负压抽吸或水位差从膜单元外表面进入内表面再引出反应器。一体式膜—生物反应器是日本学者 Yamamoto 等在 1989 年首先开发的。在一体式膜—生物反应器中，膜组件直接置入反应器中，通过真空泵或其他类型泵的抽吸，得到过滤液。为减少膜面污染，延长运行周期，一般泵的抽吸是间断运行的。一体式膜—生物反应器具有体积小、工作压力小、无水循环、节能等优点。缺点是膜污染控制不易、出水不连续等。

复合式 MBR 在形式上也属于一体式 MBR，所不同的是在生物反应器内部添加了填料，从而改变了 MBR 的一些性状。

(2) 膜与膜组件的形式。根据截留分子量的不同，可分为微滤膜、超滤膜和反渗透膜。应用 MBR 废水处理工艺中的是微滤膜和超滤膜。

按膜材料来分，可分为有机膜（聚砜膜、聚乙烯膜、聚偏氟乙烯膜等）和无机膜（陶瓷膜等）。有机膜制造成本相对便宜，应用相对广泛，但在运行过程中易收到污染，寿命短。无机膜抗污染能力强，寿命长，能在恶劣的环境下使用，但目前制造成本较高，使其广泛应用受到了限制。表 3.1 了一些膜材料的优缺点。目前在 MBR 中广泛应用的膜材料又聚丙烯、聚乙烯、聚砜、聚偏氟乙烯等化学性质比较稳定的膜材料。

表 3.1　　　　　　　　　　　　　部分膜材料的优缺点

材　料	优　点	缺　点
有机膜		
醋酸纤维素（CA）	便宜、耐氟、亲水、可用溶剂铸造法制造	不耐热、化学稳定性差、机械强度低
聚砜（PS）	可蒸汽灭菌、pH 值适用范围大、可用溶剂铸造法制造	抗烃能力差
聚丙烯（PP）	化学稳定性好	表面疏水
聚偏氟乙烯	耐有机溶剂、化学稳定性好、灭菌方便	极疏水、价格昂贵
无机膜		
陶瓷膜（如 γ - Al_2O_3、TiO_2、SiO_2、ZrO_2）	热稳定性、化学稳定性及机械强度好，适用于性质苛刻的废水处理	价格昂贵、目前仅应用于微滤、超滤中

膜组件包括膜、膜支撑体、污水/透过液出口的接口等，是将一定面积的膜以某种形式组装成的组件。膜组件从构型上可分为平板式、中空纤维式、管式、螺旋式、毛细管式、褶皱式过滤筒等，如图 3.3 所示。在分置式 MBR 工艺中，平板式和管式应用较多；在一体式 MBR 工艺中，中空纤维式和平板式应用较多。各种形式的膜组件的优缺点见表 3.2。

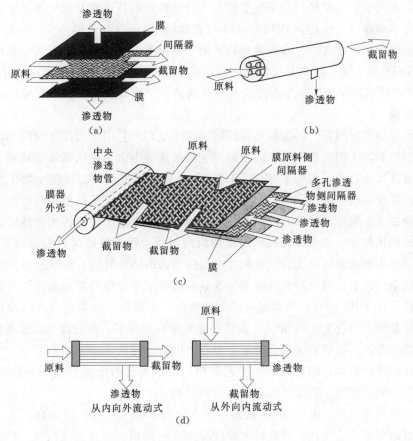

图 3.3　膜组件的四种型式

（a）框式；（b）管式；（c）螺旋卷式；（d）中空纤维式

表 3.2　　　　　　　　　　　　　　　部分膜组件的优缺点

膜组件	费用	优　点	缺　点
板框式	高	可以拆卸清洗、换膜方便，抗污染能力强	填充密度低、不能在线反冲洗
螺旋卷式	低	能耗低、结构牢固、紧凑	不易清洗，不能在线反冲洗
管式	很高	易机械清洗、进水可高 TSS	投资高、换膜费用高
中空纤维	很低	可以反冲洗、结构紧凑、填充密度高	对压力波动敏感、抗污染能力差

3. 特点

MBR 由于采用了膜分离技术与生物反应器相结合的方式，有机物的最终去除仍然是微生物细胞的新陈代谢作用，只是高效的固液分离作用强化了这种生物处理作用，因此，

MBR 具有独特的机理和其他生物处理工艺无法比拟的优势，与传统的活性污泥法相比，主要有以下特点。

（1）固液分离效率高。混合液中的微生物和废水中的悬浮物质以及蛋白质等大分子有机物不能透过膜，而与净化了的出水分开。因为不用二沉池，该系统设备简单，占地面积小，空间省。由于膜的高分离率，出水中 SS 浓度低，大肠杆菌数少。又由于膜表面形成了凝胶层，相当于第二层膜，它不仅能截留大分子物质而且还能截留尺寸比膜孔径小得多的病毒，出水病毒少。因此，MBR 的出水可直接回用。

（2）系统微生物浓度高、容积负荷高。由于不用重力式二沉池，泥水分离率与污泥沉降指数（SVI）值无关。好氧和厌氧反应器中混合液悬浮固体（MLSS）浓度分别达 40g/L 和 43g/L，远远高于传统的生物反应器。这是膜—生物反应器去除率较传统活性污泥法高的重要原因。

（3）污泥停留时间长，污泥龄可以控制。传统处理工艺中水力停留时间和污泥停留时间很难分别控制，它们互相依赖。而在膜—生物反应器中由于膜的高效分离特性，使微生物完全截留在反应器内，实现了 SRT、HRT 的分离，因此，可以根据生物生长的特性和具体的工艺要求单独控制污泥龄，这对世代时间长的硝化菌以及其他一些针对难降解有机物特殊菌种的生长繁殖十分有利。因此，膜生物反应器应用于生活污水处理时，一般都能获得理想的硝化效果。该系统可在水力停留时间很短而污泥停留时间很长的工况下运行，可延长废水中生物难降解的大分子有机物在反应器内的停留时间，最终达到去除的目的。

（4）剩余污泥少。剩余污泥的处理处置是目前污水处理中的难点问题。与传统的活性污泥法相比，在 MBR 中可以维持很高的污泥浓度，实现高容积负荷和低污泥负荷的运行模式，产泥量仅占传统工艺的 30%。在低污泥负荷的条件下，反应器中的营养物质仅能维持微生物的生存，其比增长率与衰减系数相当，则剩余污泥量很少或为零。

（5）操作维护简单。膜分离单元工艺简单，出水和运行不受污泥泥膨胀等因素的影响，操作维护简单方便，且易于实现自动控制管理。

（6）节省占地面积。由于 MBR 将传统污水处理的曝气池与二沉池合二为一，并取代了三级处理的全部工艺设施，因此可大幅度减少占地面积，节省土建投资。MLSS 浓度的增大，其结果是系统的容积负荷提高，使得反应器的小型化成为可能。图 3.4 给出了 MBR 同常规活性污泥法的工艺比较。可以看出，MBR 法工艺简单，可同时起到多个处理构筑物的作用。

3.2.2 主要设备

不同构型的 MBR 工艺所需要的设备略有不同，下面以一体式膜生物反应器为例介绍工艺主体构筑物 MBR 池所需要的主要设备。

1. 曝气系统

曝气对于 MBR 来说非常重要，一方面曝气为微生物提供所需要的溶解氧，同时反应器内溶解氧浓度对硝化反应速率及硝化细菌的生长速率都有较大的影响，一般认为溶解氧浓度大于 2.0mg/L 时，对硝化作用的影响不大。另一方面，曝气带动水流对膜表面有冲刷作用，可以有效防止膜孔阻塞、抑制膜污染，延长运行周期。提高膜表面的水流紊动程

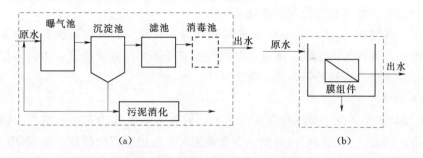

图 3.4　MBR 与传统活性污泥法比较
(a) 普通活性污泥法工艺；(b) MBR 工艺

度可以有效减少颗粒物质在膜面的沉积，减缓膜污染。但是膜表面流速过大会将反应器内的混合液污泥絮体打碎，影响其生物降解效率，同时造成上清液中溶解性有机物含量升高，从而加剧膜污染。一般控制膜面流速在 2m/s，气水比 20∶1～30∶1 左右。

　　MBR 的曝气系统由曝气机和曝气管路组成。目前，多采用穿孔曝气管的方式，主要是可以根据膜片的间距自行设置曝气孔的间距，一般每片膜的左右两侧都有一对曝气孔，以增强膜表面的冲刷效果。每对曝气孔的间距一般与膜片的间距相同。

　　2. 抽水泵

　　膜生物反应器的操作方式有两种：一种是恒定膜通量变操作压力，另一种是恒定操作压力变膜通量运行，无论哪种运行方式都要求膜两侧存在一定的压力差。根据压力差的重力流式和抽吸压差方式。针对 MBR，为了防止膜污染，一般采取间歇抽吸的运行方式，抽吸时间越长，积累在膜表面上的凝胶层和污泥固体越多，膜污染速度越快，工程中经常采用间歇式运行的方式，采用时间继电器和中间继电器控制抽水泵的运行时间，一般采用抽停比为 13∶2，即抽吸出水 13min，停止出水 2min，在此期间，膜组件下方的曝气一直在继续，在停止出水的时间内，可以通过膜下方的空曝气来冲刷膜表明的污泥层，从而减缓膜污染，延长膜清洗周期。

　　3. 膜组件

　　MBR 的处理能力，本质上决定于膜通量的大小，而膜通量则与膜才来紧密相关。

3.2.3　MBR 运行管理中常见问题及对策

　　1. 膜污染

　　在 MBR 工艺中，膜所分离的对象是大量的含有有机物、无机物及微生物的污泥混合液，因而发生膜污染是必然的现象。因此，在运行过程中，膜通量随运行时间的下降也是必然的。但在实际运行和操作过程中，可通过一定的措施，延缓污染发生的时间和污染的程度，以尽可能地提高其处理能力，目前膜污染的有效解决途径是采用抗污染能力较强的膜、适宜的运行条件、定期的反冲洗或清洗以及化学清洗。

　　反冲洗作为一种常用的防止和减轻膜污染的有效措施，已经得到了广泛的应用，该法是利用高速水流对膜进行水力冲洗，或将膜组件提升至水面以上用喷嘴喷水冲洗，同时用海绵球机械冲洗和反洗。其特点是简单易行，费用低。通过发冲洗可有效去除膜表面的泥饼及其他污染物，维持较为稳定的膜通量。

化学清洗法使用 $0.01 \sim 0.1 mol/L$ 的稀酸和稀碱以及酶、表面活性剂、络合物和氧化剂（次氯酸钠）等作为清洗剂，通过化学反应而破坏膜面凝胶层和膜孔内的污染物，将其中吸附的金属离子和有机物等氧化、溶出。

2. 剩余污泥

MBR 以其产泥量少、排泥周期长而著称，因此，小规模的工程中基本不设污泥处理的工艺部分，因此，当运行时间延长，需要排泥时会造成一定的困难，而 MBR 中 SRT 较长，因此污泥的絮凝沉降性能极差，不易用污泥脱水等方式处理。

3. 温度的影响

MBR 高效的截留能力，使世代时间较长的硝化细菌得以发挥作用，因此，出水氨氮浓度非常低。但硝化细菌的最佳生存温度是 25℃。在我国北方冬季，由于温度降低可能会影响出水氨氮的浓度，可以通过提高反应器内外的温度来提高冬季氨氮的降解效率。

3.3　污水同步生物脱氮除磷工艺

3.3.1　改进的 Bardenpho 工艺

如图 3.5 所示，改进的 Bardenpho 工艺由四池串联，即缺氧—好氧—缺氧池—好氧池。类似二级 A/O 工艺串联。第二级 A/O 的缺氧池基本上利用内源碳源进行脱氮，最后的曝气池可以吹脱氨氮，提高污泥的沉降性能。为了提高除磷的稳定性，在 Bardenpho 工艺流程之前增设一个厌氧池，以提高污泥的磷释放效率。只要脱氮效果好，那么通过污泥进入厌氧池的硝酸盐是很少的，不会影响污泥的放磷效果，从而使整个系统达到较好的脱氮除磷效果。

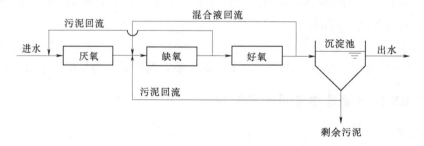

图 3.5　改进的 Bardenpho 工艺

3.3.2　UCT 工艺

在改进的 Bardenpho 工艺中，由于二沉池回流污泥中很难避免有一些硝酸盐回流到流程前端的厌氧池，从而影响除磷效果；为此，UCT 工艺（图 3.6）将二沉池的回流污泥回流到缺氧池，污泥中携带的硝酸盐在缺氧池中反硝化脱氮。同时为弥补厌氧池中污泥的流失，增设缺氧池至厌氧池的污泥回流。这样厌氧池可免受硝酸盐的干扰。

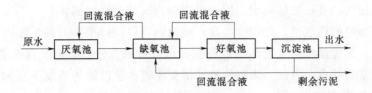

图 3.6　UCT 工艺流程

3.3.3　A＋A²/O 法

实际上就是 AB 法的 A 段加上 A²/O。常规的 AB 法对 TN 的去除率只有 30％～40％，对 TP 的去除也只有 50％～70％，要想提高脱氮除磷效果还必须与生物脱氮除磷工艺相结合，即与 A²/O 工艺相结合。工艺流程如图 3.7 所示。

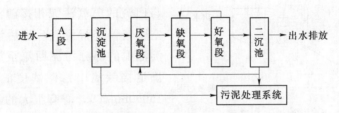

图 3.7　A＋A²/O 工艺流程

该工艺在脱氮除磷方面有较好的去除效果，但工艺流程较长，且 TP 尚不能达标。

3.4　厌氧生物滤池

厌氧生物滤池（AF）是装有填料的密封水池，如图 3.8 所示，污水由池底部进入，自下而上流经填料，从池顶排出。滤料一般采用粒径为 40mm 的碎石和卵石等拳状石质滤料，也可使用炉渣、瓷环、塑料填料，其中，塑料填料价格较高。

厌氧滤池里的污水在流动过程中保持与生长着厌氧细菌的填料相接触，细菌生长附着在填料上，不会随水流失，这种生物的固定化使其具有生物固体浓度高、水力停留时间短、启动时间短、不需污泥回流等优点。厌氧生物滤池已在美国、加拿大等国家已被广泛应用于各种不同类型的工业废水。但其填料价格较高，且若采用不当，在污水悬浮物较多的情况下易发生短路和堵塞。

厌氧生物滤池按水流方向可分为上流式厌氧滤池（AF）和下流式厌氧滤池（DSEF）。两种类型的厌氧生物滤池都可以用于处理低浓度或高浓度废水，由于 DSEF

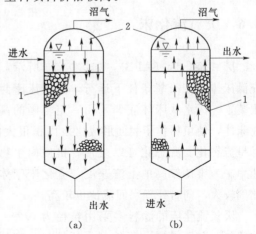

图 3.8　厌氧生物滤池示意图
(a) 降流式；(b) 升流式
1—填料；2—气室

池内填料竖直排放，有较宽的间距，因而可以处理高浓度悬浮固体。

厌氧生物滤池的优点是，处理能力高；滤池内可以保持很高的微生物浓度，无需污泥或处理水回流；装置简单，工艺本身能耗少，运行管理方便等。但又存在着滤料费用高、滤料下部易堵塞的缺点。因此，厌氧生物滤池要求进水悬浮固体浓度不宜太高，尤其是块状滤料时，不宜超过200mg/L。

3.5 厌氧接触法

厌氧接触法可以认为是厌氧活性污泥法，只是反应过程中不需曝气而需脱气。其流程如图3.9所示，在厌氧消化池后加设沉淀池，废水先进入混合接触池（即消化池）与回流的厌氧污泥相接触混合，然后经真空脱气器进行脱气，最后流入沉淀池，沉淀池中的部分污泥回流至混合接触池。为满足接触池中污泥浓度的要求（12000～15000mg/L），需有很大的污泥回流量，一般是废水流量的2～3倍。为使污泥保持悬浮状态，在混合接触池中要进行适当搅拌。

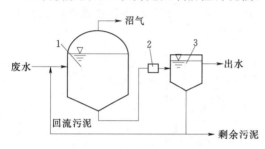

图3.9 厌氧接触法工艺流程
1—消化池；2—真空脱气器；3—沉淀池

可以用机械方法，也可以用泵循环池中的水。

厌氧接触法对悬浮物高的有机废水效果很好，在我国已成功应用于肉类加工废水和酒精糟液的处理。但对于悬浮物浓度很高的废水，需在厌氧接触工艺前采用分离预处理。

与普通的厌氧消化池相比，厌氧接触法具有耐冲击能力强、生物量高、悬浮物和COD的去除率高等特点，但因其增设沉淀池、污泥回流设备和真空脱气设施，使得工艺流程较复杂。

3.6 厌氧流化床

厌氧流化床（AFB），如图3.10所示，以小粒径填料充满床体，在厌氧条件下运行，流化床密封并设有沼气收集装置。污水从床体底部采用一定范围的高的上流速度通过床体，使填料粒子表面形成比表面积很大的厌氧生物膜，并呈流态化。流态化可以改善有机质向生物膜传递的传质速率。为维持较高的上流速度，流化床床体高度与直径的比例较大，同时处理水回流比也较高。

厌氧流化床的滤料多采用粒径为0.2～1.0mm的细颗粒填料，如石英砂、无烟煤、活性炭、陶粒和沸石等。该工艺多用来处理浓度较高的工业生产有机废水，如豆制品废水和屠宰废水等。但工艺技术要求较高，投资和运行成

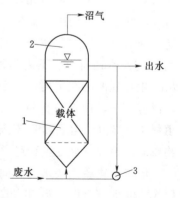

图3.10 厌氧流化床
1—载体；2—气室；3—循环泵

本也较高，因而尚未得到推广应用。

3.7 厌氧生物转盘

厌氧生物转盘是在好氧生物转盘的基础上，通过采取加盖密封、增加圆盘在反应槽内的废水浸没深度等措施来创设无氧条件，使圆盘表面上生长厌氧生物膜，以代谢污水中的有机物。圆盘的浸没深度通常为 $70\% \sim 100\%$，像好氧生物转盘一样，利用一根水平轴装上一系列圆盘片，可分级串联或并联。轴带动圆盘连续旋转，使各级转盘达到混合。

目前，好氧生物转盘已普遍应用在生活污水和石油化工、印染、皮革等工业废水的处理，而厌氧生物转盘还处于实验研究阶段。

3.8 折流式厌氧反应器与厌氧序批式反应器

3.8.1 折流式厌氧反应器（ABR）

UASB 工艺是单反应器存在明显的床体膨胀和床中水力沟流现象，为解决这一问题的方法之一是采用多格室结构替代单室反应器结构，基于这一思想开发了折流式厌氧反应器（Anaerobic Baffled Reactor，ABR）。ABR 是美国 Standford 大学的 Bachman 和 McCarty 等人于 20 世纪 80 年代提出的一种新型高效厌氧反应器。

1. ABR 反应器的构造

ABR 构造如图 3.11 所示，使用一系列垂直安装的折流板将反应器分隔成串联的几个反应室，折流板的设置间距是不均等的，且每一块折流板的末端都带有一定角度（一般为 $40° \sim 45°$）的转角。并且上向流室比下向流室宽。

每个反应室都可以看成是一个独立的 UASB室，废水在反应器内沿折流板作上下流动，依次流

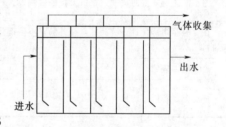

图 3.11 折流式厌氧反应器示意图

经每个反应室内的污泥床，废水中有机基质通过与微生物充分的接触而得到去除。借助废水流动和生物处理过程中产生的气体上升的作用，反应器内的污泥上下流动，但由于折流板的阻挡和污泥自身的沉降性能，污泥在水平方向上的流速极其缓慢，从而大量的厌氧污泥被截留在反应室内，因此，虽然在构造上 ABR 可以看成是多个 UASB 的简单串联，但在工艺上与单个 UASB 有着显著的不同 ABR 更接近于推流式反应器。

由于上向流室中水流的上升速度较小，大量微生物固体被截留在各上向流室内，这种构造形式的反应器能在各个格室中形成性能稳定、种群配合良好的微生物链，以适应于流经不同隔室的水流水质情况，有机物被不同反应室中的不同类型微生物降解。同时，可有效防止下向流隔室中污泥因水流作用而导致的泥水接触不良甚至造成死区的问题；另一方面在上向流室的进水一侧折流板的下部设置转角可有效避免水流进入隔隔室时产生的冲击作用，起到缓冲水流的和均匀布水的作用，从而利于对微生物固体的有效截留作用、利于微生物与进水的良好混合和生长，促进并保证处理效果。

2．ABR 工艺的主要特点

（1）良好的污泥截留性能。ABR 反应器内的污泥与被处理废水间的良好混合，有效容积利用率高，因而利于污泥絮体及颗粒污泥的形成和生长，使反应器内厌氧微生物在自然地形成良好的种群配合的同时，可在较短的时间内形成具有良好沉淀性能的絮凝性污泥和颗粒污泥。另外，折流板转角和较宽上向流室的设计也为污泥的沉降和截留提供了有利条件。

（2）工艺简单、操作方便。反应器结构简单，无需机械混合搅拌装置、造价低。

（3）占地面积小。水力停留时间短，反应器容积负荷率高，占地面积小，不需要进行后续沉淀池进行泥水分离。

（4）处理效率高。

3．改进

自 ABR 反应器问世以来，研究者对其结构做了多种改进，最终目的是延长厌氧污泥的停留时间，针对不同的废水水质，使进水分布均匀，泥水混合良好。各种结构的改进内容见表 3.3。

表 3.3　　　　　　　　ABR 反应器的不同改进内容及其实现的目标

改　进　内　容	实　现　的　目　标
在推流式反应器中增设垂直折流板	提高污泥在反应器中的停留时间，促进基质与微生物的良好接触，实现厌氧转化过程的相分离
缩小下向流隔室的宽度；在折流板的底端设置转角	促进均匀布水，减少死区，使废水在上向流室中更均匀地分布而促进良好的泥水混合
在反应器内部设置一沉淀区，在各隔室不同部位设置填料	延长污泥停留时间；防止污泥流失
放大第一隔室	增强对高 SS 的适应性，提高后续隔室污泥的 VSS 比例
将反应器各隔室的集气室隔开	便于气体的分析测定及对各隔室运行状况的了解和控制，使反应器稳定运行

3.8.2　厌氧序批式反应器（ASBR）

在高效的废水处理工艺方面，各国学者相继开发了各种高效厌氧生物反应器，如厌氧生物滤池（AF）、上流式厌氧污泥床（UASB）和厌氧流化床（AFB）等。美国教授 Dague 等人把好氧生物处理的序批式反应器（SBR）运用于厌氧处理，开发了厌氧序批式反应器（Anaerobic Sequencing Batch Reactor，ASBR），Dague 等人发现在 ASBR 中可以形成颗粒污泥，污泥沉降快且易于保留在反应器内，具有高 SRT，低 HRT 的特性。虽然 ASBR 运行上类似于厌氧接触法，但 ASBR 的固液分离在反应器内部进行，不需另设澄清池，不需真空脱气设备。出水时反应器内部生物气的分压使沉淀污泥不易上浮，沉降性能良好。另外，ASBR 中不需 UASB 中的复杂的三相分离器。ASBR 具有工艺简单、运行方式灵活、生化反应推动力大并耐冲击负荷等优点。

ASBR 运行同 SBR 一样是周期性顺序操作，每个周期经历进水、反应、沉淀、出水 4 个阶段，不必设置空转期。

（1）进水阶段。反应器内基质浓度骤然增高。由 Monod 动力学方程可知，在此条件下，微生物获得了进行代谢活动的巨大推动力，基质转化速率高，进水水量由预期的水力停留时间、有机负荷、期待的污泥沉降性能来确定。

（2）反应阶段。有机基质转化成生物气的最重要的阶段，这一阶段所需要的时间由基质的性质、要求的出水水质、微生物浓度以及污水温度等多种因素决定。反应过程中可进行搅拌。

（3）沉淀阶段。停止搅拌以使泥水分离，反应器自身为澄清池，澄清需要的时间随着污泥的沉降性能不同而变化，一般需要 10～30min，污泥的沉降性取决于反应阶段终止时基质浓度与微生物量之比。

（4）出水阶段。在有效地泥水分离之后进行出水，出水阶段所需要的时间是由进水量与出水流速来控制的。出水阶段结束表明下一个周期的进水阶段立即开始。

主要设备基本与厌氧反应器相同。

3.9　城市水处理厂自动控制系统

在城市给水厂和城市污水处理厂中，自动控制系统主要是对水处理过程进行自动控制和自动调节，使处理后的水质指标达到预期要求。在中控室发出上传指令时，将当前时刻运行过程中的主要工作参数（水质、流量、液位等）、运行状态及一定时段内的主要工艺过程曲线等信息上传到公司中控室。具体功能如下。

（1）控制操作，即在中心控制室对被控设备尽心在线实时控制，如设备的启停、在线设置 PLC 参数等。

（2）显示功能，即用图形实时地显示现场被控设备地运行工况及其状态参数等。

（3）数据管理，即利用实时数据库和历史数据库中的数据进行比较和分析，优化处理过程和参数控制。

（4）报警功能，即当某一模拟量（如电流、压力、水位等）的测量值超过给定范围或某一开关量（如电机启停、阀门开关）发生变位时，可根据不同的需要发出不同等级的报警。

（5）打印功能，即可实现报表和图形打印以及各种事件和报警实时打印。

3.9.1　变频调速控制系统

变频调速技术是一种通过改变电机频率和电压进行调速的技术。目前，变频器在鼓风机、潜水泵等设备上都有所应用。

鼓风机在工频状态下启动时，电流冲击较大，容易引起电网电压波动，而鼓风机风压一定，风量只有用工作台数和出气阀门来调节。实际工作中，一般是通过调节出气阀门来控制，这样会增加管道阻力，而使能量浪费在阀门上。鼓风机上应用变频器后，变频器的软启动可大大减小电机启动时对电网的冲击，正常运行时，可将出气阀门开到最大，根据工艺参数要求，通过控制系统的电位器适当调节电机的转速来调节管道的风量，从而调节污水中的氧含量，具有较好的节电节能效果。

潜水泵启动时的急扭和突然停机时的水锤现象容易造成管道松动或破裂，甚至造成电机的破坏。在潜水泵上安装变频调速器后，可使电机软启软停，从而有效解决急扭和水锤现象。

城市污水处理厂中的鼓风机和潜水泵安装了变频器后，不但可免去许多安全隐患，使系统始终处于一种节能状态下运行，而且变频器的内部控制功能可以方便与其他控制系统实现闭环自动控制。

3.9.2　自动调节系统

1. 自动调节系统的组成

图 3.12 所示的是一个溶解氧自动调节系统，由曝气池、溶解氧测定仪、调节器和调节阀构成了一个完整的调节系统。它可分为两部分：一部分是起调节作用的全套仪器，称为自动调节装置，它包括测量元件和变速器，调节器，调节阀等；另一部分是调节装置控制下的生产设备，即调节对象。

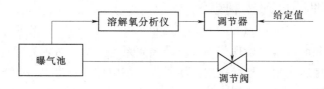

图 3.12　溶解氧自动调节系统

（1）调节器。调节器是调节系统的核心部分，种类也很多。它把测量元件和变送器送来的信号与工艺要保持的参数规定值相比较，得出偏差。根据这个偏差的大小，按设计好的运算规律进行运算后，输出相应的特定信号给执行机构。常用的调节器有 DDZ - Ⅱ型或 DDZ - Ⅲ型电动单元组合仪表中的调节器。在采用可编程控制器的系统中，常用 PLC 中的 PID 指令来实现调节器的功能。

（2）测量元件和仪表。用来检测工艺参数的测量元件和仪表。溶解氧分析仪就是图 3.12 所示的调节系统中的一部分。

（3）调节阀。调节阀按其能源的不同，分为气动，电动和液动三种。其中气动调节阀结构简单，输出推动力较大，动作可靠，维护方便。调节阀接受调节器的输出信号，通过改变阀门的开启度来改变通过这段管道的物料流量。

在自动调节系统中，调节器的调节作用是靠调节阀去执行而完成调节任务的，所以是调节系统的重要环节。

（4）调节对象。在自动调节系统中，需要调节工艺参数的生产设备就称为调节对象。在水处理过程中，像曝气池，消化池，热交换器，各种泵，压缩机以及各种容器等，甚至一段工艺管道，都可以是调节对象。在图 3.12 所示的调节系统中，曝气池及输气管路就是该调节系统的调节对象。

2. 自动调节系统的运行

自动调节系统的运行步骤大致如下。

首先是准备工作：熟悉工艺过程，了解主要设备的功能、控制指标和要求及各种工艺参数之间的关系；熟悉控制方案及各调节方案的构成，弄清楚测量元件、测量仪表和调节阀的安装位置，管线走向，测量参数和调节参数及介质性质等；掌握调校技术，并调定好调节器的参数；全面检查测量元件、测量仪表、调节器和其他仪表装置、电源、气源、管路和线路，尤其是要检查气压信号管路是否漏气；运行前仪表要进行现场校验。

准备工作完毕后，可运行测量仪表，观察测量指示是否准确，再看被调参数读数变化，用手动遥控使被调参数在给定值附近稳定下来。

工况稳定后，由手动切换到自动，实现自动操作。由手动切换到自动，或由自动切换到手动时，要做到无扰动切换，即不因切换操作给被调参数带来干扰。对于气动调节阀，切换时要做到阀头气压不变。

（1）集散控制系统。集散控制系统是将自动控制技术、计算机技术和通信技术融合在一起，可以实现工业自动化集中综合管理的最新过程控制系统。它以多台微处理机分散在生产现场，进行过程的测量和控制。集散控制系统结构如图 3.13 所示。

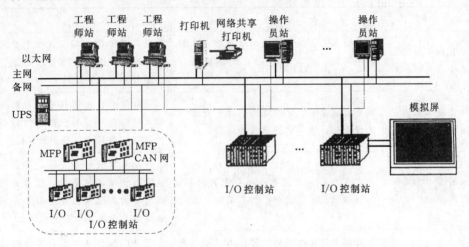

图 3.13　集散控制系统结构组成

整个系统可分为现场级、控制级、管理级和通信网络等几个模块。现场级包括基本控制器、多功能控制器和可编程控制器等，负责采集并处理现场的输入输出信号，同时将处理结果反馈给现场或送至上位控制单元。控制级包括操作员接口和工程师接口两部分，主要对整个工艺系统的运行状态及操作实现人机交互功能。管理级是系统的中央控制部分，完成高层次的管理和控制。通信网络将各个不同的系统联成一个网络，并实现各个系统间的通信。

（2）水处理监控系统。水处理监控系统是利用现代电子监测、控制装置代替人工，对分散的多种设备和环境的各种参数、图像、声音等进行遥测、遥信和遥控，实时监测其运行参数，诊断和处理故障，记录和分析数据，最终实现水处理厂的少人或无人值守。系统不同的联结方式与功能分配，可形成不同形式的监控系统。目前水处理厂多采用集散式监控系统，即集中监视、分散控制。水处理厂的中央控制室都设有操作站、CRT、打印机、彩色硬拷和彩色模拟盘。分控室内设现场控制器 PLC，按编程的程序控制运行，并将采集的信息传至中央控制室进行处理，监控系统对厂区进水泵房、鼓风机房、发电机房等多处主要设备的运行情况进行监视。

项目4　城市给水厂常规工艺的运行管理

　　本单元要求掌握城市给水厂常规工艺的运行管理与维护，包括混凝沉淀工艺、过滤工艺、消毒工艺及水厂泵站，熟练掌握正常运行操作，并能解决常规工艺运行中出现的故障。

能力目标	知识要点	技能要求
掌握混凝沉淀工艺的运行管理与维护	混凝工艺、沉淀工艺的运行管理；加药、混凝、沉淀单元相关设备的运行管理	能熟练操作混凝沉淀工艺，能调整运行参数，熟悉设备运行情况，能解决运行中出现的故障
掌握过滤工艺的运行管理与维护	普通快滤池、V形滤池、虹吸滤池的运行管理；改善滤后水质的途径	能熟练操作过滤工艺，包括反冲洗时间的判断及操作。熟悉过滤设备运行情况，并解决运行中出现的问题
掌握消毒工艺的运行管理与维护	消毒工艺，需氯量和剩氯量的控制；漂白粉配制溶液投加；加氯间的管理	能熟练掌握水质变化，并能根据水的需氯量确定投氯量，能按处理水量的大小均衡配量，能做好加氯间的管理及加氯设备的维护和保养工作
掌握水厂泵站的运行管理与维护	正常操作离心泵的开停；离心泵及其附属设备的维护与检修；泵站的流量测定和节能运行	能熟练操作离心泵，掌握流量测定以及节能运行操作，能进行日常维护和检修，并解决运行中出现的问题

　　水厂的运行管理主要是对自来水的生产、技术经济活动进行计划、指挥、监督和调节。具体内容主要是做好水源卫生防护工作；进行水厂的日常生产管理；制订年、季、月生产计划；制定规章制度和具体管理措施，确保出厂水水质；组织设备的定期维修和原材料的采购和储备；组织管网的测流、测压、查漏、堵漏、维护和抢修；查表、收费、审批用户用水申请等。

　　1. 水质管理

　　水质管理工作是自来水厂企业管理的重要任务，具体内容是：①建立各项净水设备操作规程，制订各工序的控制质量要求；健全包括水源卫生防护、净化水质管理、水质检验频率与标准等工作的规章制度；②制订水质净化过程中的水质控制措施，如确定投药点和投药量，监督班组的水质检验，保证时时都要满足规定的水质要求；组织各构筑物的定期清洗和设备维修等；③进行管网水质管理，确定管网水采样点，并进行采水分析，确保管网水质达到要求；制订新管道的消毒制度等。

无论是科室管理的中小水厂，还是二级管理的小型水厂，都应设有水质管理科或专门负责水质管理的人员。

2. 水质检验

水质管理和水质检验密切相关，水质检验的主要内容有：①确定检验类别和周期。主要是对原水、出厂水水质进行全分析和简分析，全分析是指按国家规定的生活饮用水卫生标准的各项指标进行全面检验。一般对于地下水要求每半年至少进行一次全分析，地面水则要每季度或每半年至少一次。简单分析主要是对总硬度、色度、浊度、嗅和味、肉眼可见物、铁、锰、pH 值、细菌总数、大肠菌群数、游离性余氯、氨氮、亚硝酸氮、氯化物、耗氧量 15 项指标进行分析。一般要求地面水每天一次，地下水除余氯、细菌总数、大肠菌群数三项指标每日一次外，其他指标每月一次。出厂水的余氯、细菌总数、大肠菌群数三项指标由生产班组负责，每小时一次。管网水的余氯、细菌总数、大肠菌群数和浊度四项指标，每星期一次；②专业培训检验方法。对水质化验人员进行培训，按《生活饮用水标准检验法》进行检验；③制定水质报告制度。生产班组每日要将检验结果报告厂部水质管理部门、水厂化验室将其分析结果和考核指标按月汇总报告给厂部主管领导。

4.1 混凝沉淀工艺的运行管理

工作任务：对水厂中混凝沉淀工艺进行维护管理，解决运行中出现的故障。

预备知识：混凝沉淀工艺及设备的运行管理知识。

边做边学：到现场或利用仿真工厂，正常操作混凝沉淀工艺，观察现场情况，调整运行参数。

4.1.1 混凝工艺的运行管理

混凝工艺的运行过程中，保证出水水质达到处理要求的主要管理环节是投药操作。

药剂先在溶解池中溶解，再在溶液池中配制成一定浓度的药液，最后通过计量设备和投加设备投入混合设备中。

为便于操作，溶解池一般建于地面以上，池顶一般高出地面约 0.2m 左右。溶解池容积 V_1 按式（4.1）计算

$$V_1 = (0.2 \sim 0.3)V_2 \qquad (4.1)$$

式中 V_2——溶液池容积，m^3。

通常用耐腐蚀泵或射流泵将溶解池内浓药液送入溶液池，同时用自来水进行稀释。溶液池的容积 V_2 按式（4.2）计算

$$V_2 = \frac{24 \times 100aq}{1000 \times 1000bn} = \frac{aQ}{417bn} \qquad (4.2)$$

式中 Q——处理的水量，m^3/h；

a——混凝剂最大投加量，mg/L；

b——溶液浓度，一般取 $5\% \sim 20\%$（按商品固体重量计）；

n——每日调制次数，一般不超过 3 次。

在投药操作管理中要及时掌握原水浊度、碱度和 pH 值等指标变化情况，一般每班要测定 1～2 次，如原水水质变化大时，需 1～2h 测定 1 次。

硫酸铝的水解过程完全与否，和水中的碱度有关：如果水中碱度不足，就会使反应不充分，结成的氢氧化铝絮体颗粒很小，影响澄清效果。混凝剂加入水中后，由于水解过程中生成氢氧化铝胶体和氢离子，会使水的 pH 值下降。要使 pH 值保持在最佳范围内，水中应有足够的碱性物质与 H^+ 中和，天然水中含有一定碱度。当原水中碱度不足或混凝剂投量较高时，水的 pH 值将大幅下降以至于影响混凝剂继续水解。在水处理中，通常采用石灰来中和混凝剂水解过程中产生的 H^+。

考虑天然水中的原有碱度，石灰石的投加量可按照式（4.3）计算

$$[CaO]=3[\alpha]-[x]+[\delta] \tag{4.3}$$

式中　$[CaO]$——纯石灰 CaO 投量，mmol/L；

　　　$[\alpha]$——混凝剂投量，mmol/L；

　　　$[x]$——原水碱度，按 CaO 计，mmol/L；

　　　$[\delta]$——剩余碱度，一般取 0.25～0.5mmol/L CaO。

一般情况下，石灰的投量最好通过试验确定。

在投药操作管理中还要及时调整混凝剂的投加量。一般先由化验室实验确定使原水浊度达到 10 度左右时的投加量，再根据现场实际运行情况进行调整。可根据矾花凝结情况判断混凝剂投加量是否准确。

（1）浊度为 200 度的原水，运行正常时，在反应池进口处能明显看到结成密集、细小而结实的颗粒状矾花，随着流速的减低，矾花逐渐增大，到反应池后部，可形成清晰透明的泥水分界面，进入沉淀池后，产生分离现象。如果泥水分离发生在反应池后部，说明混凝剂投加量过大；反之，在沉淀池进口处没有发生泥水分离现象，且水呈浑浊模糊状，说明混凝剂投量不足。

（2）浊度在 50 度以下的原水，运行正常时，到反应池中段和出口处才能明显看到类似小雪花片的矾花，进入沉淀池后，能产生分离现象。但如果反应池出口处有大量乳白色矾花出现、并且浊度增加时，说明混凝剂过量；反应池出口处和沉淀池进口处见不到小雪花状矾花，也没有分离现象，则说明投量不足。

（3）对于浊度低于 10 度的原水，也要投加少量混凝剂，投量以能看到矾花确定。

（4）当原水浊度骤然增加（如暴雨过后）时，容易发生异重流现象。即沉淀池表层水很清，水面 1m 以下浑浊。这时应迅速投加过量混凝剂，若原水碱度不足，还要适量加碱，混凝剂和碱的投加要持续到水质满足要求为止。

（5）对于藻类含量很高的原水，在投加混凝剂前应先加氯除藻，这样可提高混凝效果。

4.1.2　沉淀工艺的运行管理

平流式沉淀池的运行管理主要集中在刮排泥部分。为避免沉淀池底积泥过多使容积减小而影响沉淀效果，设有排泥设备的沉淀池，应连续或定期排除沉淀池底部泥渣。无排泥设备的沉淀池，可采取停池人工排泥，每年至少 1～2 次。

刮泥和排泥一般有间歇式和连续式两种操作方式。平流式沉淀池采用桁车式刮泥机时，一般用间歇刮泥，采用链条式刮泥机时，既可间歇也可连续刮泥。刮泥周期取决于污泥的量和质：当污泥量较大或已变腐时，要缩短周期，但刮泥板行走速度不能超过 1.2m/min，以免搅起已经沉淀的污泥，影响出水水质。对排泥操作的要求是既要将污泥排净，又要使污泥具有较高的浓度。另外，为保证出水水质，在沉淀池运行过程中，还要做好以下几方面工作，并及时调整各项运行参数。

1. 避免短流

短流是影响沉淀出水水质的原因之一，短流会使一部分水的停留时间缩短而不能得到有效沉淀，另一部分水的停留时间长甚至出现停滞不动的死水区，不仅减少了沉淀池的有效容积，死水区还容易滋生藻类，影响出水水质。为此，应加强运行管理，严格检查出水堰是否平直，单位长度溢流量是否均匀等。如运行中浮渣可能会堵塞部分溢流堰口，使出水堰的单位长度溢流量不等而产生水流抽吸，所以应及时清理堰口上的浮渣。

2. 正确投加混凝剂

运行中应根据水质水量的变化及时调整混凝剂投加量，尤其要防止因断药而引起的出水水质恶化事故。

3. 防止藻类滋生

当原水藻类含量较高时，会导致藻类在池中滋生，尤其是气温较高地区采用斜板或斜管沉淀池时，更容易滋生藻类，藻类滋生会影响到出水水质。可采用在水中加氯的措施抑制藻类生长，三氯化铁混凝剂对藻类也有抑制作用。对于在斜板或斜管中已经生长的藻类，可以采用高压水冲洗的办法去除。

斜管、斜板沉淀池除特别注意要不间断地加注混凝剂和及时排泥外，还要保证水的停留时间和流速符合要求。

4.1.3 加药、混凝、沉淀设备的运行管理

1. 各种机械设备维护保养要求

加药、混凝、沉淀系统中设备较多、如搅拌机、起重设备，输液泵、水射器、沉淀池排泥设备等。为保障正常运行，要保证各种机械设备的完好，具体要求详见表4.1。

表 4.1　　加药、混凝、沉淀设备维护保养要求

序号	设 备 名 称	维 护 保 养 要 求
1	搅拌机、起重设备，输液泵、水射器、沉淀池排泥设备等	按《设备保养规程》进行定时、定期检查维修保养。混凝剂加注设备一般都有备用率
2	混凝剂输送管道、阀门	一个月检修保养一次
3	苗嘴、空口、浮杯、转子、计量泵等计量设备	一般要求一季度或半年一次。计量测定可采用容积法。空口、苗嘴、转子流量仪用秒表和量杯测量

2. 加药、混凝、沉淀设备的操作要求

（1）混凝剂配制中压力水闸门和输送、加注药剂的闸门，应严格按照操作规程操作。

（2）按规定的浓度配制好混凝剂，药剂浓度一般为 5%～10%。

（3）当使用两种药剂时，必须注意加注的顺序。运行经验表明，采用水玻璃和硫酸亚铁时，先投入水玻璃或同时加入；采用硫酸亚铁氯化时，亚铁和氯气必须同时加注；采用水玻璃和硫酸铝时，应先投入硫酸铝，同时水玻璃应投到絮凝池进口处。

（4）勤观察絮凝池和沉淀池的运行效果。絮凝池末端的絮体状况是衡量药剂投注量是否适合的重要指标，应每0.5h或1h观察一次，视水量、水质变化状况而定。还要观察絮凝池流态是否异常，有否积泥，对机械搅拌式絮凝池应检查搅拌设备运行是否正常。对于沉淀池，要观察其池底积泥和出水均匀状况，对斜管、斜板沉淀池观察排泥和机械运行状况，池底有否积泥等。

3. 投药、混凝、沉淀系统运行中主要故障现象及解决对策

运行过程中，经常会出现净化效果差的现象，具体现象及解决对策列于表4.2中。

表 4.2　　　　　　　　　投药、混凝、沉淀系统运行中主要现象及原因

序号	主要故障现象	原 因 分 析	解 决 对 策
1	沉淀池中絮体颗粒细小，沉淀池出水中明显带有絮体颗粒。但絮凝池末端絮体颗粒状况良好，水体透明	（1）负荷高，絮凝池末端有大量积泥，堵塞了沉淀池穿孔墙下部部分孔口，使孔口流速增大，打碎絮体，使絮体变小而不易下沉从而被出水带出。 （2）沉淀池积泥过高，一方面堵塞了穿孔墙下部部分孔口，同时沉淀池过水断面减少，水流加快，影响沉淀效果，水中带出絮体	停池清洗，并检查排泥设施是否完好并修复
2	絮凝末端絮体颗粒细小，水体浑浊，出水浊度偏高	（1）混凝剂加注量不足。 （2）水质原因：如pH值、碱度、游离氨含量、耗氧量等。 （3）混合不充分，加注点不合理。 （4）絮凝池运行条件改变，如流速加快，影响混凝效果	如果碱度不够，应考虑投加碱液。游离氨含量，耗氧量指标高时，应考虑投加氧化剂，如氯气。加注量可通过搅拌试验来确定。如果加注点距絮凝池距离较远，可通过搅拌试验改进混凝剂加注点；如是由于絮凝池大量积泥后，使池体过水断面缩小，而使水流速度变快，应停池清除积泥
3	絮凝池末端的矾花大而轻，沉淀池出水较清但有大颗粒带出	混凝剂加注量偏大，使絮体中黏土成分减少，比重减轻，从而矾花易被水流打出池外	调整药剂的加注量
4	絮凝池末端絮体稀少，沉淀池出水浊度高	低温、低浊度水	投加助凝剂，改善助凝效果
5	絮凝池末端絮体破碎，水体不透明，俗称"米泔水"，沉淀池浊度偏高	混凝剂超量投加，使胶体带上反负荷，而重新稳定不能进行凝聚	减少投药量

4. 混凝沉淀设备的测定技术与改进措施

对混合设备的要求是水和药剂快速、充分混合，对其效果测定方法及效果不好的原因列于表4.3中。

表 4.3　　　　　　　　　　　　　混合设备的测定与改进措施

序号	测定内容	测 定 与 改 进 措 施
1	混合效果	可采取两种方法： （1）同时在混合管末端的上、下、左、右处直接取样测定水中混凝剂的成分，如果各样点水样中铝或铁的成分浓度相近，则说明混合效果良好。 （2）取六个烧杯，在其中三个烧杯中加入原水，另三个烧杯加混合好的水。加原水的三个烧杯中加入与生产过程相同加注量的混凝剂。把加注混凝剂的三个烧杯以 500r/min 的转速搅拌 2min，把另外三个烧杯同先前的三个烧杯同时一起按 70r/min 的转速搅拌 20~30min，然后静置 10min，取样测浊度。如果实验室中加药混合的效果比生产上混合要好得多，说明混合设备要进行改进
2	混合速度	（1）采用管道混合器进行混合时，可在进出口处安装压力表，看其进出口处压力差是否达到混合器的设计参数。 （2）采用混合池进行混合时，可核算混合池隔板宽度是否合理
3	混合时间	核算从混合器具到絮凝池的流经历时

　　药剂的品种、加注量、水文条件、原水水质等都可能影响絮凝的效果。但一般认为，达到同样的混凝效果，投加药剂少的设备技术性能要好，运行较经济。沉淀池的沉淀效果主要取决于沉淀池的水力条件，絮凝沉淀效果的测定方法及改进措施见表 4.4。

表 4.4　　　　　　　　　　　　　　絮凝沉淀设备的测定方法

序号	测定内容	测 定 与 改 进 措 施
1	絮凝效果	在絮凝池水流方向上沿程选择取样点（在不同流速处）取样，取样时要防止矾花破碎，水样放在池边静置 10min，然后测定浊度。如果沿程水样的浊度是下降的，说明设备运行正常，如果某一段距离内并不下降，说明该段絮凝速度不合适，或者局部阻力存在，应加以纠正
2	沉淀均匀性	若在宽度方向上浊度相差很多，说明沉淀池出水量很不均匀，或者有局部阻力存在，阻碍了颗粒的沉降。原因可能为：沉淀池和絮凝池之间穿孔导流墙分布不当，应对布水系统进行改造；沉淀池与絮凝池之间的穿孔导流墙积泥过高而堵塞应停池清除；堰口应保持水流的跌落状态，才能保持沉淀池均匀出水，且堰口上流流速过大会引起已下沉的污泥向上翻。如果出现沉淀池出水总渠总无水流跌落现象，有可能是沉淀池负荷过重，应减轻负荷，或出水堰口长度不够，应加以改造
3	池子积泥状态	采用穿孔管形式或排泥斗排泥形式的沉淀池，除进行定期排泥外，要观察排泥管是否堵塞，有无局部区域排泥不畅现象。采用机械排泥方式的要观察机械的运行状态，吸流是否均匀，如发现异常应及时修理，有不合理之处应加以改进对于斜管沉淀池，还应注意斜管的保养。一般运行 3 个月或半年后，要停池，用高压水冲刷斜管，防止斜管内积泥，影响斜管内上升流速的正常

4.2　过滤工艺的运行管理

　　工作任务：对水厂中过滤工艺进行运行操作及维护管理，解决运行中出现的故障。

　　预备知识：过滤工艺及设备的运行管理知识。

　　边做边学：到现场或利用仿真教学软件，正常操作过滤工艺，包括反冲洗的判断及操作。观察现场情况，并解决运行中出现的问题。

4.2.1　普通快滤池的日常运行管理

1. 滤料的筛分

为了满足过滤对滤料粒径级配的要求，应对采购的原始滤料进行筛选。以石英砂滤料为例，取某砂样300g，洗净后于105℃恒温箱中烘干，冷却后称取100g。用一组筛子进行过筛，筛后称出留在各筛子上的砂量，填入表4.5中，计算出通过相应筛子的砂量。然后以筛孔孔径为横坐标，通过筛孔砂量为纵坐标，绘制筛分曲线，如图4.1所示。

表 4.5　　　　　　　　　　　　　　　　筛 分 试 验 记 录

筛孔孔径/ mm	留在筛上的砂量		通过该号筛的砂量	
	质量/g	砂质量占全部砂样品的百分数	质量/g	砂质量占全部砂样品的百分数
2.362	0.1	0.1	99.9	99.9
1.651	9.3	9.3	90.6	90.9
0.991	21.7	21.7	68.9	68.9
0.589	46.6	46.6	22.3	22.3
0.246	20.6	20.6	1.7	1.7
0.208	1.5	1.5	0.2	0.2
筛底盘	0.2	0.2	—	—
合 计	100.0	100		

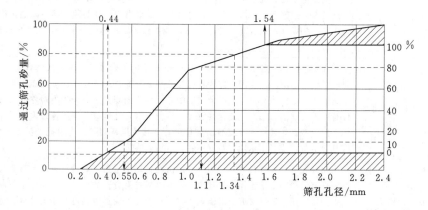

图 4.1　筛分曲线

根据图4.1的筛分曲线，可求得该砂样的$d_{10}=0.4$mm，$d_{80}=1.34$，因此$K_{80}=1.34/0.4=3.37$。由于$K_{80}>2.0$，故该砂料不符合过滤级配要求，必须进行筛选。

根据设计要求：$d_{10}=0.55$mm，$K_{80}=2.0$。则$d_{80}=2.0\times0.55=1.1$mm。首先，由图4.1的横坐标0.55mm和1.0mm两点做垂线与筛分曲线相交；自两个交点做平行线与右侧纵坐标轴相交；并以此交点作为10%和80%，重新建立新的纵坐标；再从新的纵坐标0点和100%点做平行线与筛分曲线相交，这两个交点以内尺寸的滤料即为所选滤料。由图可知，粗滤料（$d>1.54$mm）约筛出13%，细滤料（$d<0.44$mm）约筛出13%，共计26%左右。

2. 滤料孔隙率的测定

滤料层孔隙率是指滤料层中孔隙所占的体积与滤料层总体积之比。测定方法为：取一定量的滤料，在105℃下烘干称重，用比重瓶测出其密度 ρ，然后放入过滤筒中，用清水过滤一段时间后量出滤层体积 V，按下式计算出滤料孔隙率 m

$$m = 1 - \frac{G}{\rho V} \tag{4.4}$$

一般来讲，孔隙率越大，滤层含污能力越大，过滤周期越长，产水量越大。但孔隙率过大，悬浮杂质容易穿透，影响出水水质。滤料层孔隙率与滤料颗粒的形状、粒径、均匀程度以及滤料层的压实程度等因素有关。粒径均匀和形状不规则的滤料，孔隙率较大。一般所用石英砂滤料层的孔隙率在0.42左右。

3. 普通快滤池的正常运行操作

快滤池运行时应注意的问题主要有：新投产的滤池，在未铺设承托层之前，应放压力水以观察配水系统出流量是否均匀，孔眼是否堵塞，如果正常，可按设计标准铺设承托层和滤料层。初次使用时，应使滤料高度比设计数据加厚5cm左右；滤池滤干或放空后，要做排除空气工作，排空气时，可开启进水管末端的放气阀门，再缓缓放入冲洗水至滤层平面，也可从排水槽进水排气，但需控制进水量，应缓缓洒下，直至与滤层平。新铺滤料的滤池均需至少连续冲洗两次，把滤料洗净。滤池翻修或添加，都应该用漂白粉或滤液进行消毒处理，耗氯量一般可按0.05～0.1kg/m³ 计算。

为了保证滤池正常运行，水厂应根据滤池条件制定水质指标加以控制滤后水质。如滤后水浊度控制在1～2NTU，具体规定可通过试验数据来选择。

（1）试运行。快滤池试运行时，要测定初滤时水头损失与滤速，并根据水头损失的增加情况确定运转周期。一般由水头损失控制出水闸阀的开启度，先由开到水头损失为0.4～0.6m时开始，边测滤速边调整出水闸阀，直到测定的滤速与设计要求相符为止。一般滤速控制在6～10m/h；当采用双层滤料时或采用助滤剂时，滤速可提高到15～20m/h，运行周期为8～24h。如果出现水头损失增长过快，运行周期远低于设计要求的现象时，可能是由于滤料粒径过细所致。此时可将滤料表面的细滤料刮除，但不要刮得太多，5cm以内即可。

（2）正常运行。快滤池正常运行时，要严格控制滤池进水浊度在10度左右，一般应1～2h测定一次进水浊度，并记入生产日报表。对滤速也要适当控制，按时测定滤后水浊度和水头损失，并记入生产日报表。当用水量减少，可将接近要冲洗的滤池冲洗清洁后停用，或停用运行时间最短、水头损失最小的池子。

反冲洗是滤池运行管理中重要的环节，首先，要以反冲洗闸阀控制反冲洗强度的大小。不同滤料、不同水温，为达到一定的膨胀率，反冲洗强度也不同：粒径大，相对密度大的滤料反冲洗强度要大；夏天反冲洗强度要比冬天大，一般水温增减1℃，反冲洗强度也要相应增减1%。一般，反冲洗强度在12～15L/(s·m²)，冲洗历时5～7min，滤料膨胀率控制在45%～50%。另外，反冲洗时，滤池内水位应降低到滤层面以上10～20cm，冲洗结束时，池内残留水浊度低于20NTU。反冲洗后要等滤料层稳定至少30min后再投入运行。

4. 普通快滤池的运行参数和状态的测定

（1）滤速的测定。关闭进水闸阀后开始记录时间，直至滤池水位下降到排水槽口附近时止，并记下水位下降距离，用下式确定近似滤速值。

$$V = \frac{H}{T} \times 3600 \tag{4.5}$$

式中　V——滤速，m/h;

$\quad$ H——滤池水位下降距离，m;

$\quad$ T——滤池水位下降 H 时所需时间，s。

测定要重复 2～3 次。根据测定数据，计算其平均值，以减少测定误差。对于变速过滤的情况，应在整个过滤周期中测定期初、期中、和期末各测定一次，然后取其平均值。

（2）反冲洗强度的测定。采用水塔或水箱进行反冲洗时，开启反冲洗闸阀后，当滤池内水位上升到滤料面以上 10～20cm 后，开启反冲洗泵与闸阀，等反冲洗上升水流速稳定后，由测定的总耗用冲洗水量及冲洗时间，用下式进行计算反冲洗强度。

$$q = \frac{Q}{FT} \tag{4.6}$$

式中　q——反冲洗强度，L/(m² · s);

$\quad$ Q——总耗用冲洗水量，L;

$\quad$ F——滤池面积，m²;

$\quad$ T——冲洗时间，s。

如采用压力水（泵或供水水塔）时，则测定滤池水位速度即可。当用水箱反冲时，冲洗前先应检查阀门是否泄漏，如有，则应扣除，才能表示真正的冲洗强度。

（3）砂层膨胀率的测定。找一块宽 10cm、长 2m 以上的木板，从距其底部 10cm 开始，每隔 2cm 安装一个铁皮小斗，交错排列，共 20 只。冲洗滤池前将木板直立于滤料表面，并加以固定，冲洗滤池完毕，检查小斗内溢流下来的砂粒，开始有滤料砂粒的最高小斗至冲洗前砂面的高度，即为滤料层膨胀高度。膨胀率可用下式计算。

$$e = \frac{H}{H_0} \times 100 \tag{4.7}$$

式中　e——滤料层膨胀率，%;

$\quad$ H——滤料层膨胀高度，cm;

$\quad$ H_0——滤料层高度，cm。

（4）含泥量的测定。滤池冲洗后，在滤料层表面以下 10cm 和 20cm 处各取滤料样 20g，在烘箱中以 105℃ 的温度烘干至恒重。然后称取一定量的滤料，用 10% 盐酸冲洗，再用清水冲洗，注意冲洗时不要让滤料被冲走。将洗净的滤料重新烘干至恒重，再称质量，滤料冲洗前后的质量差即为含泥的质量，滤料的含泥量用以下公式计算。

$$e = \frac{W_1 - W}{W} \times 100 \tag{4.8}$$

式中　e——含泥量百分率，%;

W_1——滤料冲洗前质量，g；

W——滤料冲洗后质量，g。

在日常运行中，还要经常测定滤料层高度，观察砂面的平整程度，如滤料层厚度降低10％时，应采取补砂措施至规定厚度，还要定期对有代表性的某一滤池进行初滤水、期中水和期末滤后水浊度测定及浊度去除率测定。

5. 普通快滤池运行中常见故障及其排除方法

滤池的常见故障大多是由于运行操作不当造成的，常见故障及其解决办法见表 4.6。

表 4.6　　　　　　　　　　　　常见故障及其解决办法

序号	故障现象	原　因　分　析	解　决　办　法
1	气阻	滤干后，未把空气赶掉，就进水过滤	在滤池滤干的情况下，可用清水倒压，赶跑滤层空气后再投放；也可加大滤层上部水深，以防止滤池滤干；另外，要经常检查清水阀密封程度，防止因清阀泄漏造成滤池滤干
		过滤周期过长，滤层中出现负水头，使水中溶解空气溢出，积聚在滤层中，导致滤层中原来用于截留泥渣的孔隙被空气占据	因过滤周期长引起负水头，则适当缩短过滤周期；若表层滤料过细，则可调换表面滤料，增加大滤料粒径，提高滤层孔隙率，降低水头损失值以降低负水压幅度；有时可以适当增加滤速，使整个滤层内截污较均匀
2	滤层产生裂缝	由于滤料层含泥量过多，滤层中积泥不均匀引起局部滤层滤速快，而局部则滤速慢。产生裂缝多数在滤池壁附近，亦有在滤池中部出现开裂现象。产生裂缝后，使过滤的水直接从裂缝中穿透使滤后水水质恶化	首先要加强冲洗措施，如适当提高冲洗强度；缩短冲洗周期；延长冲洗历时等办法；也可以设置辅助冲洗设施如表面冲洗设施，提高冲洗效果，使滤层含泥量降低。同时，还应检查滤池配水系统是否有局部受阻现象，一旦发现，要及时维修排除
3	滤层含泥率高，出现泥球	长期冲洗不均匀（有时因配水系统布水不均）冲洗废水不能排清，或待滤水浊度偏高，日积月累，残留污泥互相粘结，使体积不断增大，再因水压作用而变成不透水的泥球	改造冲洗条件，通过测定滤层膨胀和废水排除情况，适当调整冲洗强度和延长冲洗历时；检查配水系统，寻找配水不均匀的原因，加以纠正；采用表面冲洗或压缩空气冲洗等辅助冲洗办法；采用化学处理方法，如用漂白精（每平方米 1kg）或氯水（每平方米 0.3kg）浸泡 12h，然后再反冲洗
4	滤层表面凹凸不平，及喷口现象	可能是滤层下面的承托层及过滤系统有堵塞现象，大阻力配水系统有时有部分堵塞造成过滤不均匀，流速大的地方造成砂层下凹，也有可能排水槽布水不均匀，进水时滤池表面水深不够，受水冲击而造成砂石面凹凸不平，如移动罩式冲洗滤池格数多，一端进水时，从第一格到最后一格，距离较长，落差较大，由于水平流速过大，水深又不够，会带动下面砂层，造成高低不平	必须翻整滤料层和承托层，检修配水系统和调整排水槽。滤池反冲洗时如发现喷口现象（即局部反冲洗水以喷泉涌出），经多次观察，确定喷口位置后，可局部挖掘滤料层和承托层，检查配水系统，发现问题予以修复

续表

序号	故障现象	原 因 分 析	解 决 办 法
5	跑砂、漏砂	冲洗强度过大，滤层膨胀率过大或滤料级配不当，反冲洗时会冲走大量较细的滤料，尤其是当用煤和砂作双层滤料时，由于两种滤料对冲洗强度要求不同，往往以冲洗砂的冲洗强度同时冲洗煤层，相对细的白煤会被冲走。另外，若冲洗水分不均，使承托层发生移动，会使冲洗水分布更加不均，最后某一部分承托层会被掏空，而使滤料通过配水系统漏进清水库内	检查配水系统，并适当调整冲洗强度
6	水生物繁殖	初夏和炎热季节，水温较高，沉淀水中常有多种藻类及水生物极易带进池中繁殖。这种生物体积很小，带有黏性，会堵塞滤层	采取滤前加氯，如已发生，应经常洗刷池壁和排水槽。同时根据不同的水生物的种类，采用不同浓度的硫酸铜溶液或氯进行杀灭
7	过滤效率低，滤后水质浊度不能达到卫生标准	待滤的沉淀水过滤性能差，虽然浊度很低，但过滤后，浊度降低很少，甚至出现出水浊度基本差不多，这时滤池水头损失增加极快，滤池过滤周期缩短。这种水由于原水中大量胶体杂质不能通过混凝沉淀去除而带进滤池，很快就堵塞了滤层孔隙	采取滤前加氯进行氧化，破坏胶体，促进混凝作用，在沉淀池中预先去除；或者在滤池前投加助滤剂，改善这种水的过滤性能，过滤周期短，则应考虑改变滤料组成或改用双层滤料，以维护合适的过滤周期
		由于投加混凝剂量不适当，使沉淀池出水浊度偏高，已定的滤料级配不能是偏高浊度降低到规定要求	通过试验室搅拌试验，重新确定混凝剂和加注量。此外投加助凝剂，改善沉淀池出水浊度，也是应急措施之一。注意严格按操作规程操作
		由于操作不当，如滤速过高，或出水阀门操作过于频繁使滤速增加，由于水流剪力增加，把已吸附在滤料上的污泥冲刷下来带入清水池中，导致水质恶化	
8	冲洗式排水水位壅高	由于冲洗强度控制不当，冲洗时水位会超过排水槽顶，或者冲洗前没把滤池水位降低到规定要求就开始冲洗，使冲洗滤池的废水不能及时排出使水位高过排水槽顶。当排水采用虹吸管时，虹吸未及时形成，而冲洗已经开始会出现上述现象。这样会出现漫流现象，使池面排水不均匀，导致整个滤层出现横流现象，使滤料有水平移动发生，从而对承托层起破坏作用，由此引起影响滤后水质的不良后果	一是在排水槽顶面标高设计时，应充分考虑料层在一定反冲洗强度应在排水槽底中以下，同时要考虑排水槽、排水渠有足够的排水能力。如果是滤池工艺结构没有缺陷，则应对冲洗强度加强控制

6. 普通快滤池的保养与维修

为了使快滤池经常保持良好的运行状态，除要求操作人员认真执行以岗位责任制为中心的规章、规程外，必须定期对快滤池进行维修保养。维修保养范围应包括滤池的土建结构、配水、排水系统、砂层组织、冲洗系统、控制仪表、各种附属管道、渠道、阀门、机电等设备。

根据测定结果和定期检查情况，制定三级保养标准：一级保养、二级保养和恢复性大修理。

一级保养内容主要有：保持滤池池壁和排水槽整洁，阀门、冲洗泵、排水泵、增压泵的维护、轴承加油、填料更换及设备场所的清洁工作等。

二级保养是滤池控制阀的轮修和调换。由于这些设备操作频繁，因此易磨损，造成关闭不严，需解体检修。其中冲洗阀、进水阀、表冲阀的损坏率较高，应定期检修，阀门的检修间隔一般为一年。

滤池恢复性大修理是当滤池运行较长时间后，砂面含泥量、滤后水水质不正常时，应分析找出原因，安排恢复性大修理。其间隔时间的确定，应根据设备维修规程的大修理条件进行。滤池恢复性大修理内容可包括：滤料更新，卵石清洗和重分筛和分层铺设；清水渠检查包括渠盖、滤头装置是否断裂，渠内是否有积砂；配水支管的通刷、除垢、油漆及配水孔口清通检查；陶瓷滤板（滤砖）孔眼通刷和检查；钢配件要除锈油漆、表面冲洗设备检修等内容。

4.2.2 V形滤池的运行管理

V形滤池的先进性在于采用了均质滤料和先进的反冲洗技术，且易实现自动化控制。与普通快滤池相同，V形滤池的运行周期也是分为过滤和反冲洗两个过程，V形滤池运行的自动控制包括恒水位等速过滤和反冲洗的自控。

因此，V形滤池的运行管理工作主要在于滤池的维护保养方面：一是日常巡检，即监测滤后水浊度、过滤时间、水头损失和滤池运行状态等。二是定期维护，如定期检查压缩空气的清理过滤器，定期校核液压计、调节阀角度转换器和堵塞计的信号输出值，定期保养鼓风机和空压机，定期对滤池的滤速、反冲洗强度进行技术测定等。三是大修检查，主要是滤头更换、滤料补充、滤料置换和机械设备大修理等工作。

4.2.3 虹吸滤池的运行管理

在虹吸滤池中，真空系统控制着其运行，因此运行中的重点维护对象是真空系统。首先，要避免漏气。要求真空泵、真空管路和真空旋塞都应保持完好。另外，冲洗时要有足够的水量。当滤池进水水质较差时，可通过减少进水量的方法降低滤速。

4.2.4 改善滤后水水质的有效途径

1. 控制运行参数——截泥能力指数 SCI

影响滤池运行效果的因素包括预处理效果、滤速、滤料结构、水温等。由于各种因素相互间存在一定的制约因素，所以应综合考虑，使各种指标的组合在技术、经济上是合理的。通常以截泥能力指数 SCI 作为衡量滤池效能的重要指标。

$$SCI = \frac{(C_0 - \overline{C})VT}{H} \tag{4.9}$$

式中　C_0——滤池进水浊度；

　　　$\overline{C}$——平均出水浊度；

　　　V——滤池滤速；

　　　T——过滤周期；

H——达到过滤周期的水头损失。

SCI 实际上是单位面积滤层，在单位水头损失时的截泥能力。一定的滤料在一定滤速时有一定的最大允许截泥能力。滤池的合理有效控制实际上是在保证目标的前提下尽量提高截泥能力并发挥截泥能力。

2. 应用助凝剂

由于助凝剂具有明显改善水质的功能，因此在下述情况下应用助凝剂能取得满意结果。

（1）降低滤后水浑浊。当不改变原有净水设备的负荷，要降低滤后水浊度，投加助凝剂是简单有效的方法。

（2）保证水质。由于助凝剂加注不当而造成沉淀水变浑，并使滤后水水质达不到指标要求，影响到出厂水浊度指标时，可采取投加助凝剂作为应急措施，以避免水质事故。待沉淀水浊度恢复正常时，即可停止投加助凝剂。

（3）提高滤速。如果需要进一步提高滤速，又要满足出水浊度要求时，可采用助滤剂技术。但要考虑滤料结构，以维持适当的运行周期。

在试验和应用中证明：任何一种良好性能的凝聚剂都可作为助滤剂使用；助凝剂必须连续加注，否则会影响滤后水浊度；高分子助滤剂比无机盐助凝剂效果更好，结成的絮体强度稍高，不易穿透滤层，但水头损失增加较快，用于双层滤料较好。

4.3　消毒工艺的运行管理

工作任务：对水厂中消毒工艺进行运行操作及维护管理，解决运行中出现故障。

预备知识：消毒工艺及设备的运行管理知识。

边做边学：到现场或利用仿真教学软件，正常操作消毒工艺，包括需氯量和余氯量的控制，漂白粉的投加，以及加氯车间的管理。观察现场情况，并解决运行中出现的问题。

氯消毒时，投氯量直接影响消毒效果，为此操作人员要及时掌握水质变化，做到勤检查、勤化验（余氯和 pH 值等）。要根据处理水的需氯量，确定投氯量，要按处理水量的大小均衡配量。另外，还要做好加氯间的管理及加氯设备的维护和保养工作。

4.3.1　需氯量和剩余氯的控制

控制加氯量和剩余氯是加氯工序的主要任务，通常需做需氯量实验。

需氯量实验有两种做法：一是可以向水样中加入不同的氯量，经一定接触时间后，测定水样刚开始有余氯时的最低加氯量；二是还可以在水样中加入较多的氯量，经一定接触时间后测定总余氯量，从加氯量减去余氯量即得耗氯量。同时可获得水加氯后的峰点、折点的氯氨比，指导生产中的加氯量控制。

4.3.2　漂白粉的投加

漂白粉或漂白粉精需配成溶液投加：先溶解调成浆状，然后再加水配成浓度 1.0%～

2.0%（以有效氯计）的溶液。当投加在滤后水时，溶液必须经过 4～24h 澄清。如加入浑水中，可不澄清立即使用。

（1）漂白粉的投加量。

$$Q = 0.1 \times \frac{Q_1 a}{C} \tag{4.10}$$

式中　Q——漂白粉的投加量，kg/d；

　　　Q_1——设计水量，m^3/d；

　　　a——最大加氯量，mg/L；

　　　C——漂白粉有效含氯量，%，一般采用 $C = 20\% \sim 25\%$。

（2）漂白粉溶液池的容积（参考）。

$$W_1 = 0.1 \times \frac{Q}{nb} \tag{4.11}$$

式中　W_1——漂白粉溶液池的容积，m^3；

　　　n——每日调制次数；

　　　b——漂白粉溶液百分浓度，%，一般采用 1%～2%。

（3）漂白粉溶药池容积（参考）。

$$W_2 = (0.3 \sim 0.5)W_1 \tag{4.12}$$

式中　W_2——漂白粉溶药池的容积，m^3。

（4）调质漂白粉所用水量。

$$q = \frac{100Q}{btn} \tag{4.13}$$

式中　q——调质漂白粉所用水量，L/s；

　　　t——每次调质漂白粉的时间，s。

4.3.3　加氯间的管理

加氯间的出入口处应备有防毒面具和抢修工具，检漏氨水要放置在固定地方。照明和通风设备的开关最好设在室外。

1. 液氯瓶的搬运和放置

氯瓶搬运时顶部必须罩上防护盖，以防氯瓶阀门体撞断。用车装卸时，必须设起吊设备，也可以利用地形高差，当地平标高与车厢地板相平时，可用滚动法装卸；小瓶可用人工搬运，所用杠棒、绳索打结必须牢固；在平地上大瓶可用滚动的办法搬运，或用撬棍慢慢撬动；也可用手推车进行搬运，既安全又省力。搬运时严禁剧烈碰撞。氯瓶进入氯库前，必须进行检查，是否有漏氯现象。可用氨水检查，决不允许用鼻嗅。如有漏氯必须及时进行处理后才可入库。不同日期到货的氯瓶，应放置不同地方，并记录入库日期，应做到先入库的先使用，以防日久氯瓶总阀杆生锈而不易开启。如储存时间过长，每月应试开一次氯瓶总阀（移至室外进行），并在阀杆上加注少量机油。氯瓶应放在通风干燥的地方，大氯瓶应横放，小氯瓶应竖放。如放在室外，必须搭有凉棚，严禁太阳暴晒。

2. 液氯瓶的使用

氯瓶在使用前，必须先试开氯瓶总阀。先旋掉出氯口帽盖，清楚出氯口处垃圾。操作人员应站在上风向，用两把 25cm 长的活络扳手或专用扳手开启。一把卡住总阀阀体，另一把卡住阀杆方顶，两把扳手交叉约成 30°，均匀用力向相反方向搬动，当开始发出"系系"声（已出氯）后，立即关闭，试开完毕。如周围氯味较大，操作人员应暂离现场，然后用绿皮或塑料垫圈做沉淀对加氯机上的输氯管连接，旋紧压盖帽，开启氯瓶总阀一转即可。当氯气属相加氯机时应检查是否漏氯。大氯瓶卧放使用时两只总阀必须保持在同一铅垂方向，并且只准用上面那只总阀。这两只总阀在瓶内各与一根 90°弯管相连接，当两只总阀在同一铅垂线上时，上面的总阀的连接弯管就向上，高出液氯面（因液氯瓶并非满瓶装），已气化的氯气就从上部 90°弯管中压出，经总阀输氯管输入加氯机。下面总阀的连接弯管就向下浸于液氯中，不能开启此阀，否则大量液氯会外流。大氯瓶刚使用时可能稍有液氯流出，这是因为大氯瓶滚动时在弯管内灌入了少量液氯，当这些少量液氯流出后，即出氯气。

（1）氯瓶的保温。氯瓶中液氯在气化过程中要吸收热量，使用氯气的量愈大，吸热量也愈大。使用中常见氯瓶外壳结有霜和冰，如不加保温处理，就会减少氯气化的速度，造成加氯量不够。在这种情况下，可用自来水冲淋氯瓶外壳进行保温。这样既经济、安全，又方便。

（2）液氯总阀总是无法开启的处理方法。氯瓶总阀无法开启的原因，主要是阀杆腐蚀生锈与阀体黏结造成。处理办法是：旋开压盖帽，撬出压盖，撬掉已硬化的旧垫料（油棉线），添加新垫料，放入压盖，旋紧压帽。为了松动阀杆与阀体的黏结，用榔头轻轻敲击阀杆顶端，再用两只榔头相对敲打阀体，敲打时要同时落锤，用力均匀，然后即可试开。

如按上述方法处理总阀还是不能开启时，可用热胀冷缩原理进行处理。在阀体四周用毛巾裹住，露出安全塞，用 70℃热水浇注毛巾；同时用冷水浸湿的毛巾裹住安全塞，使安全塞温度低于 70℃。由于阀杆阀体温度不同，产生膨胀程度也不一样，松动了锈蚀处。在处理总阀开启过程中，实现必须准备防毒面具、排风扇、铁钎或竹扦等工具和材料，以备安全塞融化或总阀拆断时应急使用。

3. 氯瓶的维护

氯瓶维护得好坏，关系到氯瓶使用寿命长短和用氯的安全，必须引起重视。使用中，瓶内氯气不能用尽，要有一定的存量，不然氯气抽完瓶内形成负压，在更换氯瓶时潮气就会吸入，腐蚀氯瓶内壁。当加氯机玻璃罩内黄色变淡时，应及时关闭氯瓶总阀，调换氯瓶。使用过的氯瓶必须关紧总阀，并旋紧出氯口盖帽，以防漏氯和吸入潮气。当用自来水对氯瓶进行保温和降温时，切勿将水淋到总阀上，因为总阀的压盖和连接输氯管的连头处最易漏氯，遇水作用后，会腐蚀总阀阀体。当氯瓶外壳油漆剥落时，必须重新进行油漆，一般 1~2 年油漆 1 次。

4.4　水厂泵站的运行管理与维护

工作任务： 对水厂泵站进行运行操作及维护管理，解决运行中出现的故障。

预备知识： 水厂泵站的运行管理知识。

边做边学： 到现场或利用仿真教学软件，正常操作离心泵的开停、离心泵及其附属设备的维护与检修,以及泵站的流量测定和节能运行。观察现场情况,并解决运行中出现的问题。

4.4.1 离心泵的开停操作

1. 开启前的准备工作

(1)转动联轴器,检查车头情况,是否有异物轧牢。开启水泵水封管冷却水并注意填料是否正常完好,同时检查落水是否畅通。

(2)检查轴承的油位油质。

(3)检查电源情况(操作电源,小动力电源、水泵配套电机电源)。

(4)将水泵和进水管灌满水,把空气赶走,水厂大型水泵多采用抽真空的办法,所以用真空泵抽气,还须检查真空泵及附属设备是否完好。

2. 开水泵操作(单机手操作)一步化除外

(1)合上水泵配套电机电源开关(油断路器,真空断路器,交流接触器,空气开关等)。

(2)开启电动出水阀。待电动阀开足后电源关闭,主要防止变速箱损坏。

(3)开启后,检查各种仪表是否正常,水泵机运行情况,油环运行,冷却水情况等,并做好各种记录。

3. 停泵操作(单机手操作)

(1)先关闭出水阀门,待出水阀关闭后,再停水泵。在关闭出水阀门是应注意水泵发出的声音是否增大,电流表、功率表、功率因数表数值是否降低,该泵出水压力表数值是否增高,流量计总出水压力是否降低。从上面情况可以判断阀门关闭否,如果上述情况都无变化,则电动阀有故障,需关闭外挡阀后再停泵,否则会认为造成停泵水锤。

(2)待出水阀全部关闭后将小动力电脱拉脱。

(3)关闭冷却水,检查一下水泵机的技术状态,记录各种仪表读数。

4.4.2 离心泵的维护与检修

离心泵一般一年大修一次,累计运行时间未满2000h,可按具体情况适当延长。离心泵常见故障及其排除方法见表4.7。

表 4.7 离心泵常见故障及其排除

故障	产 生 原 因	排 除 方 法
启动后水泵不出水或出水不足	(1)泵壳内有空气,灌泵工作没做好。 (2)吸水管路及填料有漏气。 (3)水泵转向不对。 (4)水泵转速太低。 (5)叶轮进水口及流道堵塞。 (6)底阀堵塞及漏水。 (7)吸水井井位下降,水泵安装高度太高。 (8)减漏环及叶轮磨损。 (9)水面产生旋涡,空气带入泵内。 (10)水封管堵塞	(1)连续灌水或抽气。 (2)堵塞漏气,适当压紧填料。 (3)对换一对接线,改变转向。 (4)检查电路,是否电压太低。 (5)揭开泵盖,清除杂物。 (6)清除杂物或修理。 (7)核算吸水高度,降低安装高度。 (8)更换磨损零件。 (9)加大吸水口淹没深度。 (10)拆下清通

续表

故 障	产 生 原 因	排 除 方 法
水泵开启不动或启动后轴功率过大	(1) 填料压得太死,泵轴弯曲,轴承磨损。 (2) 多级泵中平衡孔堵塞或回流管堵塞。 (3) 靠背轮间隙太小,运行中两轴相顶。 (4) 电压太低。 (5) 实际液体的相对密度远大于设计液体。 (6) 流量太大,超过使用范围太多	(1) 松压盖,矫直泵轴,更换轴承。 (2) 清除杂物,疏通回水管路。 (3) 调整靠背轮间隙。 (4) 检查电路,向电力部门反映情况。 (5) 更换电动机,提高功率。 (6) 关小出水闸阀
水泵机组振动和噪声	(1) 地脚螺栓松动或没填实。 (2) 安装不良,联轴器不同心或泵轴弯曲。 (3) 水泵产生气蚀。 (4) 轴承损坏或磨损。 (5) 基础松软。 (6) 泵内有严重摩擦。 (7) 出水管存留空气	(1) 拧紧并填实地脚螺栓。 (2) 找联轴器不同心度,矫正或换轴。 (3) 降低吸水高度,减少水头损失。 (4) 更换轴承。 (5) 加固基础。 (6) 检查咬住部位。 (7) 在存留空气处,加装排气阀
轴承发热	(1) 轴承损坏。 (2) 轴承缺油或油太多。 (3) 油质不良,不干净。 (4) 轴弯曲或联轴器没矫正。 (5) 滑动轴承的甩油环不起作用。 (6) 叶轮平衡孔堵塞,泵轴向力不能平衡。 (7) 多级泵平衡轴向力装置失去作用	(1) 更换轴承。 (2) 按规定油面加油,去掉多余黄油。 (3) 更换合格润滑油。 (4) 矫直或更换轴的正联轴器。 (5) 放正油环位置或更换油环。 (6) 清除平衡孔上堵塞的杂物。 (7) 检查回水管是否堵塞,联轴器是否相碰,平衡盘是否损坏
填料处发热、漏渗水过少或没有	(1) 填料压得太紧。 (2) 填料环装得位置不对。 (3) 水封管堵塞。 (4) 填料盒与轴不同心	(1) 调整松紧度,使滴水呈滴状。 (2) 调整填料环位置,使它正好对准水封管口。 (3) 疏通水封管。 (4) 检查、改正不同心的地方
电动机过载	(1) 转速高于额定转速。 (2) 水泵流量过大,扬程低。 (3) 电动机或水泵发生机械损坏	(1) 检查电路及电动机。 (2) 关小闸阀。 (3) 检查电动机及水泵

注 选自李亚峰,晋文学.城市污水处理厂运行管理.化学工业出版社,2005。

4.4.3 离心泵附属设备的维护保养

1. 蝶阀

蝶阀的主要结构有阀体、阀盖、阀盘、轴、压板、密封圈、轴套及电机和传动机构。蝶阀是依靠电机的旋转带动轴,阀盖相对于阀体在 90°的范围内作旋转运动,以达到控制控制流量和启闭的目的。

蝶阀的日常养护和检查主要是注意密封面的磨损情况,手动装置要定期加油,阀盘密封面要注意调节,并防止刻度盘不转。

2. 闸阀

闸阀主要结构有阀体、阀盖、阀门、阀杆、阀令、填料、填料压盖、变速箱、电动机等。

当闸阀发生阀杆断脱,阀令活牙,阀杆连接销键断脱等情况时,电动阀外面看上去是在转动，实际上阀门应开未开，应关未关，可以根据各种仪表的变化和水泵的声音来判断，并采取相应措施。

（1）开启水泵时，闸阀未开出，这时水泵未出水，就是工人们说的"打闷水头"，此时，该泵组电流表比正常运行时低，而该水泵压力表读数很高，比铭牌扬程还高，同时水泵噪声很响，应立即停泵，调开其他水泵。

（2）停水泵时，若该水泵压力表不升高，电流表不降低，水泵无噪声，则表示闸阀不能关闭。要停该泵时则必须先关闭外挡阀门（检修阀门），否则停泵会人为造成停泵水锤损坏设备。

3. 微阻缓闭止回阀

在水泵运行中，一般是先关闭阀门再停泵，但有时因事故或操作等原因。造成未关阀门而先停泵。这时，水泵出口流速突然下降，水流中段、前段的水流在惯性力的作用下，继续向前流去，水流后段形成一个充满逸出气体的空间，水流分离。流向高处或前方的水流，将动能转为位能后，使水回流，迫使分离的水流弥合，使管内压力猛升，继而下降，反复冲击，这样在水泵及管路中水流速度发生递变现象，称为水锤现象。水锤现象危害很大，造成"跑水""停水"，严重的会造成泵房被淹等。目前水厂采用的微阻缓闭止回阀，用电机控制开启度来调节水量。当突然停泵时又能缓闭阀门消除水锤。

微阻缓闭止回阀的主要结构有平衡锤、平衡杆、盖板、阀板、阀体、汽缸套、活塞、旋扭螺母、调节丝杆、单向针形节流阀、呼吸管和液压缓闭装置等。

微阻缓闭止回阀常见故障分析和排除方法如下。

（1）水泵工作时活塞不伸出。原因可能是工作压力低于0.8MPa，或是单向针行阀及管路阻塞活塞碰伤或汽缸内有污物。若出水管压力过低可不同缓闭机构，拆下单向针型阀及紫铜管洗干净，卸下活塞修理，清洗缸内杂质及污物，再加油脂。

（2）突然停泵后仍会产生水锤现象。这是由于针形节流阀开启度大，缓闭时间短促。可关小针形节流阀开启度，延长缓闭时间。

（3）阀板未速关，阀板轴卡住，活塞卡死，顶住阀板无法关闭。可调整平衡锤位置向轴心移近，检查阀板轴卡住原因再排除。开大针形节流阀开启度，或者对管进行清洗干净，检查和排除活塞卡死现象。

4.4.4　泵站的流量测定

水泵站要节能运行，并做好经济核算，因此需要准确测定水泵出水量。一般常用编制流量表法测定水泵流量。

编制水泵流量表法的具体步骤如下。

（1）安装真空表和压力表。测压点一般在距进口或出口为管径2倍、水的流速呈直线方向的直管上，且直管长度不小于管径的4倍。一般测压孔内径为3～6mm，U形或盘香型引压管可消除出口处压力的大幅波动造成的指针摆动，引压管上要装切断阀门。真空表必须安装在吸水池最高水位以上。

（2）编制Q-H表。利用水泵特性曲线，选择流量和扬程较准确的几个点，运用插入法，算得各种扬程下的流量，同时计算对应于各流量值的测压点流速、流速水头及相邻测压点的流速水头差，按扬程的大小顺序排列成表。

（3）计算总扬程。即把水泵进口表和出口压力表各读数下的总扬程计算出来，便可得到一定的真空度和出口表压力下的总扬程。

（4）编制水泵流量表。根据上述步骤中一定真空度和出口压力表读数下的扬程，查出对应的流量值，即可绘制水泵流量表。这样，在水泵运转期间，就可随时根据两个测压点读数，从表中查得相应的水泵流量值。

4.4.5 泵站的节能运行

水泵站装置效率的大小直接影响耗能的多少，为了提高泵站效率，做好泵站的节能工作，一般要从以下几个方面着手。

1. 水泵的配套选型与合理使用

中小水厂水泵与电动机往往不配套，大多是电动机长时间低载运行。水泵应该系列化，且要正确确定水泵的设计扬程。在使用水泵时，要调节水泵工况点，使其在高效范围内运行。一般可通过改变水泵转速、叶轮直径或出水闸门的开启度来调节水泵工况点。

2. 局部水头损失的降低

水的流态对水通过装置时的局部水头损失有影响，进而影响装置效率。改善进、出水流态可以提高水泵站效率，减少耗能。另外，为便于启动，大多中小水厂在水泵吸水管上都装有底阀，这样无疑会增加吸水时的局部水头损失。据测算，该底阀本身的耗电量每千吨水可达 $2.95\mathrm{kW \cdot h}$，因此，若取消底阀，会节省很多电能。

3. 机组维修质量和运行管理水平的提高

加强水泵机组的维修不仅可以减少水泵的水量损失，还可以减少机械损失，节约电能。提高泵站运行管理水平，对泵站实行经济运行，是泵站做好节能工作的重要保证。

4.4.6 泵站运行过程中的故障及消除

1. 气蚀现象及对策

气蚀现象是管道中水的静压力低于水的饱和蒸汽压时发生沸腾所造成的。泵内发生气蚀时会出现振动、响声，并会引起流量、压力、功率与效率的降低。不仅会导致叶轮流道和吸水室壁的损坏，在某些情况下甚至会毁坏出水室的室壁。因此，要防止气蚀的发生，泵体内须保持一定的压力使之大于水的饱和蒸汽压。

因此，为防止出现气蚀情况，在设备选型与运转方面要采取一定的措施。

（1）正确选型，保证水泵在运行范围内无产生气蚀的可能。

（2）运行时尽量减少吸水高度、尽量降低水泵转速，不采用进水阀门调节流量。

（3）合理布置吸水管道和放大管径，尽可能降低水头损失。

（4）防止各环节吸入空气，采用耐气蚀的材质。

2. 水锤作用及其消除方法

前已述及，水锤是由于管道中流速急剧变化而引起压力交替升降的一种现象，又称为水击。一般在水泵启动、停运、转速改变、突然停泵、阀门启闭时易造成水锤。其中，停泵水锤的破坏性最大，有可能造成管道爆裂和击毁设备等事故。所以，在泵站设计和运行管理过程中应着重考虑对停泵水锤采取有效的对策。

消除和减小水锤危害一般可采取以下几种方法。

（1）取消逆止阀。停泵水锤的危害主要是因逆止阀迅速关闭所造成。即当发生突然停泵时，水泵转速迅速降低，压水管中的水流靠惯性流动，流速逐渐减慢，当管中水流速度降至零后，水流便开始倒流，且因高于水泵端压力而使其流速逐渐加快，达到一定程度时，迫使逆止阀快速关闭，这样由前方传来的增压水波冲击阀板而发生水锤。若取消逆止阀，在水泵倒流初期，由于流量下泄，而减少了压力的增升，可有效避免危害的发生。

（2）采用缓闭式逆止阀。缓闭式逆止阀，即缓慢关闭或不全闭，是一种消除停泵水锤的专用设备。缓闭式逆止阀允许倒流，可有效消除由于停泵而产生的高压水锤。目前水厂多采用微阻缓闭止回阀。

（3）使用水锤消除器。水锤消除器必须安装在逆止阀的下游，且要近距逆止阀。水锤消除器有自阀式和气囊式两种，适用于消除突然停泵引起的水锤。

（4）修建调压池。在容易发生真空的地段修建敞口水池，是防止水柱分离的一项有效措施。有普通调压池和单向调压池两种，调压池中的高水位与水泵正常工作的压力线相平，能满足供水地点的压力要求。调压池在停泵水锤升压阶段能帮助释压以削减水锤的压力，降压阶段则补水以防止水柱分离。有地形可利用时，为节省造价，可选择高地修筑水池。当水泵工作压力较高，又无合适的高地修筑普通调压池时，宜采用单向调压池，单向调压池的构造比普通调压池稍复杂，但高度低，较经济，采用较多。

4.5 城市给水厂运行常见问题与处理

工作任务：解决城市给水厂运行中的常见问题。

预备知识：城市给水厂工艺流程、工艺运行管理与维护知识。

边做边学：根据实际问题，辨别产生原因，并能熟练采取相应的处置方法。

城市水厂的主要设备设施，包括一级泵站、加药装置、絮凝池、平流沉淀池、过滤池、清水池、二级泵站。由取水至上水的流程为：吸水井、一级泵、加药点、静态混合器、反应沉淀池、V形过滤池、清水池、二级泵站吸水井、二级泵。

在城市水厂的运行过程中，常常通过监测各主要设备中的水质情况，来判断水厂的运行情况。一般来说，城市水厂中大致有四处水质监测点，在管网中还有若干处水质监测点。第一个监测点是原水，主要监测目标有：浊度、pH值、氨氮、生化需氧量、溶解氧、水温。第二个监测点是加药点后，主要监测目标为SCM（游动电流）。第三个监测点是待滤水，主要监测目标是浊度。第四个监测点是滤后水，主要监测目标有：浊度、pH值、余氯、细菌总数、大肠菌群数。

水厂运行过程中常见问题可以归纳如下。

（1）源水浊度升高。

（2）管网余氯低于0.05。

（3）出水余氯低于0.3。

（4）一级泵坏。

（5）二级泵坏。

（6）进水负荷减小。

（7）源水 BOD 升高。

（8）源水 pH 值低。

（9）出水细菌超标。

（10）管网压力偏低（低于 0.2MPa）。

（11）出水管压力偏低（低于 0.39MPa）。

（12）管网压力偏高（高于 0.45MPa）。

（13）一级泵水泵前轴温高。

（14）二级泵水泵电机温度高。

（15）一级泵排水液位高，且自动排水失灵。

（16）二级泵排水液位高，且自动排水失灵。

（17）漏氯吸收装置自动坏，漏氯等。

对于设中控室安装有自动化控制系统的水厂，上述问题的处理办法在表 4.8 中列出。其他可参考具体操作方法，在工艺现场有针对性解决。

表 4.8　　　　　　　　　　城市水厂运行过程中常见问题及处置方法

序号	事故名称	现　　象	处　置　方　法
1	源水浊度升高	源水浊度升高，升高至 650	改变（加大）加药（絮凝剂，矾液）量，使游动电流仪的读数接近零，同时按絮凝池强制排泥按钮及平流沉淀池缩短排泥周期按钮
2	管网余氯低于 0.05	管网余氯低于 0.05	增加后加氯及加氨量。接近按比例投加
3	出水余氯低于 0.3	出水余氯低于 0.3	增加后加氯及加氨量
4	一级泵坏	一级泵出口压力和流量急剧下降	关闭一级泵前后阀，同时开一级备用泵前后阀，启动备用泵
5	二级泵坏	二级泵出口压力和流量急剧下降	关闭一级泵前后阀，同时开一级备用泵前后阀，启动备用泵
6	进水负荷减小	出水量降低	控制清水池高度，达到 3.5m 时停掉一组池，低于 1.5m 时开一组池；控制上水管压力，可关小一台泵
7	源水 BOD 升高	源水 BOD 高过要求值	增加前加氯量
8	源水 pH 值低	源水 pH 值低于标准值	加碱液
9	出水细菌超标	出水细菌超标	增加后加氯量及投氨量
10	管网压力低于 0.2MPa	管网压力低于 0.2MPa	开大一台泵，提高出水管压力，使管网压力升高
11	管网压力高于 0.45MPa	管网压力高于 0.45MPa	关小一台泵
12	一级泵水泵前轴温高	一级泵水泵前轴温高	关闭轴温高的泵，更换另一台泵运行

续表

序号	事故名称	现　象	处　置　方　法
13	二级泵水泵电机温度高	二级泵水泵电机温度高	关闭电机温度高的泵，更换另一台泵运行
14	一级泵排水液位高，且自动排水失灵	一级泵排水液位高于1.6m，且自动排水泵未动作	手工启动备用排水泵
15	二级泵排水液位高，且自动排水泵未动作	二级泵排水液位高于1.6m，且自动排水泵未动作	手工启动备用排水泵
16	漏氯吸收装置自动坏，漏氯	漏氯报警亮，且吸氯装置未动作	手工启动漏氯吸收装置

项目5　城市污水处理厂工艺的初步设计

学习目标

本单元要求掌握城市污水处理厂的厂址选择原则、水量水质的确定，掌握城市污水处理流程的选定原则和确定方法；熟练掌握传统活性污泥处理工艺流程的初步设计熟练布置并绘制城市污水处理厂平面图和高程图。

学习要求

能力目标	知识要点	技能要求
掌握厂址选择及水量水质的确定	厂址选择的原则；设计流量和设计水质的确定方法和步骤	能在地形图上确定城市污水处理厂位置，能进行设计流量和设计水质计算
掌握污水处理流程的确定	典型污水处理工艺流程及选定污水处理工艺流程的原则	能根据工程资料和设计要求，选定污水处理工艺
掌握传统活性污泥处理工艺流程的初步设计	传统活性污泥处理工艺流程；一级处理构筑物、二级生物处理工艺以及污泥处理构筑物的设计方法	能根据工程资料，进行一级处理构筑物设计（格栅、沉沙池、初沉池设计）、二级生物处理工艺设计（曝气池、二次沉淀池设计）以及污泥处理构筑物设计（浓缩池和消化池设计）
掌握污水平面图高程图的布置与绘制	城市污水处理厂平面布置原则；污水处理厂各构筑物建筑物的高程计算方法	能进行城市污水处理厂的平面布置，能确定各处理构筑物和泵房的标高、连接管渠的尺寸和标高高程计算等，并会利用计算机绘图软件进行绘制平面图和纵剖面图

5.1　厂址及水质水量的确定

工作任务：根据工程资料及设计任务要求，选择城市污水处理厂位置、对确定城市污水处理厂处理水量及水质，为后续工艺流程设计提供依据。

预备知识：城市污水处理厂选址原则、水量水质计算等。

边做边学：在地形图上确定城市污水处理厂位置，计算处理水量水质。

5.1.1　厂址选择

城市污水处理厂厂址的选定与城市的总体规划、城市排水系统的走向、布置，处理后污水出路等密切相关。一般应进行综合的技术、经济比较与最优化分析，并通过专家论证后确定。一般要遵循以下原则。

（1）适应于选定的污水处理工艺，尽量少占农田和不占良田。

（2）应选在地质条件较好的地方。地基较好，承载力较大，地下水位较低，便于施工。

（3）应位于城市集中给水水源下游；设在城镇、工厂厂区及生活区的下游，并保持约300m 以上的距离，夏季主导风向的下风向。

（4）结合污水处理后出路，尽量靠近污水利用用户或受纳水体。靠近水体的污水处理厂，要考虑不受洪水威胁。

（5）要充分利用地形，选择有适当坡度的地区，来满足污水处理构筑物高程布置的需要，以减少土方工程量，降低工程造价。若有条件，尽可能采用污水不经提升而自流流入处理构筑物的方案，以节省动力费用，降低处理成本。

（6）应考虑城市远期发展的可能性，留有扩建余地。

城市污水处理厂的占地面积，与处理水量和所采用的处理工艺有关，污水处理厂建设前期规划设计时可参考表 5.1 中所列用地面积。

表 5.1 **城市污水处理厂的用地指标**

处理厂规模/（万 m³/d）	一级处理用地/hm²	二级处理用地/hm²	
		活性污泥法	生物滤池
0.5	0.5～0.7	1～1.5	2～3
1	0.8～1.2	1.5～2.0	4～6
1.5	1.0～1.5	1.85～2.5	6～9
2	1.2～1.8	2.2～3.0	8～12
3	1.6～2.5	3.0～4.5	12～18
4	2.0～3.2	4.0～6.0	16～24
5	2.5～3.8	5.0～7.5	20～30
7	3.75～5.0	7.5～10.0	30～45
10	5.0～6.5	10.0～12.5	40～60

5.1.2 设计流量确定

（1）处理构筑物的处理能力、进水泵站的抽升及工厂内构筑物的连接管渠等，都以最大日最大时流量作为设计流量。

（2）城市污水处理厂降雨时的设计流量。截流式合流制管网，降雨时污水处理厂的设计流量为 $n+1$ 倍的旱流流量，这一流量用以校核初沉池以前的构筑物和设备。

5.1.3 设计水质确定

排水设计规范规定，生活污水的 BOD_5 和 SS 设计值可取为

$$BOD_5 = 20～35g/（人 \cdot d），SS = 35～50g/（人 \cdot d）$$

工业废水的 BOD_5 和 SS 值可折合成人口当量计算。

水质浓度按下式计算

$$S = \frac{1000 \times a_s}{Q_s} \quad\quad (5.1)$$

式中　S——某污染物在污水中的质量浓度，mg/L；

　　　a_s——每人每天排出某种污染物的克数，g；

　　　Q_s——每人每天污水排出量，L。

5.2 处理流程的确定

工作任务：掌握典型的污水处理工艺流程特点，并根据工程资料及设计任务要求，选定污水处理工艺流程。

预备知识：污水处理工艺类型及特点。

边做边学：结合工程实际和设计任务要求，确定污水处理工艺流程。

5.2.1 选定污水处理工艺流程应考虑的因素

1. 污水的处理程度或处理目的

污水的处理程度主要取决于原污水的水质特征、处理后水的去向及相应的水质要求。污水水质特征主要表现为原污水中所含污染物的种类、形态及浓度，它直接影响着工艺流程的简单与复杂。处理后水出路决定着污水的处理深度，也就决定了处理流程的长短。

2. 工程造价与运行费用

减少占地面积是降低建设费用的一项重要措施。动力消耗是运行费用的主要组成部分。

3. 当地的各项条件

当地的地形、气候等自然条件，原材料与电力供应等具体情况，也是选定处理工艺应考虑的因素；施工条件的好坏，决定着施工的复杂或难易程度。因此，工程施工的难易程度和运行管理需要的技术条件，也是选定处理工艺流程需要考虑的因素。

5.2.2 典型的城市污水处理厂处理工艺流程

城市污水处理的典型工艺流程是由完整的二级处理系统和污泥处理系统所组成。按照处理效率，城市污水处理厂可以分为一级处理厂和二级处理厂。

一级处理常采用沉淀法，其流程如图 5.1 所示。

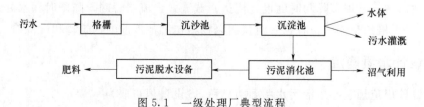

图 5.1　一级处理厂典型流程

二级处理常采用生物处理法，应用较广泛的是生物过滤法和活性污泥法。如图 5.2 和图 5.3 所示为其典型处理流程。为满足环保要求和污水的再利用要求，有些情况下，在二级处理后需加设三级处理或深度处理工艺。

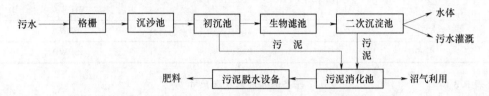

图 5.2 生物过滤法城市污水处理厂典型流程

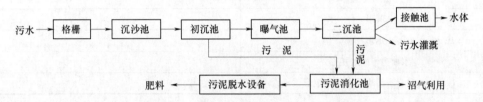

图 5.3 活性污泥法城市污水处理厂典型流程

污水处理的工艺流程应根据原污水的水量、水质，现场的地理位置，地区条件，气候条件，施工水平，运行管理水平，供电等情况，综合分析本工艺在技术上的可行性和先进性以及经济上的合理性后确定。

5.3 传统活性污泥处理工艺的初步设计

工作任务：进行传统活性污泥处理工艺流程的初步设计。

预备知识：传统活性污泥处理工艺流程及其构筑物构造、相关设计参数的含义及选取。

边做边学：分别进行一级处理构筑物设计（格栅、沉沙池、初沉池）、二级生物处理工艺设计（曝气池、二次沉淀池）、污泥处理构筑物设计（浓缩池和消化池）。

5.3.1 一级处理构筑物设计

1. 格栅的设计

格栅的设计包括格栅栅条断面形状的选择、设计参数的确定、栅条间距的确定、尺寸计算、水力计算、栅渣量计算及清渣机械的选用等。

格栅栅条的断面形状有圆形、正方形、矩形及带半圆的矩形等。圆形的水流阻力小但刚度差，一般多采用断面形式为矩形的栅条。格栅栅条的断面形状及其尺寸如表 5.2 和表 5.3 所示。

设置格栅的渠道宽度应使水流保持适当的流速，一般为 0.4~0.9m/s，一方面保证泥沙不在沟渠底部沉积，另一方面截留的栅渣不至于越过格栅。为避免栅条间隙堵塞，污水通过栅条时的流速通常采用 0.6~1.0m/s，最大流量时可为 1.2~1.4m/s。格栅上需设置

表 5. 2　　　　　　　　　　　　　　　　格栅栅条间距与栅渣数量

栅条间距/mm	栅渣污物量/[L/(d·人)]	水 泵 型 号
≤20	4~6	PWA
≤40	2.7	4PWA
≤70	0.8	6PWA
≤90	0.5	8PWA

表 5. 3　　　　　　　　　　　　　　　　栅条的断面形状和尺寸

栅条断面形状	尺寸/mm
正方形	
圆形	
矩形	
迎水面为半圆的矩形	
迎水面和背水面均为半圆的矩形	

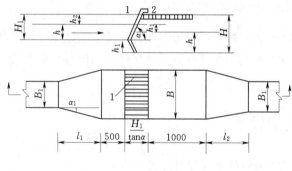

图 5.4　格栅计算图
1—栅条；2—工作台

工作台，其高度应高出格栅前设计最高水位 0.5m。当格栅宽度较大时，要多块拼合，既可减少单块重量，又便于起吊、安装和维修。为防止格栅前渠道出现阻流回水现象，一般在设置格栅的渠道与栅前渠道的联结部，应有一展开角为 20° 的渐扩部分，栅后再以等角度的渐缩部位与渠道联结，如图 5.4 所示。

格栅的尺寸及水力计算等可依据下列公式。

（1）格栅间隙数

$$n = \frac{Q\sqrt{\sin\alpha}}{bhv} \tag{5.2}$$

式中　Q——设计流量，$\mathrm{m^3/s}$；

　　　α——格栅倾角，度；

　　　b——栅条间距，m；

　　　h——栅前水头，m；

　　　v——过栅流速，m/s；一般为 $0.6\sim1.0\mathrm{m/s}$。

（2）栅槽宽度

$$B = s(n-1) + bn \tag{5.3}$$

式中　s——栅条的宽度，m。

（3）过栅的水头损失 h_1

$$h_1 = kh_0 \tag{5.4}$$

$$h_0 = \zeta \frac{v^2}{2g} \sin\alpha \tag{5.5}$$

式中 h_1——过栅水头损失，m；

h_0——计算水头损失，m；

k——污物堵塞引起的格栅阻力增大系数，一般取 3；

g——重力加速度，m/s²；

ζ——阻力系数，与栅条断面形状有关，$\zeta = \beta \left(\dfrac{S}{b}\right)^{\frac{4}{3}}$，矩形断面时，$\beta = 2.42$。

（4）栅后槽总高度

$$H = h + h_1 + h_2 \tag{5.6}$$

式中 H——栅槽总高度，m；

h——栅前水深，m；

h_2——栅前渠道超高，取 0.5m。

（5）栅槽总长度 L

$$L = l_1 + l_2 + 1.0 + 0.5 + \frac{H_1}{\tan\alpha} \tag{5.7}$$

$$l_1 = \frac{B - B_1}{2\tan\alpha_1} \tag{5.8}$$

$$l_2 = \frac{l_1}{2} \tag{5.9}$$

$$H_1 = h + h_2 \tag{5.10}$$

式中 H_1——栅前槽高，即栅后总高，m；

l_1——进水渠道渐宽部分长度，m；

B_1——进水渠道宽度，m；

α_1——进水渠道展开角，一般 20°；

l_2——栅槽与出水渠连接渠的渐缩长度，m。

（6）每日产生的栅渣量 W

$$W = \frac{Q_{max} W_1 \times 86400}{K_Z \times 1000} \tag{5.11}$$

式中 W——栅渣量，m³/d；

W_1——单位栅渣量，m³/10³d 污水，与栅条间距有关，取 0.1~0.01，粗格栅用小值，细格栅用大值，中格栅用中值；

K_Z——生活污水量总变化系数，见表 5.4。

表 5.4　　　　　　　　　　　生活污水流量总变化系数

平均日流量/(L/s)	4	6	10	15	25	40	70	120	200	400	750	1600
K_Z	2.30	2.20	2.10	2.00	1.89	1.80	1.69	1.59	1.51	1.40	1.30	1.20

2. 沉沙池设计

（1）平流式沉沙池。平流式沉沙池可依据水力停留时间进行设计计算，有关设计参数可按下列数据参考：污水在池内的流速 $0.15\sim0.3m/s$；污水在池内的停留时间一般为 $30\sim60s$；有效水深一般采用 $0.25\sim1.0m$；池宽不小于 $0.6m$；池底坡度一般为 $0.01\sim0.02$。

具体计算方法如下。

1）沉沙池水流部分长度（两闸板之间的长度）

$$L=vt \tag{5.12}$$

式中　L——水流部分长度，m；

v——最大设计流量时的速度，m/s；

t——最大设计流量时的停留时间，s。

2）水流断面面积

$$A=\frac{Q_{max}}{v} \tag{5.13}$$

式中　A——水流断面积，m^2；

Q_{max}——最大设计流量，m^3/s。

3）池总宽度

$$B=\frac{A}{h_2} \tag{5.14}$$

式中　B——池总宽度，m；

h_2——设计有效水深，m。

4）储沙斗所需容积

$$V=\frac{Q_{max}x_1T\times86400}{K_z\times10^5} \tag{5.15}$$

式中　V——沉沙斗容积，m^3；

x_1——城市污水的沉沙量，一般取 $3m^3/10^5m^3$（污水）；

T——排沙时间的间隔，d。

5）储沙斗各部分尺寸计算。设储沙斗底宽 $b_1=0.5m$；斗壁与水平面的倾角为 $60°$。则储沙斗的上口宽 b_2 为

$$b_2=\frac{2h_3'}{\tan60°}+b_1 \tag{5.16}$$

储沙斗的容积 V_1

$$V_1=\frac{1}{3}h_3'(S_1+S_2+\sqrt{S_1S_2}) \tag{5.17}$$

式中　h_3'——储沙斗高度；

S_1、S_2——储沙斗上口和下口的面积。

6）储沙室的高度。设采用重力排沙，池底坡度 $i=6\%$，坡向沙斗，则

$$h_3=h_3'+0.06l_2=h_3'+\frac{0.06(L-2b_2-b')}{2} \tag{5.18}$$

7）池总高度

$$H=h_1+h_2+h_3 \tag{5.19}$$

式中　H——沉沙池总高度，m；

　　　h_1——超高，m；

　　　h_3——储沙斗高度，m。

8）核算最小流速

$$v_{\min}=\frac{Q_{\min}}{n\omega}\qquad(5.20)$$

式中　$v_{\min}$——最小流速，若 $v_{\min}>0.15\text{m/s}$，则设计合格；

　　　$Q_{\min}$——设计最小流量，m^3/s；

　　　n——最小流量时工作的沉沙池数目；

　　　ω——最小流量时沉沙池中的水流断面面积，m^2。

（2）曝气沉沙池。曝气沉沙池的计算方法同平流沉沙池，只是有些参数应有所调整。

水平流速取 $0.08\sim0.12\text{m/s}$；停留时间为 $4\sim6\text{min}$；若作为预曝气，停留时间可为 $10\sim30\text{min}$；有效水深为 $2\sim3\text{m}$，池宽深比 $1\sim1.5$，长宽比大于 5 时，要设横向挡板；多采用穿孔管曝气，穿孔管距池底约 $0.6\sim0.9\text{m}$，孔径为 $2.5\sim6\text{mm}$，曝气量应保证池中污水的漩流速度在 $0.25\sim0.4\text{m/s}$ 之间，单位池长所需空气量与曝气管水下浸没深度有关，具体可参考表 5.5 中数据。

表 5.5　　　　　　　　　　　　　　单位池长所需空气量

曝气管水下浸没深度/m	最小空气用量/[$\text{m}^3/(\text{m}\cdot\text{h})$]	最大空气用量/[$\text{m}^3/(\text{m}\cdot\text{h})$]
4.0	$10.0\sim13.5$	25
3.0	$10.5\sim14$	28
2.5	$10.5\sim14$	28
2.0	$11.0\sim14.5$	29
1.5	$12.5\sim15.0$	30

3. 初沉池设计

沉淀池的设计计算方法与给水处理相同，在污水处理中设计参数可按表 5.6 选用。沉淀池的有效水深、沉淀时间与表面水力负荷的相互关系见表 5.7 所示。

表 5.6　　　　　　　　　　**城市污水处理厂沉淀池设计参数**

沉淀池	位　　置	沉淀时间/h	表面水力负荷/($\text{q}/\text{m}^3\cdot\text{m}^{-2}\cdot\text{h}^{-1}$)	污泥量/[$\text{g}/(\text{d}\cdot\text{人})$]	污泥含水率/%
初沉池	单独沉淀	$1.5\sim2.0$	$1.5\sim2.5$	$15\sim27$	$95\sim97$
初沉池	二级处理前	$1.0\sim2.0$	$1.5\sim3.0$	$14\sim25$	$95\sim97$
二沉池	活性污泥法后	$1.5\sim2.5$	$1.0\sim1.5$	$10\sim21$	$99.2\sim99.6$
二沉池	生物膜法后	$1.5\sim2.5$	$1.0\sim2.0$	$7\sim19$	$96\sim98$

表 5.7　　　　　　　　　　**有效水深、沉淀时间与表面水力负荷的相互关系**

表面水力负荷/ (q/m³·m⁻²·h⁻¹)	沉　淀　时　间/h				
	$H=2.0m$	$H=2.5m$	$H=3.0m$	$H=3.5m$	$H=4.0m$
3.0			1.0	1.17	1.33
2.5		1.0	1.2	1.4	1.6
2.0	1.0	1.25	1.5	1.75	2.0
1.5	1.33	1.67	2.0	2.33	2.67
1.0	2.0	2.5	3.0	3.5	4.0

（1）平流式沉淀池。平流式沉淀池的主要设计控制指标为表面负荷或停留时间。从理论上讲采用表面负荷较为合理，但以停留时间作为设计指标的累积经验较多。在设计时可以采用停留时间控制，再用表面负荷进行校核，或反之。

1）以表面负荷 q 为控制指标进行计算，沉淀池的表面积 A 为

$$A=\frac{Q}{q} \tag{5.21}$$

沉淀池长度 L 为

$$L=3.6Vt \tag{5.22}$$

沉淀池宽度 B 为

$$B=\frac{A}{L} \tag{5.23}$$

式中　Q——产水量，m³/h；

　　　V——水平流速，mm/s；

　　　L——沉淀池长度，m；

　　　t——水力停留时间，h；

　　　B——沉淀池的宽度，m。

2）以停留时间 t 为控制指标进行计算沉淀池的有效体积 V 为

$$V=Qt \tag{5.24}$$

选取池深 H 一般取 3.0～3.5m，计算沉淀池宽度为

$$B=\frac{V}{LH} \tag{5.25}$$

沉淀池长度 L 为

$$L=3.6Vt \tag{5.26}$$

沉淀池尺寸确定后需要复核沉淀池中水流的稳定性，使 $Fr=10^{-4}\sim10^{-5}$ 之间。

平流沉淀池的放空排泥管直径，根据水力学变水头放空容器公式计算

$$d=\sqrt{\frac{0.7BLH^{0.5}}{t}} \tag{5.27}$$

式中　d——排泥管直径，m。

沉淀池的出水渠多采用薄壁溢流堰或淹没孔口，渠道断面采用矩形。当渠底坡度为零时，渠道起端水深 H 可根据下式计算

$$H = 1.73 \sqrt[3]{\frac{Q}{gB^2}} \qquad (5.28)$$

式中 B——渠道宽度，m。

（2）辐流式沉淀池。辐流式沉淀池也可按表面负荷计算。

1）若用 n 个沉淀池，则每座沉淀池的表面积 A 为

$$A = \frac{Q}{nq} \qquad (5.29)$$

式中 Q——设计流量，m^3/h；

q——表面负荷，对于初次沉淀池，表面负荷一般为 $2\sim4m^3/(m^2 \cdot h)$，二次沉淀池为 $1.5\sim3.0m^3/(m^2 \cdot h)$。

2）沉淀池的直径为

$$D = \sqrt{\frac{4A}{\pi}} \qquad (5.30)$$

式中 D——沉淀池的直径，m。

3）沉淀池的有效水深为

$$h_2 = qt \qquad (5.31)$$

式中 h_2——有效水深，m；

t——沉淀时间。

沉淀时间 t 一般取 $1.0\sim2.0h$；池径 D 与水深 h_2 的比值宜为 $6\sim12$。

4）沉淀池的总高度

$$H = h_1 + h_2 + h_3 + h_4 + h_5 \qquad (5.32)$$

式中 H——沉淀池高度；

h_1——保护高度，取 $0.3m$；

h_3——缓冲层高度，与排泥方式有关，可取 $0.5m$；

h_4——沉淀池底坡度落差，m；

h_5——污泥斗高度，m。

（3）竖流式沉淀池。污水在竖流式沉淀池中心管内的流速取值和是否设反射板有关。当中心管底部不设反射板时，其流速不应大于 $30mm/s$，如设置反射板，流速可取 $100mm/s$。水从中心管喇叭口与反射板间流出的速度一般不大于 $20mm/s$。

1）中心管面积与直径为

$$f_1 = \frac{q_{max}}{v_0} \qquad (5.33)$$

$$d_0 = \sqrt{\frac{4f_1}{\pi}} \qquad (5.34)$$

式中 f_1——中心管截面积，m^2；

d_0——中心管直径，m；

q_{max}——每座池子的最大设计流量，m^3/s；

v_0——中心管中的流速，不大于 $0.1m/s$。

2）沉淀池中心管高度，即有效水深为

$$h_2 = vt \times 3600 \qquad\qquad (5.35)$$

式中　h_2——有效水深，即中心管高度，m；

　　　v——水在沉淀区的上升流速，等于拟去除的最小颗粒的沉速，如无沉淀实验资料，则上升流速可取 0.5~1.0mm/s；

　　　t——沉淀时间，初次沉淀池一般采用 1.0~2.0h，二次沉淀池采用 1.5~2.5h。

3）中心管喇叭口到反射板之间的间隙高度

$$h_3 = \frac{q_{max}}{v_1 d_1 \pi} \qquad\qquad (5.36)$$

式中　h_3——间隙高度，m；

　　　v_1——间隙流出速度，一般不大于 40mm/s；

　　　d_1——喇叭口直径，m。

4）沉淀区面积

$$f_2 = \frac{q_{max}}{v} \qquad\qquad (5.37)$$

式中　f_2——沉淀区面积，m²。

5）沉淀池总面积和池径

$$A = f_1 + f_2 \qquad\qquad (5.38)$$

$$D = \sqrt{\frac{4A}{\pi}} \qquad\qquad (5.39)$$

式中　A——沉淀区面积，m²；

　　　D——沉淀池直径，m。

6）污泥斗高度与污泥量有关，用截头圆锥公式计算，参见平流式沉淀池。

7）沉淀池总高度

$$H = h_1 + h_2 + h_3 + h_4 + h_5 \qquad\qquad (5.40)$$

式中　H——沉淀池总高度，m；

　　　h_1——超高，采用 0.3m；

　　　h_4——缓冲层高度，采用 0.3m。

5.3.2　二级生物处理工艺设计

传统活性污泥处理系统基本上是由曝气池、曝气设备、污泥回流设备和二次沉淀池几部分组成。因此，该部分设计主要包括曝气池及其曝气设备的设计、污泥部分的设计和二次沉淀池的设计。

1. 污泥增殖与需氧量

（1）污泥增殖。在活性污泥法处理系统中，曝气池内通过活性污泥微生物的代谢作用去除 BOD 的同时，活性污泥微生物本身也得到增殖。即微生物利用分解代谢的能量对一部分有机物进行合成代谢，生成新细胞物质，而其本身还同时进行着内源呼吸（即自身氧化）。因此，活性污泥的净增长量应是这两个过程的差值，即

$$\Delta X = aQL_r - bX_V V \tag{5.41}$$

式中 ΔX——剩余污泥量（净增长量），kg/d；

    Q——污水流量，m^3/d；

    L_r——曝气池去除的 BOD_5 浓度，mg/L；

    a——去除每千克 BOD_5 所生成污泥的千克数；

    b——自身氧化率，每千克 MLSS 自身氧化的千克数；

    X_V——曝气池混合液挥发性悬浮固体浓度，mg/L；

    V——曝气池容积，m^3。

对于生活污水或与其性质相近的工业废水，a 值一般可取 $0.5\sim0.65$，b 一般可取 $0.05\sim0.1$。表 5.8 是几种工业废水的 a，b 值，可供设计时参考。

表 5.8   几种工业废水的 a，b 值

工业废水名称	a	b
合成纤维废水	0.38	0.10
亚硫酸盐浆粕废水	0.55	0.13
含酚废水	0.70	—
制药废水	0.77	—
酸造废水	0.93	—

预先估算出污泥的增长量，即处理系统所应排出的剩余污泥量，对曝气池内污泥量的控制和污泥处理设备能力的确定都是很重要的。

(2) 需氧量。活性污泥微生物对 BOD_5 的去除过程及其自身氧化过程都需要一定的氧。这两部分的总需氧量可用下列公式表示

$$O_2 = a'QL_r + b'X_V V \tag{5.42}$$

式中 O_2——混合液总需氧量，kgO_2/d；

    a'——微生物每去除 $1kgBOD_5$ 所需要的氧量，$kgO_2/kgBOD_5$；

    b'——活性污泥微生物自身氧化的需氧率，即每 kgMLVSS 每天自身氧化所需的氧量，$kgO_2/(kgMLSS \cdot d)$；

    其他符号意义同前。

生活污水的 a' 值一般为 $0.42\sim0.53$，b' 值介于 $0.11\sim0.188$ 之间。表 5.9 列出了几种工业废水的 a'，b' 值。

表 5.9   生活污水和几种工业废水的 a'，b' 值

废水种类	a'	b'
生活污水	$0.42\sim0.53$	$0.11\sim0.188$
石油化工废水	0.75	0.16
含酚废水	0.56	—
合成纤维废水	0.55	0.142
漂染废水	$0.5\sim0.6$	0.065

废 水 种 类	a'	b'
炼油废水	0.5	0.12
酿造废水	0.44	—
制药废水	0.35	0.354
亚硫酸浆粕废水	0.40	0.185
制浆造纸废水	0.38	0.092

若用 R_r 表示每日单位容积的需氧量〔即需氧速率，$kgO_2/(m^3 \cdot d)$〕，则有

$$R_r V = O_2 = a'QL_r + b'X_V V \qquad (5.43)$$

2. 曝气池

（1）曝气池有效容积的确定。曝气池有效容积的计算，一般采用以有机物负荷率为计算指标的方法。对于分建式曝气池，整个池容积均起代谢作用；对于合建式曝气池，起代谢作用的是其中的曝气区，二者容积的计算方法相同。

有机物负荷率即 BOD_5 污泥负荷率（简称污泥负荷率），以 N_s 表示。如前所述，其物理意义是指单位重量的活性污泥（干重）在单位时间内所能承受的 BOD_5 的重量。其计算式为

$$N_s = \frac{QL_a}{XV} \quad [kgBOD_5/(kgMLSS \cdot d)] \qquad (5.44)$$

由此可得曝气池（区）容积的计算式

$$V = \frac{QL_a}{XN_s} \quad (m^3) \qquad (5.45)$$

另外，还有曝气池容积负荷率 N_v，污泥去除负荷率 N'_s。容积负荷率是指曝气池（区）单位容积在单位时间内所能承受的 BOD_5 的量。其计算式为

$$N_v = \frac{QL_A}{V} = N_s X \quad [kgBOD_5/(m^3 \cdot d)] \qquad (5.46)$$

则曝气池（区）容积的计算式为

$$V = \frac{QL_a}{N_v} \quad (m^3) \qquad (5.47)$$

污泥去除负荷率 N'_s 系指单位重量的污泥在单位时间内所去除的 BOD_5 的重量，也称氧化能力。其计算式为

$$N'_s = \frac{QL_r}{XV} \quad [kgBOD_5/(kgMLSS \cdot d)] \qquad (5.48)$$

式中，QL_r 为曝气池（区）每天所去除的有机物的重量。$L_r = L_a - L_e$，其中 L_a，L_e 分别为曝气池进、出水 BOD_5 浓度。则曝气池（区）容积的计算式为

$$V = \frac{QL_r}{XN'_s} \quad (m^3) \qquad (5.49)$$

在前述的负荷率中，BOD_5 污泥负荷率是基础，具有微生物对有机物代谢方面的含义，其他负荷率属经验数据（查《给水排水设计手册》第 5 册），常用的还是 BOD_5 污泥负荷率。

由式（5.49）可知，要求定曝气池（区）容积，必须确定式中的 Q、L_a、X 和 N_S 值。

1）设计流量 Q 的确定。Q 是指曝气池的进水设计流量，不包括污泥回流量。一般当曝气池的水力停留时间较长时（6h 以上），可按平均日流量作为曝气池的设计流量；当曝气池的水力停留时间较短时（2h 左右），则应以最大时流量作为曝气池的设计流量。

2）进水 BOD_5 浓度 L_a 的确定。

$L_a =$（进入处理厂的总 BOD_5 的重量－一级处理所去除的 BOD_5 的重量）$/Q$

3）曝气池（区）内污泥浓度 X 的确定。一般对于生活污水的处理，曝气池（区）内污泥浓度 X 值，可直接查表取经验数据。表 5.10 所列为不同运行方式下的 X 值。

表 5.10   **国内外不同运行方式的常用 X 值**   单位：mg/L

国别	传统曝气池	阶段曝气池	生物吸附曝气池	曝气沉淀池	延时曝气池
中国	2000~3000	—	4000~6000	4000~6000	2000~4000
美国	1500~2500	3500	1500~2000	2500~3500	5000~7000
日本	1500~2000	1500~2000	4000~6000	—	5000~8000
英国	—	1600~4000	2200~5500	—	1600~6400

对于工业废水处理系统，因为不同的工业废水其水质不同，曝气池（区）内的混合液污泥浓度 X 的值，应通过试验确定或取样测定，也可通过理论计算得出。

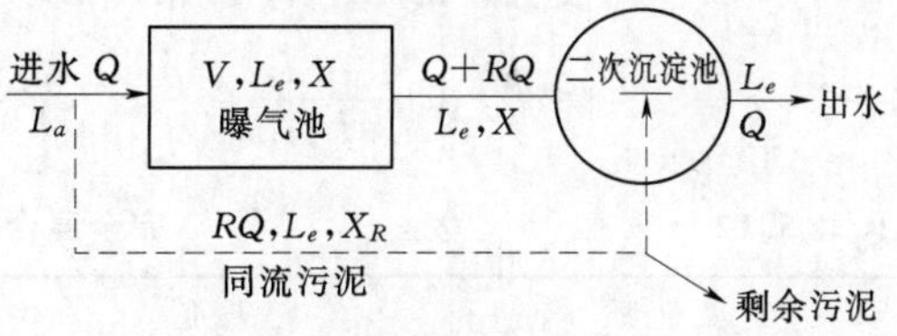

如图 5.5 所示为活性污泥系统的物料平衡图。其中 R 为污泥回流比，即污泥回流量 Q_R 与曝气池进水流量 Q 的比值。则有

污泥回流量 $Q_R = RQ$ （5.50）

图 5.5   活性污泥系统的物料平衡图

若回流污泥浓度用 X_R 表示，则根据物料平衡可得

$$Q_R X_R = (Q + Q_R)X$$

则有

$$X = \frac{Q_R X_R}{Q + Q_R} = \frac{RQX_R}{Q + RQ} = \frac{R}{1+R}X_R \qquad (5.51)$$

因为混合液中的污泥来自回流污泥，混合液污泥浓度 X 值不可能高于回流污泥浓度 X_R 值。而回流污泥来自二沉池，二沉池中的污泥浓度与污泥沉淀、浓缩性能以及它在二沉池中的停留时间有关。一般混合液在二沉池中沉淀时所形成的污泥可以用混合液在量筒中沉淀 30min 后所形成的污泥表示。因此，回流污泥浓度可近似地用下式确定

$$X_R = \frac{10^6}{SVI}r \quad (mg/L) \qquad (5.52)$$

式中，r 是考虑污泥在二沉池中停留时间、池深、污泥厚度等因素的系数，一般为 1.2 左右。将公式（5.51）代入式（5.52），可得出估算混合液污泥浓度的公式

$$X = \frac{R}{1+R}\frac{10^6}{SVI}r \qquad (5.53)$$

式中，各符号的意义同前。其中的 R、SVI 值可参考表 5.11 所列出的经验数值，但一般情况下，SVI 值可直接取 100 左右。

表 5.11　　　　　　　　　　　　　不同 *SVI* 和 *X* 值下的污泥回流比

SVI /%	X_R /(mg/L)	X 值/(mg/L)					
		1500	2000	3000	4000	5000	6000
60	20000	0.08	0.11	0.18	0.25	0.33	0.43
80	15000	0.11	0.15	0.25	0.36	0.50	0.66
120	10000	0.18	0.25	0.43	0.67	1.00	1.50
150	8000	0.24	0.33	0.60	1.00	1.70	3.00
240	5000	0.43	0.67	1.50	4.00	—	—

4）污泥负荷率 N_S 值的确定。污泥负荷率 N_S 值可直接查经验数据（见《给排水设计手册》第 5 册），也可通过作沉淀试验确定，还可按下列公式通过理论计算确定

对于推流式 $$N_S = 0.01295 L_e^{1.1918} \tag{5.54}$$

对于完全混合式 $$N_S = k_2 L_e f / \eta \tag{5.55}$$

式中　L_e——曝气池出水 BOD_5 浓度，对于完全混合式，曝气池内的 BOD_5 浓度已近似地为出水浓度值；

k_2——随污水性质而变化的常数，见表 5.12；

f——挥发分，即 MLVSS/MLSS，一般为 0.75；

η——去除率，即 $\dfrac{L_a - L_e}{L_a}$。

表 5.12　　　　　　　　　　　　完全混合系统的 k_2 值

污水性质	k_2 值	污水性质	k_2 值
城市生活污水	0.0168～0.0281	脂肪精制废水	0.036
合成橡胶废水	0.0672	石油化工废水	0.00672
化学废水	0.00144		

（2）曝气池结构尺寸的确定。

1）推流式曝气池结构尺寸的确定。

首先，假定曝气池有效水深 H 值（在 3～5m 之间取值）。若设曝气池座数为 $n(n \geqslant 2)$，则每座池子的面积为

$$F_1 = \frac{V}{nH} \tag{5.56}$$

式中　V——曝气池有效容积。

再假定池宽 B 为一数值（$B:H = 1～2$）则有

曝气池池长 $$L = \frac{F_1}{B} \tag{5.57}$$

最后，根据 $L/B \geqslant 5～10$ 的要求校核。

2）完全混合曝气池各部位尺寸的确定。我国采用的完全混合曝气沉淀池多为圆形，其各部位尺寸的控制值如下，供设计时参考。

a. 曝气沉淀池直径多采用 15m，最大为 17m，池直径受充氧和搅拌能力的限制。

b. 曝气区水深 $H \not> 5m$，水深过大，搅拌能力达不到，池底易于积泥，影响运行效果。

c. 沉淀区水深 $h_3 \not< 1m$，一般在 $1 \sim 2m$ 之间，h_3 过小，会使上升水流的稳定性受到影响。

d. 曝气区直壁段高度 h_2 应大于导流区的高度 h_1，一般 $h_2 - h_1 \geqslant 0.414B$（$B$ 为导流区宽度）。

e. 曝气区保护高一般在 $0.8 \sim 1.2m$ 之间。

f. 回流窗口的尺寸由回流窗孔的流速决定。但一般经验认为，回流窗的总长度约为曝气区周长的 30%，其调节高度为 $50 \sim 150mm$。

g. 导流区出口处的流速 v_3 应小于导流区下降流速 v_2，导流区下降流速为 15mm/s 左右，以此确定导流区宽度。导流区宽度一般在 0.6m 左右。

h. 污泥回流缝的宽度一般为 $150 \sim 300mm$。回流处设顺流圈，防止气泡和混合液从回流缝进入沉淀区，并使沉淀污泥通畅回流。顺流圈的长度 L 为 $0.4 \sim 0.6m$，直径 D_4 应大于池底直径 D_3。

i. 曝气区、导流区的结构容积系数（由于墙壁厚度所增加容积的百分比）为 $3\% \sim 5\%$。

（3）曝气系统的设计与布置。

1）曝气方法及其设备类型的选定。曝气方法应根据曝气池的类型、池深及曝气池的运行方式等来确定。

一般推流式曝气池，大多采用鼓风曝气方法；完全混合式和循环混合式曝气池，一般采用机械曝气方法；而鼓风-机械联合式曝气方法，一般用于深层曝气。另外，在寒冷地区用联合式曝气，可免除水面结冰的危险。

若曝气方法选定为鼓风曝气，则还要进行空气扩散装置和空压机类型的选择。

空气扩散装置的选择要考虑其氧的利用效率（E_A）和动力效率（E_P）、孔口堵塞问题、压力损失、装置的施工与安装要求以及曝气池的池型和池深等方面。目前，在大型城市污水处理厂，推流式曝气池多选用微孔曝气器。

目前，国内常用的空压机主要有罗茨空压机、离心式空压机、变速率离心空压机和轴流式通风机等。定容式罗茨空压机噪声大，需采取消声措施，一般多用于中、小型城市污水处理厂；离心式空压机噪声较小，效率较高，适用于大、中型城市污水处理厂；变速率离心式空压机，可根据混合液溶解氧浓度，自动调整空压机的开启台数和转速，节省能源；轴流式通风机风压一般都在 1.2m 以下，所以仅用于浅层曝气池。

若采用机械曝气方法，则要进行表面曝气设备的类型选定，即叶轮类型（泵型、伞型、平板型、K 型等）及机械转刷类型的选定。

2）需氧量与供气量的计算。实际上，曝气过程的动力是气液界面两侧存在的氧的分压梯度和浓度梯度，但是，氧的转移还要受污水水质、污水含盐量、温度、气压、空气气泡大小、气泡与液体的接触时间等因素的影响。根据扩散理论，在稳定条件下，转移到曝气池的总氧量可用下式表示

$$R = aK_{L_{a(20)}} \left[\beta \rho C_{s(T)} - C \right] \times 1.024^{(T-20)} V \tag{5.58}$$

式中　$K_{L_{a(20)}}$——温度为 20℃时清水中氧的总转移系数，h^{-1}；

$C_{s(T)}$——温度为 T 时清水中的氧溶解度，mg/L；

C——污水中氧的实际浓度，mg/L；

a——污水水质对氧转移的影响系数，$a<1$；

β——污水中含盐量对氧溶解度的影响系数，$\beta<1$；

ρ——压力修正系数，$\rho=\dfrac{\text{所在地区实际气压}}{\text{1个标准大气压}}$。

温度对氧转移影响的修正系数为 1.024。

另外，对于鼓风曝气，安装在池底的空气扩散器出口处的氧分压最大，C_s 值也最大。随着气泡上升至水面，气体压力逐渐降低到一个大气压，且气泡中的部分氧已转移到混合液体中，因此，鼓风曝气中的 C_s 值应取扩散装置出口处和混合液水面处两个溶解度的平均值，按下列公式计算

$$C_{sb}=C_s\left(\frac{P_b}{2.026\times10^5}+\frac{O_t}{42}\right) \tag{5.59}$$

式中　C_{sb}——鼓风曝气池内混合液氧溶解度的平均值，mg/L；

C_s——在大气压力条件下，氧的溶解度，mg/L；

P_b——空气扩散装置出口处的绝对压力，Pa；

O_t——空气扩散装置的氧利用率，一般在 $6\%\sim12\%$ 之间。

$$P_b=P+9.8\times10^3H \tag{5.60}$$

$$O_t=\frac{21\times(1-E_A)}{79+21\times(1-E_A)}\times100\% \tag{5.61}$$

所以，对于鼓风曝气，转移到曝气池的总氧量应为

$$R=aK_{L_{a(20)}}\left[\beta\rho C_{sb(T)}-C\right]\times1.024^{(T-20)}V \tag{5.62}$$

由于曝气设备生产厂家在空气扩散装置上标明的氧转移参数或在表曝设备上标定的各种叶轮的充氧量与叶轮直径及其线速度的关系都是在标准条件（温度为 20℃，气压为 1 个标准大气压，脱氧清水）下实际测定后提供的，因此，必须将实际条件下氧的转移量转换成标准条件时的氧转移量。

由扩散理论可得出，标准条件下转移到曝气池的总氧量 R_o 为

对于机械曝气　　　　　　$R_o=K_{L_{a(20)}}C_{s(20)}V$　（kg/h）　　　　　　　$\tag{5.63}$

对于鼓风曝气　　　　　　$R_o=K_{L_{a(20)}}C_{sb(20)}V$　（kg/h）　　　　　　$\tag{5.64}$

解式（5.57）、式（5.62）两式和式（5.61）、式（5.63）两式可得：

对于机械曝气

$$R_o=\frac{RC_{s(20)}}{a\left[\beta\rho C_{s(T)}-C\right]\times1.024^{(T-20)}} \tag{5.65}$$

对于鼓风曝气

$$R_o=\frac{RC_{sb(20)}}{a\left[\beta\rho C_{sb(T)}-C\right]\times1.024^{(T-20)}} \tag{5.66}$$

而一般在稳定条件下，氧的转移量应等于曝气池中活性污泥微生物的需氧量。前已述及，曝气池活性污泥的日平均需氧量，一般按式（5.67）计算，即

$$R_r V = O_2 = a'QL_r + b'X_v V \qquad (5.67)$$

所以由上可得出：

$$R = R_r V = a'QL_r + b'X_v V \qquad (5.68)$$

解上述二式可得出 R 值，再将 R 值代入式（5.66）或式（5.67）中，便可得出 R_o 值。

一般情况下 $R_o/R = 1.33 \sim 1.61$，即实际过程所需氧量比标准条件下所需氧量多 $33\% \sim 61\%$。

对于机械曝气装置，是以 Q_{os} 表示叶轮在标准条件下的充氧量（kgO_2/h）的，即 $Q_{os} = R_o$。

其中泵型叶轮的充氧量和轴功率可按下列经验公式计算

$$Q_s = 0.379 K_1 v^{2.8} D^{1.88} \qquad (5.69)$$

$$N_{轴} = 0.0804 K_2 v^3 D^{2.08} \qquad (5.70)$$

式中　Q_s——标准条件（水温 20℃，一个大气压）下清水的充氧量，kgO_2/h；

　　　$N_{轴}$——叶轮轴功率，kW；

　　　v——叶轮周边线速度，m/s；

　　　D——叶轮公称直径，m；

　　　K_1——池型结构对充氧量的修正系数；

　　　K_2——池型结构对轴功率的修正系数。

池型修正系数 K_1，K_2 值见表 5.13。

表 5.13　　　　　　　　　　　　池型修正系数 K_1，K_2 值

修 正 系 数	池　　　型			
	圆池	正方池	长方池	曝气池
K_1	1	0.64	0.90	0.85~0.98
K_2	1	0.81	1.34	0.85~0.87

叶轮外缘最佳线速度应在 $4.7 \sim 5.5 m/s$ 的范围内。如线速度小于 $4.0 m/s$，在曝气池中有可能导致污泥沉积。线速度过大，将打碎活性污泥，影响处理效果。对于叶轮的浸没度，应不大于 4cm，过深要影响充氧量，而过浅则易引起脱水，运行不稳定。另外，叶轮不可反转。

则可根据式（5.69）或查泵型叶轮和平板叶轮的直径与充氧量、叶轮功率等之间的关系，以 Q_{os} 最终确定叶轮直径。

选定叶轮直径时，还要考虑叶轮直径与曝气池直径的比例关系，叶轮过大，可能会破坏污泥，过小则充氧不足。一般认为平板叶轮或伞型叶轮直径与曝气池直径之比宜在 1/3 ~1/5 左右；而泵型叶轮以 1/4~1/7 为宜。另外，叶轮直径与水深之比可采用 2/5~1/4，池深过大，将影响充氧和泥水混合。因此，根据理论公式和计算图表确定叶轮尺寸后，还应将其与池径的比例加以校核，如不符合要求，要作适当调整。

对于鼓风曝气，生产厂家常以 G_s 表示鼓风曝气设备在标准条件下的供气量（m^3/h）。若以 S 表示供氧量，则有

$$S = G_s \times 0.21 \times 1.43 = 0.3G_s \quad (\text{kgO}_2/\text{h}) \tag{5.71}$$

式中　0.21——氧在空气中所占百分比；

1.43——氧的容量，以 kg/m³ 计。

而氧利用率为

$$E_A = \frac{R_o}{S} \times 100\% \tag{5.72}$$

因各种空气扩散装置在标准状态下的 E_A 值已由厂商提供，因此，标准条件下，鼓风曝气设备的供气量可通过式（5.71）、式（5.72）确定，即

$$G_s = \frac{R_o}{0.3E_A} \times 100\% \quad (\text{m}^3/\text{h}) \tag{5.73}$$

R_o 值可根据公式（5.66）确定。氧转移效率 E_A 值可在选定扩散装置类型后查表求得。常用扩散装置的氧转移效率 E_A 值和动力效率 E_P 值列于表 5.14，供设计参考。

表 5.14　　　　　　　　　　常用扩散装置 E_A，E_P 值

扩散器类型	水深/m	直径/mm	氧转移效率 E_A/%	动力效率 E_P/[kgO₂/(kW·h)]
陶土扩散板（管）	3.5		10～12	1.6～2.6
绿豆沙扩散板（管）	3.5		8.8～10.4	2.8～3.1
穿孔管	3.5	5	6.2～7.9	2.3～3.0
	3.5	10	6.7～7.9	2.3～2.7
倒盆式扩散器	3.5		6.9～7.5	2.3～2.5
	4.0		8.5	2.6
	5.0		10	—
竖管扩散器	3.5	19	6.2～7.1	2.3～2.6
射流式扩散装置			24～30	2.6～3.6

注　表中数据，除陶土扩散管和射流式扩散装置两项外，均为上海曹阳城市污水处理厂测定数据。

由前述可知，根据公式（5.67）求得的是日平均需氧量，为了保证选定设备的安全性，还应根据最大需氧量，推求最大供氧（气）量。将曝气池设计流量换算成最高日最高时流量，再代入式（5.67）中，所得需氧量便为最大需氧量。需氧量是随 N_S 值而变化的，所以，在表 5.15 中列举出随 BOD -污泥负荷率而变化的最大需氧量与平均需氧量，最小需氧量与平均需氧量的比值，设计时也可参考表中所列经验数据。

表 5.15　　　　　　　　　　污泥负荷率与需氧量之间的关系

N_S/[kgBOD/(kgMLVSS·d)]	需氧量/(kgO₂/kgBOD₅)	最大需氧量与平均需氧量之比	最小需氧量与平均需氧量之比
0.10	1.60	1.5	0.5
0.15	1.38	1.6	0.5
0.20	1.22	1.7	0.5
0.25	1.11	1.8	0.5
0.30	1.00	1.9	0.5
0.40	0.88	2.0	0.5

N_S/ [kgBOD/(kgMLVSS·d)]	需氧量/ (kgO$_2$/kgBOD$_5$)	最大需氧量与平均 需氧量之比	最小需氧量与平均 需氧量之比
0.50	0.79	2.1	0.5
0.60	0.74	2.2	0.5
0.80	0.68	2.4	0.5
≥1.00	0.65	2.5	0.5

对于鼓风曝气，除风量外还应计算出风压，才能选定空压机的型号。而且，鼓风曝气池还要进行空气扩散装置的布置、空气管路的布置及其管径确定和风机房设计等。

3）鼓风曝气系统空气扩散装置的布置。先根据计算出的整个系统的总供气量和每个空气扩散装置的通气量以及曝气池池底面积等数据，计算、确定空气扩散装置的数目，再对其进行布置。

空气管道和空气扩散装置排放在池子一侧，这样可使水流在池内呈螺旋状流动，增加气泡和混合液的接触时间。当曝气池的宽深比为 1～2 时，扩散装置宜在廊道的一侧安装；如宽深比超过 2，则应考虑将扩散装置在廊道的两侧安设，或布满整个池底。为了节约管道，相邻廊道的扩散装置常沿公共隔墙布置。

空气扩散装置在池底可沿池壁一侧布置，可相互垂直呈正交式布置，可呈梅花形交错布置。其间距应根据其数目及服务面积确定，力求均匀布置。

4）空气管道的布置与计算。

a. 管道布置。鼓风曝气系统的空气管道是从空压机的出口到空气扩散装置的空气输送管道，一般使用焊接钢管。小型污水处理站的空气管道系统一般为枝状；而大、中型污水处理厂则宜联成环状，以平稳压力，安全供气。空气管道一般敷设在地面上，接入曝气池的管道，应高出池水面 0.5m，以免产生回水现象。

b. 空气管道的计算。空气管道的计算一般是根据空气流量（Q）、经济流速（v），按附录 3（a）选定管径，然后再核算压力损失，调整管径。空气管道的经济流速：干支管为 10～15m/s；通向空气扩散装置的竖管、小支管为 4～5m/s。

空气管道的压力损失为沿程阻力损失（h_1）与局部阻力损失（h_2）之和。沿程压力损失（摩擦损失）h_1 可以由附录 3（b），按照空气量、管径、温度、空气压力的顺序查出单位长度摩擦损失后计算得到。局部阻力损失（h_2）可根据下式将各配件换算成管道的当量长度再求得。

$$L_o = 55.5KD^{1.2} \tag{5.74}$$

式中　L_o——管道的当量长度，m；

　　　D——管径，m；

　　　K——长度换算系数。

查表时，温度可用 30℃，空气压力按下式估算

$$P = (H+1.0) \times 9.8 \tag{5.75}$$

式中　P——空压机所需空气压力，kPa；

H——扩散装置距水面的深度，m。

另外，空气扩散器本身的压力损失（h_3）也要考虑，一般为 4.9～9.8kPa。

一般规定，空气管道和空气扩散装置的总压力损失要控制在 14.7kPa 以内。其中，空气管道压力损失应控制在 4.9kPa 以内。

空气管道的管路计算应由曝气池里的空气扩散装置开始，选一条至鼓风机房最远最长的管路作为计算管路，在空气流量变化处设计算节点，统一编号后列表进行计算。

空压机所需压力

$$H = h_1 + h_2 + h_3 + h_4 \tag{5.76}$$

式中　h_4——空气扩散装置的安装深度（以装置出口处为准），m；

h_1，h_2，h_3 的意义同前。

5）空压机的选定和鼓风机房的设计。根据每台空压机的设计风量和风压选择空压机型号。在同一供气系统中，应尽量选用同一型号的空压机。

一般应选择不少于 2 台的空压机，以适应大、小和平均供气量。此外还要考虑空压机的备用：工作空压机等于或少于 3 台时，备用 1 台；工作空压机多于或等于 4 台时，备用 2 台。

鼓风机房一般包括机器间、配电室、进风室、值班室等。机房内、外应采取防止噪声的措施。

3. 污泥回流系统的设计与剩余污泥的处置

（1）污泥回流系统的设计。对于分建式曝气池，活性污泥从二沉池回流到曝气池时需要设置污泥回流系统，包括污泥提升装置和输送污泥的管道系统。所以，污泥回流系统的计算与设计内容包括回流污泥量的计算与污泥提升设备的选择和设计。

1）回流污泥量的计算。回流污泥量 Q_R 其值为

$$Q_R = RQ \tag{5.77}$$

R 值可通过式（5.51）推导出，即

$$R = \frac{X}{X_R - X} \tag{5.78}$$

也可查表取经验数据。

在进行污泥回流设备的设计时，应按最大回流比设计，并考虑较小回流比工作的可能性。

2）回流污泥提升装置的选择与设计。回流污泥的提升常采用污泥泵（叶片泵）或空气提升器。污泥泵常用轴流泵或螺旋泵。

轴流泵一般用于大型城市污水处理厂。在曝气池与二沉池之间设一个或多个污泥井，轴流泵设在污泥井旁，将污泥井里的污泥抽送至曝气池。泵的型号由污泥回流量和提升高度确定。泵的台数视处理厂的规模而定。一般采用 2～3 台，还要考虑备用台数。

螺旋泵一般可直接设在曝气池旁，不必另设污泥井及其他附属设备。采用螺旋泵提升回流污泥，效率较高，而且在进水水位和提升泥量变化后，其效率保持不变，也不会因污泥而堵塞，维护方便，节省能源。

螺旋泵的最佳转速，可用下列公式求定

$$v_1 = \frac{50}{\sqrt[3]{D^2}} \quad (\text{r/min}) \tag{5.79}$$

螺旋泵的工作转速应满足下列要求

$$0.6v_j < v_g < 1.1v_j \tag{5.80}$$

式中 v_j——螺旋泵的最佳转速，r/min；

v_g——螺旋泵的工作转速，r/min；

D——螺旋泵的外缘直径，m。

螺旋泵的选择可根据所提升的污泥回流量和
工作转速。

空气提升器是利用升液管内外液体的密度差
而使污泥提升的。

图 5.6 所示为空气提升器示意图。h_1 为淹没
水深，h_2 为提升高度。一般 $h_1/(h_1+h_2) \geqslant 0.5$，
空气用量一般为最大回流流量的 3～5 倍。图中的
进气调节阀可控制回流污泥量。

空气提升器适于中、小型污水处理厂的鼓风
曝气池。一般设在二沉池的排泥井中或设在曝气
池进泥口处专设的回流井中。由于空气提升器是
利用空气提升污泥，因此，在计算鼓风设备供气
量时应加上空气提升器所需要的空气量。

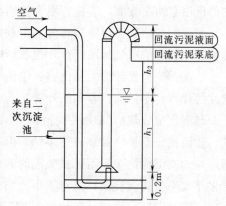

图 5.6　空气提升器示意图

（2）剩余污泥量及其处置。前已述及，为使活性污泥净化功能保持稳定，须使曝气池
内的污泥浓度保持平衡。为此，每天必须从系统中排出新增长的污泥量，即剩余污泥量。
其值可由式（5.81）计算出，即

$$\Delta X = aQL_r - bX_vV \tag{5.81}$$

这里计算出的 ΔX 值是以干重形式表示的挥发性悬浮固体的量。在实际应用中，一般
将其换算成湿重的总悬浮固体，即

$$\Delta X = Q_s f X_R \tag{5.82}$$

因此

$$Q_s = \frac{\Delta X}{f X_R}$$

式中 Q_s——每日从系统中排除的剩余污泥的湿重量，m^3/d；

ΔX——挥发性剩余污泥量（干重），kg/d；

f——挥发分，$f = \dfrac{\text{MLVSS}}{\text{MLSS}}$，一般可取 0.75；

X_R——回流污泥浓度，g/L。

剩余污泥含水率高达 99% 左右，数量多，脱水性能差，因此，剩余污泥的处置也比较
麻烦。剩余污泥的处置方法一般有 3 种。

第一种方法是使剩余污泥回流到初沉池，同时对初沉池进行预曝气，使其产生生物絮

凝作用，提高初沉池的去除率。这种方法一般用于小型城市污水处理厂。

第二种方法是将剩余污泥引入浓缩池浓缩后，再与初沉池排出的污泥一起进行厌氧消化处理。

第三种方法是将剩余污泥与初沉污泥一起引入浓缩池浓缩后排出，而不经厌氧消化处理。这种作法的前提是剩余污泥量少，且不含有毒有害物质。

4. 二沉池的设计计算

二次沉淀池（或合建式曝气沉淀池的沉淀区）是活性污泥处理系统的重要组成部分。它的作用有两个方面：①进行混合液的泥水分离，以获得澄清的出水；②将分离出来的活性污泥重力浓缩后再回流到曝气池中利用。其工作效果对出水水质和回流污泥浓度有直接影响，从而影响曝气池的运行，也就影响着整个系统的净化效果。

二次沉淀池设计的主要内容：①池型选择；②沉淀池（区）面积、有效水深及其结构尺寸的计算；③污泥区容积的计算。

与曝气池分建的二次沉淀池，从结构型式上与初次沉淀池相同，即有平流式、辐流式、竖流式、斜板（管）式等多种。但在选择使用上有些区别：一般对于大、中型污水处理厂，二次沉淀池多采用机械吸泥的圆形辐流式沉淀池；中型城市污水处理厂也可采用方形多斗式平流式沉淀池；而对于小型城市污水处理厂，一般适宜采用竖流式沉淀池。

沉淀池（区）面积、有效水深及其结构尺寸的计算方法同初沉池，即采用表面负荷率法。但由于二沉池有着与初沉池不同的特点，所以在有些参数选择上略有不同。如相对初沉池来说，二沉池中沉降下来的污泥质轻，易被水带走，且易产生二次流和异重流现象。因此，在对平流式二沉池进行设计时，最大允许水平流速要比初沉池的小50%。而且，池水的出流堰设在距终端一定距离处，出流堰也要比初沉池的长。又由于进入二沉池的混合液是泥、水、气三相混合体，因此，在辐流式二沉池中心管中的下降流速不应超过0.03m/s，以利气、水分离；曝气沉淀池的导流区，其下降流速应为0.015m/s左右。

二沉池的污泥斗应具有一定的容积，使污泥在污泥斗中有一定的时间进行浓缩，以提高回流污泥浓度，减少回流量。但污泥斗容积过大，污泥在斗中停留时间过长，会产生缺氧现象，而使污泥失去活性并腐化。对于分建式二沉池，一般规定泥斗的储泥时间为2h左右，不宜超过4h。则根据物料平衡原理可得到污泥斗容积的计算公式如下

$$V\frac{1}{2}(X+X_R)=(1+R)QXt'$$

即
$$V=\frac{t'(1+R)QX}{\frac{1}{2}(X+X_R)}=\frac{4(1+R)QX}{X+X_R} \tag{5.83}$$

式中　V——储泥斗容积，m^3；

　　　t'——污泥斗中储泥时间，一般为2h；

　　　Q——污水流量，m^3/h；

　　　R——污泥回流比；

　　　X——混合液污泥浓度，mg/L；

　　　X_R——回流污泥浓度，mg/L。

合建式曝气沉淀池的污泥区容积决定于池子的构造设计，当池深和沉淀区面积确定后，污泥区的容积也就确定了。这样得出的容积一般可以满足污泥浓缩的要求。

5. 出水水质

活性污泥处理系统处理后的出水中，既含有未去除掉的溶解性 BOD，又含有非溶解性 BOD，这些非溶解性 BOD 主要是二沉池出水中带出来的微生物悬浮固体。显然，溶解性 BOD 和非溶解性 BOD 两者之和反映出水水质。而活性污泥系统所去除的只是溶解性 BOD。因此，要测定活性污泥系统的净化效果（即去除率），应将非溶解性 BOD 从水中的总 BOD 值中减去。出水中非溶解性 BOD 值可用下列公式计算

$$BOD_5 = 5 \times (1.42 b X_a C_e) = 7.1 b X_a C_e \tag{5.84}$$

式中　b——微生物自身氧化率，取值范围为 $0.05 \sim 0.1 d^{-1}$；

　　X_a——活性微生物在出水悬浮固体中所占的比例，一般负荷条件下，X_a 取 0.4，高负荷时取 0.8，延时曝气时取 0.1；

　　C_e——活性污泥处理系统的出水中悬浮固体浓度，mg/L。

系数 5 为 BOD 的五天培养期；1.42 为近似表示每氧化分解 1kg 微生物所需的氧量。

出水中总的 BOD_5 值应为

$$BOD_5 = L_e + 7.1 b X_a C_e \tag{5.85}$$

但是，如果 L_e 值是从搅拌过的水样中测出的，则式中的 C_e 值应按静沉后的污泥测定。

6. 设计举例

【例 5-1】　某城镇日排污水量 8000m³，原污水 BOD_5 值为 300mg/L，时变化系数为 1.4。要求处理后出水 BOD_5 为 25mg/L。拟采用活性污泥处理系统，确定曝气池的主要尺寸并设计曝气系统。

【解】

(1) 曝气池各主要部位尺寸的计算、确定。

1) 污水处理程度的计算。原污水的 BOD_5（L_0）为 300mg/L，经初次沉淀处理，BOD_5 按 25% 考虑，则进入曝气池的污水，其 BOD_5 值（L_a）为

$$L_a = 300(1 - 25\%) = 225mg/L$$

要计算去除率，应首先按式（5.84）计算处理水中非溶解性 BOD_5 值，即

$$BOD_5 = 7.1 b X_a C_e$$

式中　C_e——处理水中悬浮固体浓度，取为 25mg/L；

　　b——微生物自身氧化率，取为 0.09；

　　X——活性微生物在处理水中所占比例，取值 0.4。

代入各值

$$BOD_5 = 7.1 \times 0.09 \times 0.4 \times 25 = 6.39 \approx 6.4mg/L$$

处理水中溶解性 BOD_5 值为

$$25 - 6.4 = 18.6mg/L$$

去除率为

$$\eta = \frac{225 - 18.6}{225} = 0.917 \approx 0.92 = 92\%$$

为使曝气池在运行中具有灵活性，在运行方式方面作多方考虑，既可集中从池首端进水，按传统曝气法运行；也可沿配水槽多点分散进水，按阶段曝气法运行；又可在配水槽某点集中进水，按吸附-再生法运行。

2）曝气池的主要部位的尺寸计算。

a. BOD-污泥负荷率的确定。拟定采用的 BOD-污泥负荷率为 0.3kgBOD$_5$/（kgMLSS·d）。

b. 确定混合液污泥浓度（X）。根据已取的 N_a 值，查表 5.10 得相应的 R 为 50%，取 SVI 值为 120，$r = 1.20$，将各值代入式（5.51）中，得

$$X = \frac{R \cdot r \cdot 10^6}{(1+R)SVI} = \frac{0.5 \times 1.2 \times 10^6}{(1+0.5) \times 120} = 3333\text{mg/L} \approx 3300\text{mg/L}$$

c. 确定曝气池容积，按式（5.45）计算，即

$$V = \frac{QL_a}{N_a X} = \frac{8000 \times 225}{0.3 \times 3300} = 1818\text{m}^3$$

d. 确定曝气池各部位尺寸。取水深为 2.7m，设两组曝气池，每组池面积为

$$A = \frac{1818}{2 \times 2.7} \approx 337\text{m}^2$$

取池宽为 4.0m，$B/H = 4.0/2.7 = 1.48$，介于 1～2 之间，符合规定。则池长为

$$L = \frac{A}{B} = \frac{337}{4} = 84.25\text{m}, 取 85\text{m}。$$

设曝气池为三廊道式，每廊道长为

$$L_1 = \frac{85}{3} = 28\text{m}$$

取超高为 0.5m，则总高 $H = 2.7 + 0.5 = 3.2\text{m}$。

（2）曝气系统的计算与设计。采用鼓风曝气系统。

1）平均需氧量。按式（5.42）计算，即

$$Q_2 = a'QL_r + b'VX_v$$

查表 5.9 得，$a' = 0.5$，$b' = 0.15$，代入各值得

$$Q_2 = 0.5 \times 8000 \times \left(\frac{225 - 18.6}{1000} \right) + 0.15 \times \frac{1818 \times 3300 \times 0.75}{1000}$$

$$= 1500.5\text{kg/d} \approx 63\text{kg/h}$$

每日去除的 BOD$_5$ 为

$$\text{BOD}_5 = QL_r/1000 = \frac{8000 \times (225 - 18.6)}{1000} = 1651\text{kg/d}$$

去除每千克的 BOD$_5$ 的需氧量

$$\Delta O_2 = \frac{1500.5}{1651} \approx 0.91\text{kgO}_2/\text{BOD}_5$$

2）最大需氧量

$$Q_{2(\max)} = 0.5 \times 8000 \times 1.4 \times \frac{225 - 18.6}{1000} + 0.15 \times \frac{1818 \times 3300 \times 0.75}{1000}$$

$$=1830.7kg/d\approx76kg/h$$

最大需氧量与平均需氧量之比为 $76/63\approx1.21$。

3）供气量。采用网状膜型微孔空气扩散器，安装在距池底 0.2m 处，故淹没深度为 2.5m。计算温度定为 30℃。

查附录 2 得水中溶解氧饱和度：$C_{s(20)}=9.17mg/L$；$C_{s(30)}=7.63mg/L$

空气扩散器出口处的绝对压力为

$$P_b=1.013\times10^5+9.8\times10^3H=1.013\times10^5+9.8\times10^3\times2.5=1.258\times10^5Pa$$

空气离开曝气池时，氧的百分比为

$$Q_t=\frac{21\times(1-E_A)}{79+21\times(1-E_A)}\times100\%=\frac{21\times(1-0.12)}{79+21\times(1-0.12)}\times100\%=18.43\%$$

式中　E_A——空气扩散器的氧转移效率，取 12%。

则曝气池中平均氧饱和度（按最不利的温度条件考虑）为

$$C_{ab(30)}=C_s\left(\frac{P_b}{2.026\times10^5}+\frac{Q_t}{42}\right)=7.63\times\left(\frac{1.258\times10^5}{2.026\times10^5}+\frac{18.43}{42}\right)=8.09mg/L$$

水温为 20℃时，曝气池中溶解氧饱和度为

$$C_{ab(20)}=9.17\times1.059=9.72mg/L$$

取 $\alpha=0.8$，$\beta=0.9$，$\rho=1$，$C=2.0mg/L$，则得 20℃脱氧清水的充氧量为：

$$R_0=\frac{RC_{sb(20)}}{\alpha[\beta\rho C_{sb(T)}-C]\times1.024^{(T-20)}}=\frac{63\times9.72}{0.8\times(0.9\times8.09-2.0)\times1.024^{(30-20)}}\approx114kg/h$$

相应最大时需氧量的充氧量为

$$R_{0(max)}=\frac{76\times9.72}{0.8\times(0.9\times8.09-2.0)\times1.024^{(30-20)}}=138kg/h$$

曝气池平均时供气量为

$$G_s=\frac{R_0}{0.3E_A}\times100=\frac{114}{0.3\times12}\times100=3.166m^3/h$$

去除每千克 BOD$_5$ 的供气量为

$$\frac{3166}{1651}\times24=46m^3$$

每立方米污水的供气量为

$$\frac{3166}{8000}\times24=9.5m^3$$

相应最大时需氧量的供气量为

$$G_{s(max)}=\frac{R_{0(max)}}{0.3E_A}\times100=\frac{138}{0.3\times12}\times100=3833m^3/h$$

本系统采用空气提升器在回流污泥井中提升污泥，空气量按回流污泥量的 5 倍考虑，污泥回流比 $R=50\%$，因此，提升污泥所需空气量为

$$5\times\frac{8000\times50\%}{24}=834m^3/h$$

总需气量为

$$G_{sT}=3833+834=4667m^3/h$$

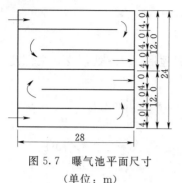

图 5.7　曝气池平面尺寸
（单位：m）

4）空气管计算。按图 5.7 所示的曝气池平面图布置空气管道，在相邻的两个廊道的隔墙上设一根干管，共 3 根干管。在每根干管上设 5 对配气竖管，共 10 条配气竖管，全曝气池共设 30 条配气竖管。每根竖管的供气量为

$$\frac{3833}{30}=128\text{m}^3/\text{h}$$

曝气池平面面积为

$$28\times24=672\text{m}^2$$

每个空气扩散器的服务面积按 0.49m² ，则所需空气扩散器的总个数为

$$\frac{672}{0.49}=1372\text{ 个}$$

本设计采用 1440 个空气扩散器，每根竖管上安装扩散器的数目为

$$\frac{1440}{30}=48\text{ 个}$$

每个扩散器的配气量为

$$\frac{3833}{1440}=2.67\text{m}^3/\text{h}$$

根据空气管道布置情况绘制空气管网计算草图，选择一条最长的管路作为计算管路，计算空压机所需的压力。本例从略。

5）鼓风机的选择。根据所需气量和压力，查附录五选择鼓风机型号和台数，需有一台备用。

鼓风机所需供气量：

　　最大时　　　　　　$G_{sT\text{max}}=4667\text{m}^3/\text{h}$

　　平均时　　　　　　$G_{sT\text{avg}}=3166+834=4000\text{m}^3/\text{h}$

　　最小时　　　　　　$G_{sT\text{min}}=0.5\times G_{sT\text{max}}=2334\text{m}^3/\text{h}$

鼓风机所需压力：

$$P=(2.7-0.2+h)\times9.8\text{kPa}$$

式中　h——空气管网压力损失加扩散器压力损失（以 m 计）。

根据所需压力及空气量，可查附录 1 选用合适的空压机型号及台数。

5.3.3　污泥处理构筑物设计

1. 污泥量计算

污水处理中产生的污泥数量，与污水水质和处理工艺有关。计算城市污水处理厂的污泥量时，一般以表 5.16 所给出的经验数据来计算。

表 5.16   **城市污水处理厂污泥的性质和数量**

污泥种类	污泥量/[g/(L·d)]	含水率/%	相对密度	比阻/(s²/g)
沉沙池沉渣	0.03（L/m³）	60	1.5	
初沉池污泥	14～25	95～97.5	1.015～1.02	(1.31～2.11)×10¹⁰
活性污泥法污泥	7～19	96～98	1.02	2.80×10¹⁰
生物膜法污泥	10～21	99.2～99.6	1.005～1.008	

各种污泥量也可根据有关处理工艺流程进行泥料平衡推算，最好是对类似处理厂进行实际测定。污泥的数量是处理构筑物工艺尺寸计算的重要依据。

（1）初次沉淀池污泥量。可根据污水中悬浮物浓度、去除率、污水数量及污泥含水率，用下式计算

$$V = \frac{100\rho_0 \eta q_V}{10^3 (100 - P)\rho} \tag{5.86}$$

式中 V——初沉污泥量，m^3/d；

q_V——污水流量，m^3/d；

η——沉淀池中悬浮物的去除率，%；

ρ_0——进水中悬浮物浓度，mg/L；

P——污泥含水率，%；

ρ——污泥密度，以 1000kg/m^3 计。

也可采用下式计算

$$V = \frac{SN}{1000} \tag{5.87}$$

式中 S——每人每天产生的污泥量，一般采用 $0.3\sim0.8\text{L/(d·人)}$；

N——设计人口数，人。

（2）剩余活性污泥量（活性污泥法）。取决于微生物增殖动力学及物质平衡关系。

$$\Delta X = a' Q_V (S_0 - S_e) - b' X V \tag{5.88}$$

式中 ΔX——剩余活性污泥，kgVSS/d；

a'——产率系数，kgVSS/BOD_5，一般采用 $0.5\sim0.6$；

S_0——曝气池入流的 BOD_5，kg/m^3；

S_e——二沉池出流的 BOD_5，kg/m^3；

Q_V——曝气池设计流量，m^3/d；

b'——内源代谢系数，一般采用 $0.06\sim0.1\text{d}^{-1}$；

X——曝气池中的平均 VSS 浓度，kg/m^3；

V——曝气池容积，m^3。

2. 浓缩池

连续流重力浓缩池设计参数主要包括以下内容。

浓缩池的固体通量：单位时间内，通过浓缩池任一断面的干固体量 $[\text{kg/(m}^2\cdot\text{h})$ 或 $\text{kg/(m}^2\cdot\text{d})]$。

水力负荷：单位时间内，通过单位浓缩池表面积的上清液溢流量 [m³/(m² · h) 或 m³/(m² · d)]。

水力停留时间 (h 或 d)，按固体通量计算出浓缩池的面积之后，应与按水力负荷核算的面积相比较，取其大值。初沉污泥最大水力负荷可取 1.2～1.6m³/(m² · h)，剩余活性污泥取 0.2～0.4m³/(m² · h)。

间歇式重力浓缩池停留时间的长短最好经过试验决定，在不具备试验条件时，可按不大于 24h 设计，一般取 9～12h。

气浮浓缩池的主要设计参数是气固比、水力负荷和气浮停留时间。气固比是指气浮时有效空气总重量与入流污泥中固体物总重量之比，用 $A_{a/s}/S$ 表示。其值一般采用 0.03～0.04，也可通过气浮浓缩试验确定。水力负荷 g 的取值范围在 1.0～3.6m³/(m² · h)，一般用 1.8。回流比是加压溶气水量与需要浓缩的污泥量的体积比，通常以 R 表示，一般为 25%～35%，也可根据所需空气量计算，公式如下

$$A_s = \frac{A_a}{S} = \frac{S_a R(fP-1)}{\rho_0} \tag{5.89}$$

式中　A_s——气固比；

$\quad\quad A_a$——所需空气量，g/h；

$\quad\quad S$——进入气浮池的固体总量（不计回流水 SS），g/h；

$\quad\quad S_a$——一定温度下，101325Pa 时的空气饱和溶解度，mg/L；

$\quad\quad \rho_0$——回流比；

$\quad\quad P$——绝对大气压（表压），Pa；

$\quad\quad f$——溶解效率，当容器罐内加填料及溶气时间为 2～3min 时，$f=0.9$，不添加填料时，$f=0.5$。

气浮面积 A

$$A = \frac{Q_0(R+1)}{q} \tag{5.90}$$

式中　Q_0——入流污泥流量，m³/h。

3. 消化池

以一实例说明消化池计算过程。

【例 5-2】　某城市污水处理厂，初沉污泥量为 300m³/d，浓缩后的剩余活性污泥 180m³/d，含水率均为 96%，干污泥比重为 1.01，挥发性有机物占 64%。采用两级中温消化，用固定盖式，试计算消化池各部分尺寸。

【解】

$$Q = Q_1 + Q_2 = 300 + 180 = 480 \text{m}^3/\text{d} \tag{5.91}$$

式中　Q_1——初沉池污泥量，m³/d；

$\quad\quad Q_2$——剩余活性污泥量，m³/d。

消化池总容积：

$$V = \frac{Q}{np} = \frac{480}{4 \times 0.05} = 2400 \text{m}^3，取 2500 \text{m}^3 \tag{5.92}$$

式中 　V——一级消化池容积，m^3；

　　　n——消化池个数，一般为检修方便，最少为 2；

　　　p——投配率，中温消化一般为 0.05～0.08。

也可按照有机负荷率来计算消化池的有效容积

$$V=\frac{G_s}{N_s}=\frac{480\times(1-0.96)\times1.01\times0.64}{1.3}\times1000=9547m^3 \tag{5.93}$$

式中 　G_s——每日要处理的污泥干重量，kgVSS/d；

　　　N_s——单位容积消化池污泥（VSS）负荷率，$kgVSS/(m^3\cdot d)$。

若用 4 座一级消化池，则每座体积为 9547/4=2387m^3，取 2500m^3。

确定消化池单池有效容积后，就可计算消化池的构造尺寸。

消化池圆柱形池体的直径 D 一般为 6～35m，采用 18m。

池顶部突出的圆柱体，其高度和其直径相同，常采用 2.0m，池底坡度一般为 0.08。故集气罩直径 d_1 采用 2m；池底下锥底直径 d_2 采用 2m，集气罩高度 h_1 采用 2m；上锥体高度 h_2 采用 3m。

柱体高与直径之比最大为 1：2，故消化池柱体高度 h_3 应大于 $\frac{D}{2}$=9m，采用 10m。

消化池总高度 $H=h_1+h_2+h_3+h_4=2+3+10+1=16m$ 符合池总高与直径之比约为 0.8～1.0 的要求。

消化池各部分容积为

集气罩容积：　　　　　　$V_1=\frac{\pi d_1^2}{4}h_1=\frac{3.14\times2^2}{4}\times2=6.28m^3$

弓形部分容积：$V_2=\frac{\pi}{24}h_2(3D^2+4h_2^2)=\frac{3.14}{24}\times3(3\times18^2+4\times3^2)=395.6m^3$

圆柱部分容积：　　　　　$V_3=\frac{\pi D^2}{4}h_3=\frac{3.14\times18^2}{4}\times10=2543.4m^3$

下锥体部分容积：

$$V_4=\frac{1}{3}\pi h_4\left[\left(\frac{D}{2}\right)^2+\frac{D}{2}\times\frac{d_2}{2}+\left(\frac{d_2}{2}\right)^2\right]=\frac{1}{3}\times3.14\times1(9^2+9\times1+1^2)=95.3m^3$$

则消化池总容积：$V_0=V_3+V_4=2543.4+95.3=2638.7>2400m^3$

二级消化池的总容积：$V=\frac{Q}{np}=\frac{480}{2\times0.10}=2400m^3$，取 2500$m^3$。

采用两座二级消化池，每两座以及消化池串联一座二级消化池。

二级消化池各部分尺寸同一级消化池。

5.4 城市污水处理厂平面图和纵剖面图的布置与绘制

工作任务：布置并绘制城市污水处理厂平面图和纵剖面图。

预备知识：城市污水处理厂各构筑物、建筑物平面布置和纵平面布置要求，计算绘图软件。

边做边学：根据城市污水处理厂各构筑物、建筑物功能要求，进行城市污水处理厂的平面布置，确定各处理构筑物和泵房的标高、连接管渠的尺寸和标高高程计算等，并利用计算机绘图软件绘制平面图和纵剖面图。

5.4.1 平面布置

城市污水处理厂的构筑物、建筑物基本同城市给水处理厂，主要有各处理单元构筑物、连通各处理构筑物之间的管渠及其他管线、辅助性建筑物、道路及绿地等。在进行城市污水处理厂平面布置时，应遵循的原则同城市给水厂，即不但要满足设计上的要求，还要考虑施工和运行方面的要求，主要从以下几方面进行考虑。

1. 各处理单元构筑物的平面布置

处理构筑物是污水处理厂的主体建筑，在进行平面布置时，应根据各构筑物的功能要求，结合地形和地质条件，合理布局，确定它们在厂区内平面的位置，应作如下考虑：在考虑施工和运行操作方便的基础上，布置要尽量紧凑，以减少处理厂占地面积和连接管线的长度；要充分利用地形，以节省挖填土方量，尽量使水流能自流输送；贯通连接各处理构筑物之间的管、渠，应便捷、直通，避免迂回曲折；处理构筑物一般按流程顺序布置，构筑物之间应保持一定的间距，以保证敷设连接管、渠的要求，一般的间距可取值5～8m。

2. 管线布置

除了连接管，各个处理构筑物还要有独立运行的超越管道，当事故或故障发生时能应急处理。城市污水处理厂一般设有超越全部处理构筑物，直接排放水体的超越管。城市污水处理厂区内还设有给水管、空气管、消化气管、蒸汽管以及输配电线路等，在布置时，应避免相互干扰，既要便于施工和维护管理，又要占地紧凑。既可敷设在地下，也可架空敷设。另外，厂区内还应有完善的雨水管渠系统，必要时还要考虑设防洪沟渠。

3. 附属建筑物的平面布置

污水处理厂内的辅助建筑物有泵房、鼓风机房、加药间、办公室、集中控制室、水质分析室、变电所、机修间、仓库、食堂等。

辅助构筑物的位置应根据方便、安全等原则确定。如泵房、鼓风机房应尽量靠近处理构筑物；办公室均应与处理构筑物保持一定距离，并位于主导风向的上风向。

4. 厂区内道路规划与绿化

在厂区内一般设置环状道路，方便运输，路边应种植树木美化厂区。设有使工作人员方便巡视各处理构筑物的道路。一般主干道4～6m，次干道3～4m，人行道1.5～2m。为改善卫生条件，一般规定绿化区面积应占厂区面积的30%以上。

另外，应在适当的位置设置污水、污泥、气体等的计量设备，如在重力流渠道上可设巴氏槽，在压力流管道上可设文氏管或孔口。要预留适当的扩建场地，并考虑施工方便和相互间的衔接。

图5.8所示为某市污水处理厂总平面布置图。该厂泵站设于厂外，主要处理构筑物有格栅、曝气沉沙池、初沉池、曝气池、二沉池等。污泥通过污泥泵房直接加压送往农田作为肥料利用。

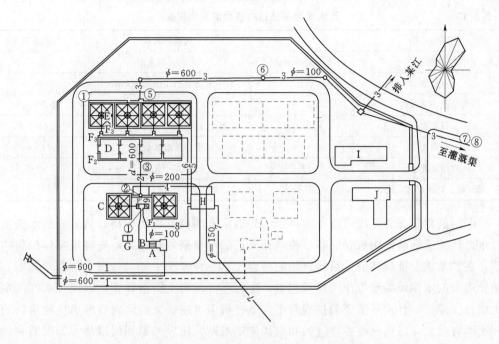

图 5.8 某市污水处理厂总平面布置图

A—格栅；B—曝气沉沙池；C—初沉池；D—曝气池；E—二沉池；F₁、F₂、F₃—计量堰；
G—除渣池；H—污泥泵房；I—机修车间；J—办公及化验室等
1—进水压力总管；2—初沉池出水管；3—出厂管；4—初沉池排泥管；5—二沉池排泥管；
6—回流污泥管；7—剩余污泥压力管；8—空气管；9—超越管

该厂平面布置的特点是，布置整齐、紧凑；两期工程相对独立，设计、运行相互干扰较小；利用构筑物本身的管渠设立超越管线，既节省管道，又可灵活运行。污水在流入初沉池、曝气池、二沉池时，先后经三次计量，虽然为构筑物的运行情况分析提供了便利条件，但也增加了水头损失。

5.4.2 污废水厂的高程计算与布置

城市污水处理厂的高程布置也是确定各处理构筑物和泵房的标高、连接管渠的尺寸和标高等，以保证水能在处理构筑物之间依靠重力流动。当地形有利，厂区有自然坡度时，应充分利用，以减少填、挖土方量，甚至当进水渠道和出水渠道之间的水位差大于整个处理厂需要的总水头时，可以不设置污水提升泵站。

相邻两构筑物之间的水面相对高差，即为流程中的水头损失。它包括处理构筑物的水头损失、构筑物之间的连接管渠的水头损失、计量设备的水头损失等。

处理构筑物的水头损失主要产生在进口、出口和需要的跌水处（多在出口），其大小与构筑物形式和构造有关，可参考表 5.17 选取。

构筑物间连接管渠（包括配水设备）的水头损失，包括沿程与局部水头损失，需要通过水力计算得到。计算方法按污水管道工程的水力计算方法，即根据设计流量确定管径或尺寸、坡度、流速等参数，再利用沿程和局部水头损失计算公式计算水头损失。其中计量设备的水头损失按局部损失计算。

表 5.17 **污水流经各处理构筑物的水头损失**

构筑物名称	水头损失/m	构筑物名称	水头损失/m
格栅	0.1～0.25	污水跌流入池	0.5～1.5
沉沙池	0.1～0.25	生物滤池（工作高度2m）	
沉淀池：平流式	0.2～0.4	旋转布水器	2.7～2.8
辐流式	0.5～0.6	固定喷洒布水器	4.5～4.75
竖流式	0.4～0.5	混合池或接触池	0.1～0.3
双层沉淀池	0.1～0.2	污泥干化场	2.0～3.5
曝气池：污水潜流入池	0.25～0.5		

厂区内高程布置的方法可以有两种：①先确定末端构筑物的标高，然后根据水头损失通过水力计算递推前面构筑物的各项控制标高；②可根据地面标高，先确定主体构筑物的高程，在其基础上推求其前、后构筑物的高程。第一种方法中，当处理水排入水体时，以接纳处理水的水体最高水位作为计算起点，逆污水流程向上倒推计算，以使污水在洪水季节也能自流排出，且水泵需要的扬程较小，运行费用也较低。但同时要考虑到构筑物的挖土深度不宜过大，以免土建投资过大和增加施工难度。还应考虑到因维修等原因需将池水放空而对高程提出的要求。

高程计算与布置时，也要遵循一定的原则。

（1）选择一条距离最长，水头损失最大的流程进行水力计算，并留有余地。

（2）计算水头损失时，应以近期最大流量作为构筑物和管渠的设计流量；计算涉及远期流量的管渠和设备时，应以远期最大流量作为设计流量，并酌加扩建时的备用水头。

（3）还应注意污水流程与污泥流程的配合，尽量减少需抽升的污泥量。在确定污泥浓缩池、消化池等构筑物的高程时，应注意它们的污泥水能自流排入厂区污水干管。

高程布置图可绘制成污水处理与污泥处理的纵断面图或工艺流程图，纵断面图比例，横向一般与总平面图相同，纵向为 1∶50～1∶100。

下面依据某城镇污水处理厂平面布置草图（图5.9），说明其污水处理流程的计算过程。

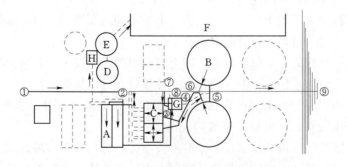

图5.9　某污水处理厂平面布置图

据平面布置草图，可知该厂污水处理流程为：

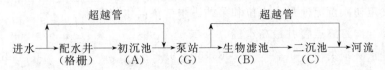

污泥处理流程为：

$$二沉池 \longrightarrow 初沉池 \longrightarrow 污泥泵站 \longrightarrow 一级消化池 \longrightarrow 二级消化池 \longrightarrow 污泥干化场$$
$$(C) \qquad (A) \qquad (H) \qquad (D) \qquad (E) \qquad (F)$$

各种处理构筑物的个数及有效尺寸列于表 5.18。

表 5.18 处理构筑物的个数和有效尺寸

构筑物名称	个　数	有效尺寸/m
初沉池（A）	2	$5 \times 20 \times 2.5$
生物滤池（B）	2	$D20 \times 2$
二次沉淀池（C）	2	$9 \times 9 \times 3$
一级消化池（D）	1	$D9 \times 6$
二级消化池（E）	1	$D9 \times 4.5$
污泥干化场（F）	1	20×65

该厂设计流量计算结果：近期 $Q_{avg} = 87L/s$，$Q_{min} = 44L/s$，$Q_{max} = 140L/s$；远期 $Q_{avg} = 174L/s$，$Q_{max} = 245L/s$。管道的水力计算见表 5.19。地面高程：泵站前为 10.00m，泵站后为 8.00m，河道最高水位为 8.50m，常水位为 5.50m，进水干沟终点窨井最高水位为 8.05m。

表 5.19 连接构筑物的管渠水力计算表

管段编号	最大流量时				最小流量时			备　注
	$Q/$ (L/s)	D/mm 或 $b \times h/m$	i	$v/$ (m/s)	$Q/$ (L/s)	D/mm 或 $b \times h/m$	$v/$ (m/s)	
进水干管	140	350	—	1.47	44	350	0.5	
1~2	140	0.5×0.28	0.003	1.02	44	0.5×0.12	0.72	远期增设一条，参数同 1~2
2~A	70	0.3×0.29	0.003	0.84	22	0.3×0.12	0.63	
A~3	140	350	0.009	1.47	44	350	0.5	对于最小流量时，管中流速小于不淤流速的管段，要注意加强维护管理
4~5	$2 \times 87 \times 2$	500	0.008	1.75	22	500	0.44	
5~B	87	300	0.008	1.25				
B~6	87	1×0.12	0.003	0.8				
6~7	2×87	0.5×0.34	0.003	1.08				
7~C	87	400	0.0018	0.71				
C~8	2×87	0.5×0.34	0.003	1.08				
出水干管 8~9	245	450	0.007	1.55	87	450	0.68	底坡 0.003

本例中，泵站设在流程的中间，因此，高程布置以泵站为分界点，分两段进行：泵站上游，从进水干管（沟）终点顺流算起；泵站下游，从河道逆流算起。计算时，流量采用泵站最大设计流量。

下面依据进水干管（沟）终点窨井最高水位 8.05m 开始计算。

（1）先确定初次沉淀池最高水位和泵站进水池最高水位高程

进水干管（沟）终点窨井最高水位	8.05m
管道沿程水头损失	$0.003 \times 50 = 0.15m$
管道局部水头损失	$1.5 \times \dfrac{1.02^2}{2 \times 9.81} = 0.08m$
格栅水头损失	0.10m
合计	0.33m
配水井最高水位	$8.05 - 0.33 = 7.72m$
堰口水头（$b=2$m）	$\left(\dfrac{0.14}{1.85 \times 2}\right)^{\frac{2}{3}} = 0.11m$
自由跌落	0.10m
水槽沿程水头损失	$0.003 \times 10 = 0.03m$
水槽局部水头损失	$2 \times \dfrac{0.84^2}{2 \times 9.81} = 0.07m$
合计	0.31m
初次沉淀池（A）最高水位	$7.72 - 0.31 = 7.41m$
堰口水头（$b=2\times5$m）	$\left(\dfrac{0.14}{1.85 \times 10}\right)^{\frac{2}{3}} = 0.04m$
自由跌落	0.10m
出水槽水头损失	$0.003 \times 10 = 0.03m$
管道沿程水头损失	$0.009 \times 25 = 0.22m$
管道局部水头损失	$2 \times \dfrac{1.47^2}{2 \times 9.81} = 0.22m$
合计	0.61m
泵站（G）进水池最高水位	$7.41 - 0.61 = 6.80m$

（2）再确定二次沉淀池最高水位和生物滤池滤床表面高程（倒算）

河道最高水位	8.50m
出水干管沿程水头损失	$0.007 \times 80 = 0.56m$
出水干管局部水头损失	$2 \times \dfrac{1.55^2}{2 \times 9.81} = 0.26m$
合计	0.82m
泵站（G）出流最高水位	$8.50 + 0.82 = 9.32m$
出水槽沿程水头损失	$0.003 \times 35 = 0.10m$
出水槽局部水头损失	$2 \times \dfrac{1.08^2}{2 \times 9.81} = 0.12m$
自由跌落	0.10m
堰口水头（$b=4\times9$m）	$\left(\dfrac{0.087}{1.85 \times 36}\right)^{\frac{2}{3}} = 0.01m$
合计	0.33m
二次沉淀池（C）最高水位	$9.32 + 0.33 = 9.65m$

进水管沿程水头损失	$0.018 \times 10 = 0.02\text{m}$
进水管局部水头损失	$2 \times \dfrac{0.71^2}{2 \times 9.81} = 0.05\text{m}$
合　计	0.07m
汇水井最高水位	$9.65 + 0.07 = 9.72\text{m}$
沟道沿程水头损失	$0.003 \times 15 = 0.05\text{m}$
沟道局部水头损失	$3 \times \dfrac{1.08^2}{2 \times 9.81} = 0.18\text{m}$
合　计	0.23m
汇水井最高水位	$9.72 + 0.23 = 9.95\text{m}$

生物滤池（B）排水系统中央干管管底高程　9.90m

中央干沟高度　0.50m

排水系统内底高度　0.25m

滤床高度　2.00m

合　计　2.75m

生物滤池滤床（B）表面高程

$9.90 + 2.75 = 12.65\text{m}$

由上述计算结果知，二次沉淀池同初次沉淀池配水井之间的水位差约为 $9.65 - 7.72 = 1.93\text{m}$，足可以将二沉池的污泥压送至配水井。二沉池污泥管管底高程采用8.0m，流向配水井的污泥槽采用0.02坡度，污泥槽终点高程约为7.6m，高于配水井的井底。污泥干化场的场面高程采用9.5m；消化池池墙底部高程采用8.1m，二级消化池污泥液面最高高程约为12.6m，比污泥干化场高3.1m，有部分容积可用于储泥。

根据计算结果，绘制高程布置图（图5.10）。

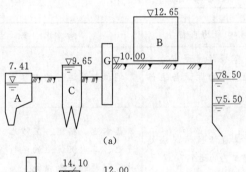

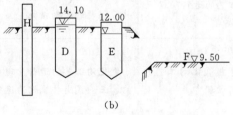

图 5.10　某城镇污水处理厂高程布置草图

(a) 污水流程高程布置图；(b) 污泥流程高程布置图

A—初沉池；B—生物滤池；C—二沉池；D——级
消化池；E—二级消化池；F—干化场；
G—污水泵站；H—污泥泵站

项目6 城市污水处理厂工艺的运行管理

||||\ 学习目标

本单元要求了解城市污水处理厂的基本情况，掌握新建城市污水处理厂的试运行和调试方法，掌握城市污水处理厂不同污水处理工艺的运行管理方法。

||||\ 学习要求

能 力 目 标	知 识 要 点	技 能 要 求
掌握新建城市污水处理厂的调试与运行管理	调试与试运行的内容、步骤	能够对新建城市污水处理厂进行调试和试运行操作
掌握活性污泥法处理工艺的运行管理	集水池、格栅、沉沙池、初沉池，曝气池、二次沉淀池的运行管理内容以及异常问题的控制措施	能够编制运行管理方案，包括集水池、格栅，沉沙池、初沉池，曝气池、二次沉淀池。观察现场情况，并解决运行中出现的问题
掌握氧化沟工艺的运行管理	氧化沟工艺的运行管理中奥贝尔氧化沟、三沟式交替氧化沟运行程序	能进行奥贝尔氧化沟、三沟式交替氧化沟运行管理，操作 BOD 降解及硝化运行控制程序等，并解决运行中出现的问题
掌握 A²O 工艺的运行管理	A²O 工艺运行管理中的厌氧段回流量、污泥负荷、溶解氧量和剩余污泥排放量的控制等	能进行厌氧段回流量、污泥负荷、溶解氧量以及剩余污泥排放量的控制等操作，能解决 A²O 工艺运行管理中的实际问题
掌握 AB 法工艺的运行管理	AB 法工艺运行管理，包括溶解氧的控制、A 段回流比、A 段工艺的检测项目	进行溶解氧的控制，A 段回流比、A 段工艺的检测项目等重要操作，完成 AB 工艺运行管理
掌握污泥处理系统运行管理	污泥浓缩池、污泥消化池，以及带式压滤脱水机的运行控制和维护管理	能对污泥浓缩池、污泥消化池以及带式压滤脱水机进行运行控制和维护管理，并能解决泥工段的实际常见问题
掌握城市污水处理厂专业机械设备的运行管理与维护	水泵、螺杆泵、鼓风机和曝气机等设备的维护与检修	掌握水泵、螺杆泵、鼓风机和曝气机等设备的维护与检修，并能针对机械设备作出维护、排除故障方案

6.1 新建城市污水处理厂的调试与试运行

工作任务：对新建城市污水处理厂进行调试与试运行，以保证后续的正常运行。

预备知识：新建城市污水处理厂调试步骤与试运行知识。

边做边学：结合某新建城市污水处理厂的处理工艺，完成一份调试与试运行方案。

城市污水处理厂的调试与试运行，工艺调试是城市污水处理厂投产前的一项重要工作，包括单机试运行与联动试运行两个环节。通过试运行可及时修改和处理工程设计和施工带来的错误与问题，确保污水处理厂达到设计功能。主要有以下几个方面：一是发现并解决设备、设施、控制、工艺等方面的问题，保证城市污水处理厂能够投入正式运行；二是保证出水各项指标达到设计要求；三是确定符合实际进水水量和水质的各项控制参数，并在保证出水水质达到设计要求的前提下，降低运行成本。在调试处理工艺系统过程中，还需要机电、自控仪表、化验分析等相关专业的配合。

6.1.1　调试与试运行的内容

（1）单机试运。单机试运是指各种设备安装后的单机运转和单元处理构筑物的试水。对污水处理设备要分未进水和已进水两种情况进行试运行，同时要检查水工构筑物的水位和高程是否满足设计和使用要求。

（2）联动试车。联动试车是对整个工艺系统进行设计水量和清水联动试车，打通工艺流程。考核设备在清水流动的条件下，自控仪表和连接各工艺单元的管道、阀门等是否满足设计和使用要求。

（3）对各处理单元分别进入污水，检查单元运行效果，为正式运行做好准备。

（4）整个工艺流程全部连通后，开始进行活性污泥的培养与驯化，以培养处理所需微生物并使其达到一定数量，同时筛选适应实际水质情况的微生物种群，直至出水水质达标，在此阶段，进一步检验设备运转的稳定性，同时实现自控系统的连续稳定运行。

6.1.2　调试与试运行的步骤

1. 调试准备

（1）组成包括土建、设备、电气、管线、施工人员以及设计与建设方代表共同参与的调试运行专门小组。

（2）拟定调试及试运行方案。

（3）准备水（含污水、自来水）、气（压缩空气、蒸汽）、电及药剂等。

（4）准备必要的排水及抽水设备；堵塞管道的沙袋等。

（5）检查供电设备、仪表及控制系统是否正常。

（6）检查化验室仪器、器皿、药品等是否齐全，以便开展水质分析。

（7）建立调试记录、检测档案。

2. 单机调试

单独工作运行的设备、装置均称为单机。应在充水后，进行单机调试。单机调试程序如下。

（1）根据工艺资料要求，搞清楚单机的作用和管线连接。

1）认真阅读单机使用说明书，检查安装是否符合要求，机座是否固定牢。

2）凡有运转要求的设备，要用手启动或者盘动，或者用小型机械协助盘动。无异常时方可点动。

3）按说明书要求，加注润滑油（润滑脂）加至油标指示位置。

4）了解单机启动方式，如离心式水泵则可带压启动；定容积水泵则应接通安全回路管，开路启动，逐步投入运行；离心式或罗茨风机则应在不带压的条件下进行启动、停机。

5）点动启动后，应检查电机设备转向，在确认转向正确后方可二次启动。

6）点动无误后，作 3～5min 试运转，运转正常后，再作 1～2h 的连续运转，此时要检查设备温升，一般设备工作温度不宜高于 50～60℃，除说明书有特殊规定者，温升异常时，应检查工作电流是否在规定范围内，超过规定范围的应停止运行，找出原因，消除后方可继续运行。单机连续运行不少于 2h。

（2）单车运行试验后，应填写运行试车单，签字备查。

3．单元调试

（1）单元调试是按水处理设计的每个工艺单元进行的，如格栅单元、调节池单元、水解单元、好氧单元、二沉单元、气浮单元、污泥浓缩单元、污泥脱水单元、污泥回流单元……的不同要求进行的。

（2）单元调试是在单元内单台设备试车基础上进行的，因为每个单元可能有几台不同的设备和装置组成，单元试车是检查单元内各设备连动运行情况，并应能保证单元正常工作。

（3）单元试车只能解决设备的协调连动，而不能保证单元达到设计去除率的要求，因为它涉及到工艺条件、菌种等很多因素，需要在试运行中加以解决。

（4）不同工艺单元应有不同的试车方法，应按照设计的详细补充规程执行。

4．分段调试

（1）分段调试和单元调试基本一致，主要是按照水处理工艺过程分类进行调试的一种方式。

（2）一般分段调试主要是按厌氧和好氧两段进行的，可分别参照厌氧、好氧调试运行指导手册进行。

6.2　活性污泥处理工艺的运行管理

工作任务：活性污泥处理工艺的运行管理，并掌握异常问题的控制措施。

预备知识：活性污泥处理工艺各环节运行管理目标和内容。

边做边学：对活性污泥处理工艺进行运行管理，能够编制运行管理方案，包括集水池、格栅，沉沙池、初沉池，曝气池、二次沉淀池。观察现场情况，并解决运行中出现的问题。

6.2.1　集水池、格栅

1. 集水池

污水进入集水池后速度放慢，一些泥沙可能沉积下来，使有效容积减少，影响水泵工作，因此，集水池要根据具体情况进行定期清理。

清理集水池时，应先停止进水，用泵排空池内存水，然后强制通风，以排出有毒气体。因为池内积泥的厌氧分解持续进行，有毒气体不断产生并释放，所以要注意：当操作人员下池后，通风强度可适当减少，但绝不能停止通风，每名检修人员在池下工作车间不可超过 30min。

2. 格栅

格栅的运行管理包括两个方面：过栅流速的控制和栅渣的清除。

（1）过栅流速的控制。合理控制过栅流速，可最大限度地发挥拦截作用，保持最高的拦污效率。栅前渠道流速一般应控制在 0.4～0.8m/s。过栅流速可通过开、停格栅的工作台数来控制，流速大小应视实际污物的组成，含沙量的多少及格栅间距等具体情况而定，一般应控制在 0.6～1.0m/s。当发现过栅流速过高时，应增加投入工作的格栅数量，使其控制在要求范围内，反之，应减少投入工作的格栅数量，使过栅流速控制在所要求的范围内。栅前流速 v_1(m/s) 和过栅流速 v_2(m/s) 可按下式计算

$$v_1 = \frac{Q}{BH_1} \tag{6.1}$$

$$v_2 = \frac{Q}{\delta(n+1)H_2} \tag{6.2}$$

式中　Q——入流污水流量，m^3/s；

　　B——栅前渠道的宽度，m；

　　H_1——栅前渠道的水深，m；

　　δ——格栅的栅距，m；

　　n——格栅栅条数量；

　　H_2——格栅的工作水深，m。

（2）栅渣的清除。及时清除栅渣是控制过栅流速在合理范围内的重要措施。因为栅渣在格栅内滞留时间过长，会减少污水过栅断面，而造成过栅流速增大，拦污效率下降；还会由于阻力增大，造成流量在格栅上分配不均匀，使软垃圾会被带入系统。

一般是采用栅前、栅后水位差来实现自动清渣。若掌握了不同季节栅渣量的变化规律，还可根据时间的设定，实现自动运行。但在特殊的情况下，会造成清污的不及时，也可采取手动开、停方式。

污水在长途输送过程中易腐化，产生硫化氢和甲硫醇等恶臭毒气，会在格栅间大量释放出来，因此，要使格栅间通风设备处于通风状态，及时运走清除的栅渣，防止腐败产生恶臭。另外，栅渣堆放处要经常冲洗，及时将栅渣压榨机排出的压榨液排入污水渠中，严禁明沟流入或在地面漫流。

格栅除污机是污水处理厂内最容易发生故障的设备之一，巡检时应注意有无异常声

音，观察栅条是否变形，应定期加油保养。

另外，格栅运行时应记录每天发生的栅渣量，根据栅渣量的变化以间接判断格栅的拦污效率。或者经常观察初沉池和浓缩池的浮渣尺寸，浮渣中尺寸大于格栅栅距的污物太多时，也能说明格栅拦污效率不高，应分析过栅流速控制是否合理，是否应该清污。

采用焚烧的方法处置栅渣的处理厂，还应定期分析栅渣的含水率和有机成分这两个指标。

6.2.2　沉沙池和初次沉淀池

1. 沉沙池

平流沉沙池的运行管理工作主要是控制污水在池内的水平流速，并核算停留时间。沉沙池的水平流速大小取决于沉沙的粒径：如果沉沙的组成以大沙粒为主，水平流速应大些，以便使有机物的沉淀最少；反之，则必须放慢水平流速，才能使沙粒沉淀下来，水平流速一般控制在 $0.14\sim0.30\mathrm{m/s}$，运行人员应在运转实践中找出本厂的最佳流速范围，既能有效去除沉沙，又不致使有机物大量下沉。

水平流速可以通过改变投入运转的池数或调节出水溢流可调堰来改变沉沙池的有效水深来控制。一般运行中流量发生变化时，应首先调节水深，如不满足要求，再考虑改变池数。水平流速 $v(\mathrm{m/s})$ 可用下式估算

$$v=\frac{Q}{BHn} \tag{6.3}$$

式中　Q——污水流量，$\mathrm{m^3/s}$；

　　　B——沉沙池的宽度，m；

　　　H——沉沙池的有效水深，m；

　　　n——投入运转的池数。

水力停留时间决定着砂粒的沉淀效率，一般应控制在 30s 以上，可以用下式估算

$$T=\frac{BHLn}{Q}=\frac{L}{v} \tag{6.4}$$

式中　L——沉沙池池长，m；

　　　B——沉沙池的宽度，m；

　　　H——沉沙池的有效水深，m；

　　　n——投入运转的池数；

　　　Q——污水流量，$\mathrm{m^3/s}$。

曝气沉沙池运行管理的内容是控制污水在沉沙池内的旋流速度和旋转圈数。这两个参数在正常运行中不易测量，但其对沙粒沉降有关系：粒径越小的沙粒，需要较大的旋流速度才可沉淀下来，但旋流速度也不能太大，否则沉下的沙粒将重新泛起；污水在池内的旋转圈数决定着沙粒的去除效率，旋转圈数越多，沉沙效率越高。如将 0.2mm 以上的沙粒 95％有效去除，污水在池内应至少旋转三圈。

旋流速度与沉沙池的几何尺寸，扩散器的安装位置和曝气强度等因素有关。旋转圈数

与曝气强度及污水在池内的水平流速有关，曝气强度越大，水平流速越大，旋转圈数越少，沉沙效率越低。因此，运行人员应在运转实践中找出曝气强度与水平流速之间的关系，通过调节曝气强度，改变污水在池内的旋流速度，保证足够的旋转圈数，使曝气沉沙池适应入流污水量的变化及来水中砂粒径的变化，保证稳定的沉沙效果。

设计中一般是以气水比作为曝气强度控制指标，即单位污水量的曝气量。但在运行管理中，宜采用单位池容的曝气量作为曝气强度指标，这样操作时可以直接调节空气量，比较方便。另外，入流污水量发生变化时，曝气量不能按气水比成比例改变。如当入流污水量较小时，曝气沉沙池处于低负荷运行，为保持有机物质处于悬浮状态，曝气量应维持恒定，而不能随污水的减少而降低。

(1) 配水与气量分配。配水不均匀，经常会出现有的池子处于低负荷运行，而其他池子则处于高负荷状态。对于曝气沉沙池来说，配水均匀，使每一池子处于同一工作液位，才有可能实现配气均匀。因为几条池子往往共用一根空气管，分至各个池的支管也较短，阻力很小，池子之间的液位稍有不同，就有可能导致各池的气量分配严重不均，致使有的池子曝气过量，有的则曝气不足，使总的除沙效率降低。因此，应经常调节沉沙池的入流调节闸或阀门，使进入每一条沉沙池的水量均匀。

(2) 排沙操作。排沙可采用阀门控制重力排沙方式，也可沙泵排沙。重点是要根据沉沙量的多少及变化规律，合理地安排排沙次数，保证及时排沙。另外，当链条式刮沙机出现刮板被卡住的现象时，首先应检查池内是否积沙，如果有积沙则应增加刮沙次数，如问题还不能解决，则应降低刮板行走速度，一般应控制在 3m/mim 内。

(3) 清除浮渣。沉沙池上的浮渣应定期清除，否则易产生臭味。沉沙池上的行走式除沙设备一般带有浮渣刮板，链条式刮沙机的刮板在回程通过液面时也会将浮渣刮走。当曝气沉沙池局部液面涡动减弱时，因为此时应排孔检查震动式扩散器是否被浮渣缠绕或堵塞，清理完毕重新投运时，应先通气后进污水，以防沙粒进入扩散器。

2. 初沉池

城市污水处理厂入流污水量，水温及 SS 的负荷总是处于变化之中，因而初沉池 SS 的去除率也在变化。工艺控制的目标是将工艺参数控制在要求的范围内，使 SS 的去除率基本保持稳定。控制措施主要是改变投运池的数量，大部分污水处理厂初沉池都有一部分余量。还应控制好水力停留时间、堰板水力负荷和水平流速。

初沉池的刮泥有连续刮泥和间歇刮泥两种操作方式，采用哪种取决于初沉池的结构形式。如平流式初沉池采用行车刮泥机时只能间歇刮泥；辐流式初沉池则多采用连续刮泥方式。而且运行中应特别注意周边刮泥机的线速度不能超过 3m/min，否则会使周边污泥泛起，直接从堰板溢走。

排泥是初沉池运行中最重要也是最难控制的一项操作，与刮泥对应，也是有连续和间歇排泥两种操作方式。平流沉淀池采用间歇排泥时，刮泥与排泥必须协同操作，排泥与刮泥周期必须一致。每次排泥持续时间取决于污泥量、排泥泵的容量和浓缩池要求的进泥浓度。排泥时间的确定可采用如下方法：排泥开始时，从排泥管定时连续取样，测定含固量变化，记录含固量降为零所需的时间，即为排泥时间。

对于排泥最佳的控制方式是定时排泥，定时停泵，这种排泥方式要达到准确排泥，需要经常对污泥浓度进行测定，同时调整污泥泵的运行时间。一般大型污水处理厂可采用时间程序自动控制来实现。而小型污水处理厂可以人工控制排泥泵的开停。

初沉池在整个处理系统中处于核心位置，因此，在运行管理中还应注意初沉池运转与其他处理单元的协同调度。当某个环节出现故障时，可分析是否和初沉池的运行有关：如当格栅或沉沙池运转不正常时，可检查沙在初沉池内的沉积，应采取措施防止沙或渣堵塞泥管；当浓缩池或消化池运行不正常时，泥区分离液的含固量会增多，这时应增大初沉池的排泥量；当发现初沉池排泥中颜色或气味异常时，应将污泥跨越消化池直接脱水，以免消化池内的微生物中毒，造成消化池运行失效；当初沉池 SS 去除率下降时，二级处理的负荷会增大，应注意增大回流或增加曝气量，如油脂类物质形成的浮渣进入曝气池，会使曝气效率降低；当初沉池泄空时，大量易腐败污泥进入污水提升泵房的集水池，会产生硫化氢等有害气体。泵房应适当增加抽水量，将排空水抽走；不管是泥区的分离液，还是二级处理的剩余污泥，都应注意均匀稳定地排放，突发性地间断排放将使初沉池形成严重的异重流，SS 去除率下降。

初沉池运行过程中，也会出现异常现象，如 SS 去除率下降、浮渣从堰板溢流、排泥浓度下降等。对于产生的异常问题，应认真分析其产生的可能原因，采取相应措施解决。常见问题及其原因总结见表 6.1。

表 6.1 初沉池异常问题及原因分析

序号	异常问题	直接原因	进一步原因
1	SS 去除率下降	工艺控制不合理	水力负荷太大、水力停留时间太短等
		短流	堰板溢流负荷太大、堰板不平整、池内有死区、入流温度或入流 SS 变化大形成密度流、进水整流栅板损坏或设置不合理、受风力影响等
		排泥不及时	刮泥机或排泥泵故障、泥斗及排泥管堵塞、排泥周期太长、排泥时间太短等
		入流污水腐败，不易沉淀	入流水中耗氧物质太多、污水在管网中停留时间太长或在管网中有污泥沉积等
2	浮渣从堰板溢流	浮渣刮板与浮渣槽不密合	
		浮渣刮板损坏	
		浮渣挡板淹没深度不够	
		入流油脂类工业废水太多	
		清渣不及时	
3	排泥浓度下降	排泥时间太长	
		各池排泥不均匀	
		积泥斗严重积砂，有效容积减小	
		刮泥与排泥步调不一致	
		SS 去除率太低	

6.2.3 曝气池的运行与管理

1. 活性污泥的培养与驯化

所谓活性污泥的培养，就是为活性污泥的微生物提供一定的生长繁殖条件，包括营养物质、溶解氧、适宜的温度和酸碱度等，在这种情况下，经过一段时间，就会有活性污泥的形成，并在数量上逐渐增长，并最后达到处理废水所需的污泥浓度。

对于城市污水，菌种和营养物质都存在，可以直接用城市污水进行培养。首先将污水经过粗格栅、细格栅、沉沙池等预处理后引入生化处理池。在生化池中给以合适的溶解氧和酸碱度，在温暖季节，先使曝气池充满生活污水，闷曝数小时后即可连续进水。进水量从小到大连续增加，连续运行数天后就会出现模糊不清的絮状物。由于生活污水营养合适，所以污泥很快就会增长至我们所需的浓度。为了加快这一进程，可适当增加培菌初期所需营养物质的浓度。培菌时期，由于污泥尚未大量形成，污泥浓度较低，故应控制曝气量，使之大大低于正常运行的曝气量。

对于一些含有毒物质的工业废水还可以投入一定量的径筛选所得的菌种，或废水流过的下水道里捞来的污泥，以利于以后的驯化。由于工业废水水质及营养等原因，工业废水处理系统的培菌往往腐烂，可采用数级扩大培菌，干污泥培菌、工业废水直接培菌、驯化培菌、对污泥中混合微生物群进行淘汰诱导，不能适应环境条件和所处理废水特性的微生物被抑制，具有分解废水有机物活性的微生物得到发育，并诱导出能利用废水有机物的酶体系。培养和驯化实质上是不可分割的，在培养过程中投加的营养料和少量废水，也对微生物起到一定的驯化作用，而在驯化过程中，微生物数量也会增加，所以驯化过程也是一种培养增殖过程。

在培菌过程中，随着环境条件的变化，其中主要是 BOD 不断降低，系统中微生物的种类和数量也相应起着变化。每种微生物都有自己的生长曲线并分为四个时期：迟缓期、对数期、稳定期和衰老期。

在培菌初期，微生物处于迟缓期，由于数量很少，进出水有机物几乎无变化，处理效果趋于零，为了缩短微生物的迟缓期，可采用加大接种污泥量的方法，在难降解、有毒的工业废水处理中还可以投加经筛选和驯化的污染物降解高效微生物菌种。培菌开始后的第一天可采取短时间闷曝的方式，以创造细菌对环境的适应能力。在细菌进入到微生物的对数生长期时，除了要满足微生物生长对适宜 pH 值、溶解氧、温度的需求外，根据对数生长期的特点应充分满足微生物对营养的需求。为了要达到优良的出水，我们往往将系统控制在生长曲线的对数期末期向稳定期过渡，此时微生物所处的营养基质已基本消耗殆尽，活性污泥的沉降絮凝性能极好，由于处于饥饿状态，在遇到新鲜污水时吸附有机物能力特强，因此出水水质也特别好。当控制系统处于衰老期时，污泥活性变差，污泥中无机成分上升。

成熟的活性污泥具有良好的絮凝沉淀效能，污泥内含大量的菌胶团和纤毛原生动物，一旦处理系统中发现固着型钟虫，随后即可看到污泥絮体已经开始形成并逐渐增多，可使BOD 有 90％的去除率。在正常运行期，若控制系统处于对数期，微生物的生长繁殖速率最高，世代最短。

我们可以借助显微镜观察培菌过程中的生物相，了解活性污泥的状态：首先是小型的掠食细菌的游动型纤毛虫如豆形虫、肾形虫等大量出现，继而出现掠食小型纤毛虫的漫游虫、裂口虫和草履虫等。随着培菌的进展，固着型纤毛虫占优势，它们一尾柄固着在污泥絮体上生长，如钟虫类。与此同时匍匐型纤毛虫如盾纤虫等也出现于污泥间，它们以有机残渣和死的生物体为食。随着水中有机物的减少，出现了轮虫、寡毛类和线虫，轮虫能够吞噬散落的污泥，所以即使在水中游离型细菌和游泳型纤毛虫已被大量吞噬和消失的情况下轮虫仍能取得食物，轮虫的出现是污泥成熟及净化程度高的标志。以上演替过程可以概括为：植鞭毛虫—肉足虫—动鞭毛虫—小型游泳型鞭毛虫—大型游泳型鞭毛虫—固着型纤毛虫—匍匐型纤毛虫—轮虫。培菌过程中微生物的有规律演替，我们可以了解不同微生物在培养系统中都有着自己的生长规律及生长曲线，每条曲线在这个共栖环境中都有着自己的形状和位置。

2. 曝气池的运行管理

活性污泥工艺系统中，污水的生物处理是在曝气池中由活性污泥完成的。因而，曝气池的运行管理内容主要是采取控制措施，克服工艺条件因素对活性污泥的影响，持续稳定地发挥处理作用。常用的控制措施从三方面来实施：曝气系统的控制、污泥回流系统的控制和剩余污泥排放系统的控制。

（1）曝气系统的控制。传统活性污泥工艺采用的是好氧过程，因而必须供给活性污泥充足的溶解氧，使其既满足曝气池内活性污泥分解有机污染物的氧量需要，又满足活性污泥在二沉池及回流系统内的需要。另外，曝气系统还应充分起到混合搅拌作用，保证活性污泥絮体与污水中有机污染物能够充分混合接触，并保持悬浮状态。不同类型的曝气系统控制方式不同。

鼓风曝气系统的控制：控制参数是曝气池污泥混合液的溶解氧 DO 值，它是通过鼓入曝气池内的空气量来控制，曝气量越大，混合液的 DO 值就越高。但从节能降耗角度考虑，DO 值不能太高。一般传统活性污泥工艺的 DO 值控制在 2mg/L 左右即可，具体数值与污泥浓度 MLVSS 及有机负荷 F/M 有关。一般说，F/M 较小时，MLVSS 较高，DO 值也应适当提高。一些处理厂控制曝气池出口混合液的 DO 值大于 3mg/L，以防止污泥在二沉池内厌氧上浮。大型污水处理厂一般都采用计算机控制系统自动调节曝气量，保持 DO 恒定在某一值。曝气量的调节可通过改变鼓风机的投运台数以及调节单台风机的风量来实现，小型处理厂则一般人工调节。

表面曝气系统的控制：表面曝气系统可通过调节转速和叶轮淹没深度调节曝气池混合液的 DO 值。为避免造成污泥沉积，一般应控制输入每立方米混合液中的搅拌功率大于 10W。表曝系统的曝气效率受入流水质、温度等因素的影响较小。

（2）污泥回流系统的控制。在污水处理厂运行中，入流污水量的相对均匀性是保证处理效果稳定的基本条件。尤其是在生物处理单元，入流污水量的变化会导致活性污泥量在曝气池和二沉池内重新分配，而引起曝气池内 MLSS 量的变化，最终影响处理效率。一般污泥回流系统的控制方式有三种：入流污水量相对恒定或波动不大时，运行中可保持污泥的回流量不变；入流污水量变化较大时，应保持污泥的回流比恒定，此时，可保证 MLSS，F/M 以及二沉池内泥位的基本恒定，从而保证处理效果的相对稳定；定期或随时调节回流比和回流量，保持系统始终处于最佳状态。

回流量与回流比的确定或控制调节可以通过控制二沉池的泥位调节，通过计算的沉降比调节，还可以依据回流污泥浓度 X_R 和混合液污泥浓度 MLSS 指导回流比 R 的调节。本节仅按照二沉池的泥位调节回流量和回流比的方法作一介绍。

首先，在 0.3～0.9m 之间选择一个合适的污泥层厚度，即泥位。该厚度值不应超过泥位的 1/3。然后，调节回流污泥量，使泥位稳定在选定的合理值。一般情况下，减少泥层厚度（即降低泥位）可增加回流量；反之，增大泥层厚度可降低回流量。应注意每次的调节幅度不要太大，如调回流比，不要超过 5%，如调回流量，则不要超过原来值的 10%。

（3）剩余活性污泥排放系统的控制。排泥量的改变，可以改变活性污泥中微生物种类和增长速度，可以改变需氧量，可以改善污泥的沉降性能，因而可以改变系统的功能。因为污水的生物处理主要是由曝气池中的活性污泥完成的，因此可以说，排泥量的控制是活性污泥工艺控制中最重要的一项操作，它比其他任何操作对系统的影响都大。

目前，大多数污水处理厂是利用 MLSS 控制排泥的。即根据实际工艺情况确定最佳的 MLSS 值，如传统活性污泥工艺的 MLSS 一般为 1500～3000mg/L。运行中当实际的 MLSS 值高于控制值时，应通过排泥降低实际 MLSS 值。但该法仅适于进水水质水量变化不大的情况，也有的污水处理厂已改用污泥龄 t_s 来控制排泥。

用污泥龄 t_s 控制排泥的实际操作中，可以采用一周或一月内 SRT 的平均值，保持其基本等于控制值的前提下，可在一周或一月内做些微调。一般每次不要超过总调节量的 10%。这种方法被认为是一种最可靠最准确的排泥方法，关键是正确选择 t_s 和准确地计算系统内污泥总量 M。

另外，还可以用有机负荷 F/M、污泥沉降比 SV 或几种方法综合控制排泥。实际运行中，可根据本厂的实际情况选择以一种方法为主，兼有其他方法。

6.2.4 二次沉淀池的运行与管理

二沉池作为污水处理的最后一个环节，其作用主要是完成泥水分离，使经过生物处理的混合液澄清，同时对沉淀下来的污泥进行初步浓缩，并为生化池提供回流活性污泥。

二沉池的运行管理内容除控制回流污泥量外，主要就是控制进、出水流量的均匀性；池的刮、排泥；观察出水的感观指标，发现异常现象（如污泥膨胀、污泥上浮等）及时采取措施解决；分析化验二沉池的常规检测项目等。

6.2.5 异常问题的控制措施

1. 污泥膨胀的控制措施

污泥膨胀是由于丝状细菌的大量繁殖，使活性污泥质量变轻，膨胀，沉降性能变差，混合液不能在沉淀阶段正常泥水分离，导致污泥流失，出水水质变差的一种现象。污泥膨胀现象是活性污泥处理系统最易出现的异常现象，所以要采取控制措施。

一旦发现出现了污泥膨胀现象，可加入絮凝剂，增强活性污泥的絮凝性能，加速泥水分离；也可以向生花池投加杀菌剂，通过减少丝状细菌的量来减缓污泥膨胀的发展。这些都是临时措施。

也可以通过调节工艺运行条件解决污泥膨胀问题。如可以在生化池的进口投加黏泥、消石灰、消化泥，提高活性污泥的沉降性能和密实性；可以采取预曝气措施，使进入生化池的污水处于新鲜状态；加大曝气强度，提高混合液 DO 浓度，防止混合液局部缺氧或厌氧；提高污泥回流比，减少污泥在二沉池的停留时间，避免污泥在二沉池出现厌氧状态。

根本的解决措施是永久性控制措施，即改造现有生化池。如在生化池前增设生物选择器，防止池内丝状菌过度繁殖，成为优势菌种，确保沉淀性能良好的非丝状菌占优势。

2. 生化池内活性污泥不增长或减少的解决方法

生化池内活性污泥量不增加或减少的原因有多种：可能是因为污泥膨胀所致或是二沉池水力负荷过大，使得出水 SS 过高，污泥流失过多；若进水有机负荷偏低，活性污泥繁殖增长所需的有机物相对不足，而只能使活性污泥中的微生物处于维持状态，甚至微生物处于内源代谢阶段，也会造成活性污泥量减少；还可能因为曝气量过大，使活性污泥过氧化，而使污泥总量不增加；或是剩余污泥量过大，使活性污泥的增长量小于剩余污泥的排放量等。针对以上原因，应分别采取相应的措施：减少曝气量或减少生化池运转个数，以减少水力停留时间；合理调整曝气量，减少供风量；减少剩余污泥的排放量。

3. 泡沫现象的消除方法

对于运行中出现的泡沫，可以采取水力消泡的方法，但因为该方法无法消灭丝状菌，所以不能从根本上解决问题。投加杀生剂，虽然有效但杀生剂普遍存在副作用，投加过量或投加位置不当会降低生化池中絮凝体的数量及生物总量。

从改变工艺条件入手，可采取以下有效措施进行消泡：降低污泥龄，减少污泥在生化池的停留时间，抑制生长周期较长的放线菌的生长；向生化池投加填料，使容易产生污泥膨胀和泡沫的微生物固着在载体上生长，提高生化池的生物量和处理效果，又能减少或控制泡沫的产生；投加絮凝剂，使混合液表面失稳，进而使丝状菌分散重新进入活性污泥絮体中。其他常见问题及处理办法见表6.2。

表 6.2　　　　　　　　　　　　　其他常见问题及处理办法

序号	事故名称	原因与现象	处理方法
1	提升泵一轴温超标	轴温超标，报警灯变亮	(1) 关闭提升泵一。 (2) 启动备用的提升泵三或泵四
2	提升泵二电流超标	电流超标，报警灯变亮	(1) 关闭提升泵一。 (2) 启动备用的提升泵三或泵四
3	来水 pH 值过低	pH 值超低，严重影响整个处理系统运行	关闭进水方闸一~闸四，停止进水
4	处理负荷增大	(1) 导致格栅过栅流速增大。 (2) 集水池、配水井液位升高。 (3) 曝气沉沙池除沙率下降。 (4) 初沉池水力表面负荷增大，停留时间缩短，影响 SS 去除率。 (5) 曝气池有机负荷超限，MLSS 在曝气池与二沉池重新分配，处理效率下降，溶解氧浓度下降。 (6) 二沉池中活性污泥增加，泥位上升	(1) 打开 5 号、6 号格栅。 (2) 启动 3 号或 4 号备用提升泵。 (3) 增大曝气沉沙池曝气量。 (4) 开启 11 号、12 号、23 号、24 号初沉池。 (5) 增大回流比。 (6) 6 号风机满负荷，并启动 7 号风机

序号	事故名称	原　因　与　现　象	处　理　方　法
5	来水 SS 增高	来水 SS 突然超高，初沉池产生密度流，造成下部流速增大，降低沉淀效率	开启 11 号、12 号、23 号、24 号初沉池
6	来水 BOD 增高	引起曝气池内有机负荷升高，有机物去除率下降	(1) 增加初沉池的开启池数。 (2) 增大溶解氧浓度设定值。 (3) 剩余污泥泵由自动切手动，并减少剩余污泥排放，保证有足够的活性污泥。 (4) 回流污泥泵切手动，并提高回流量，以提高曝气池混合液浓度、降低有机负荷
7	来水 NH_3-N 高	(1) NH_3-N 升高，溶解氧浓度下降，硝化程度度降低。 (2) 二沉池发生反硝化，泥位上升，造成污泥流失	(1) 提高溶解氧浓度。 (2) 增大回流，降低污泥负荷，使硝化充分进行。 (3) 增大剩余污泥排放量
8	来水腐败	(1) 引起初沉池沉降效率下降。 (2) 二沉池污泥上浮	(1) 启动备用初沉池。 (2) 增大剩余污泥排放
9	环境温度降低	温度下降，初沉池沉淀效率下降	开启备用初沉池
10	泡沫问题	当污水中含有大量的合成洗涤剂或其他起泡物质时，曝气池中会产生大量的泡沫。泡沫给操作带来困难，影响劳动环境，同时会使活性污泥流失，造成出水水质下降	增大回流比，提高曝气池活性污泥浓度
11	初沉池流入污水 SS 增大	初沉池流入污水 SS 增大会导致出口污水的 SS 增大，排泥量增大	启动备用池，减小水利负荷，增大排泥泵的排泥流量
12	初沉池流入污水流量增大	初沉池流入污水流量增大会导致池的水利负荷增大，SS 去除滤下降，排泥量增大	启动备用池，减小水力负荷
13	初沉池流入污水温度降低	初沉池流入污水温度降低会导致 SS 去除滤下降	启动备用池，减小水力负荷，减小排泥泵的排泥流量
14	初沉池刮泥机坏		关闭初沉池的污水入口阀，剩余污泥入口阀，启动备用池的污水入口阀，剩余污泥入口阀
15	曝气池污泥膨胀	污泥膨胀引起污泥上浮	增大剩余污泥排放
16	二沉池污泥上浮	泥龄过长，引起污泥上浮	增大剩余污泥排放，缩短泥龄
17	回流污泥泵故障		(1) 关闭故障污泥泵开关和前后阀。 (2) 打开备用污泥泵开关和前后阀。 (3) 切换变频控制器

6.3　氧化沟工艺的运行管理

工作任务：氧化沟工艺运行管理，并掌握不同阶段的控制程序。

预备知识：奥贝尔氧化沟、三沟式交替氧化沟工艺内容。

边做边学：能掌握奥贝尔氧化沟、三沟式交替氧化沟运行管理，包括奥贝尔氧化沟三个沟渠内溶解氧的浓度差别、BOD 降解及硝化运行控制程序等，并解决运行中出现的问题。

6.3.1 奥贝尔氧化沟工艺系统的运行管理

由于奥贝尔氧化沟三个沟渠内溶解氧的浓度有差别：第一沟渠溶解氧吸收率高，溶解氧较低，混合液经转碟曝气后可能接近于零。而最后的沟渠溶解氧吸收率较低，溶解氧会较高。所以一般在第一沟渠溶解氧控制在 0.5mg/L 以下，最后沟渠溶解氧可控制在 2mg/L 左右，当溶解氧低于 1.5mg/L 时要进行调整。另外，为防止污泥在各沟渠内沉淀，在保证其溶解氧外，还要注意转碟搅拌和推流的强度。

6.3.2 三沟式交替氧化沟工艺的运行管理

三沟式氧化沟具有传统活性污泥法和生物除磷、脱氮的两种运行方式。在生物除磷脱氮时，曝气转刷低速运行，只起到搅拌作用，保持沟内的污泥呈悬浮状态，通过控制转刷的转速实现好氧-缺氧状态的改变，达到除磷脱氮目的。

BOD 降解及硝化运行控制程序一般分成六个阶段，见表 6.3。六个阶段为一个运行周期，一般历时 8h。

表 6.3   **BOD 降解及硝化运行控制程序**

	运行阶段		一	二	三	四	五	六
各沟状态	沟Ⅰ	转刷状态	开	开	停	停	停	停
		出水堰	关	关	关	开	开	开
		是否进水	进	不进	不进	不进	不进	不进
		工作状态	曝气	闷爆	静沉	沉淀	沉淀	沉淀
	沟Ⅱ	转刷状态	开	开	开	开	开	开
		出水堰	—	—	—	—	—	—
		是否进水	不进	进	进	不进	进	进
		工作状态	曝气	曝气	曝气	曝气	曝气	曝气
	沟Ⅲ	转刷状态	停	停	停	开	开	停
		出水堰	开	开	开	关	关	关
		是否进水	不进	不进	不进	进	不进	不进
		工作状态	沉淀	沉淀	沉淀	曝气	闷爆	静沉
历时时间/h			2.5	0.5	1.0	2.5	0.5	1.0

在阶段一中，污水进入第Ⅰ沟时，为确保微生物利用硝态中的氧，需控制此时的溶解氧在 0.5mg/L 以下。当活性污泥和污水进入第Ⅱ沟时，溶解氧要控制在 2mg/L 左右，以保证供氧量使氨氮为硝态氮。进入第Ⅲ沟只做沉淀，实现泥水分离，出水排出系统。阶段二中，第Ⅰ、Ⅱ沟的转刷高速运转，第Ⅰ沟由缺氧状态逐渐变为好氧状态，污水由第Ⅰ沟转向第Ⅱ沟，再进入第Ⅲ沟进行泥水分离，出水排出系统。到了第三阶段时，第Ⅰ沟转刷停运，进入沉淀分离状态，进水进入第Ⅱ沟，第Ⅲ沟仍处于排水阶段。在阶段四中，进水从第Ⅱ沟转向第Ⅲ沟，第Ⅲ沟转刷开始低速运转进行反硝化。混合液从第Ⅲ沟流向第Ⅱ沟，出水由第Ⅰ沟排出。到了第五阶段，第Ⅲ沟转刷高速运转，进水从第Ⅲ沟转向第Ⅱ

沟，第Ⅱ沟转刷低速运转实现脱氮，沉淀仍然在第Ⅰ沟中完成并排出出水。在最后的一个阶段，进水仍进入第Ⅱ沟，第Ⅲ沟转刷停止运转，进行沉淀，出水由第Ⅰ沟排出。

6.4 A²O工艺的运行管理

工作任务：A²O工艺运行管理，并掌握运行管理中的注意事项。

预备知识：A²O工艺运行管理的特点、内容。

边做边学：能进行A²O工艺运行管理，尤其是厌氧段回流量，污泥负荷、溶解氧量和剩余污泥排放的控制等重要操作。

A²O工艺的优点是厌氧、缺氧和好氧交替进行，可以达到同时去除有机物、除磷和脱氮的作用。其除磷效果受泥龄、回流污泥溶解氧和硝酸盐的限制，脱氮效果取决于混合液回流比等。因此，在A²O工艺的运行管理过程中要兼顾脱氮和除磷效果。主要注意以下几点。

(1) 回流污泥应分点加入，以控制厌氧段回流量。应在保证回流比不变的前提下，将回流污泥分两点加入，使加入到厌氧段的回流污泥占回流量的10%，以减少厌氧段硝酸盐的含量，而其余回流污泥回流到缺氧段以保证脱氮的需要。

(2) 要控制好污泥负荷和溶解氧量。一般在硝化的好氧段，污泥负荷应小于$0.15kgBOD_5/(kgMLSS \cdot d)$，DO应大于$2.0mg/L$，而在除磷厌氧段，污泥负荷应控制在$0.1kgBOD_5/(kgMLSS \cdot d)$以上，DO控制在$0.2mg/L$以上，在反硝化的缺氧段，DO要控制在$0.5mg/L$以下。

(3) 通过调节泥龄控制剩余污泥的排放。剩余污泥的排放应根据污泥龄控制，当泥龄在$8\sim15d$时，脱氮效果较好，同时兼具一定的除磷效果；若泥龄低于$8d$，除磷效果较好，但脱氮效果不明显；当泥龄超过$15d$时，脱氮效果良好，而除磷效果较差。

另外，在运行过程中还应定期核算污水进水水质的BOD_5/TKN是否大于4.0，BOD_5/TP是否大于20，否则需要补充碳源。混合液的pH值不满足大于6.5的要求时，应投加石灰以补充碱源。

6.5 AB法工艺的运行管理

工作任务：掌握AB工艺运行管理，并掌握运行管理中的注意事项。

预备知识：AB工艺运行管理的特点、内容。

边做边学：进行AB工艺运行管理，尤其是溶解氧的控制、A段回流比、A段工艺的检测项目等重要操作。

AB两段活性污泥法是吸附-生物降解活性污泥法的总称，包括以吸附作用为主的A段工艺（由A段曝气池和沉淀池构成）和以生物降解为主的B段工艺（由B段曝气池和二沉池构成）。

AB法工艺若不需要除磷，其运行管理与传统活性污泥法相同，若有较高的除磷要求时，其运行过程中对参数的控制就比较复杂。主要是以下几个方面。

（1）溶解氧的控制。在 A 段工艺，要经常调节供风量来控制溶解氧浓度：当要求有较高的 BOD_5 去除率和除磷率时，溶解氧一般不低于 1.0mg/L；当进水中难降解有机物含量高时，要适当降低溶解氧浓度，使 A 段处于缺氧状态。

（2）A 段不需要太大的回流比。A 段污泥的沉淀性能较好，不存在污泥膨胀和污泥上浮的可能，不需要太大的回流比。

（3）增加 A 段工艺的检测项目。如 TSS、$TBOD_5$、$TCOD_{Cr}$ 等指标，以便能准确评价 A 段的运行效果，使其总处于最佳状态。

6.6 污泥处理系统的运行管理

工作任务：掌握污泥处理系统出的运行管理，并掌握运行管理中的注意事项。

预备知识：污泥处理工艺流程及各种方法。

边做边学：进行污泥处理系统运行管理，包括污泥浓缩系池、污泥消化池、污泥药剂调理，以及带式压滤脱水机的运行控制和维护管理。并能针对泥工段的实际常见问题，掌握处理方法。

6.6.1 污泥浓缩池

污泥浓缩方法有重力浓缩法，气浮浓缩法和离心浓缩三种。本节仅介绍较常用的重力浓缩池的运行与维护内容。

浓缩池的日常维护管理包括及时清除由浮渣刮板刮至浮渣槽内的浮渣；在浓缩池入流污泥中加入部分二沉池出水，以防止污泥厌氧上浮；定期检查上清液溢流堰的平整度；定期排空彻底检查是否积泥或积沙，并对水下部件予以防腐处理。另外，初沉污泥与活性污泥混合浓缩时，应保证两种污泥混合均匀。注意：浓缩池较长时间没排泥时，要先排空清池，再开启污泥浓缩机；寒冷地区冬季浓缩池液面出现结冰现象时，要先破冰并使之融化后，再开启污泥浓缩机。

1. 进泥与排泥量的控制

对于确定的浓缩池和污泥种类来说，进泥量存在一个最佳控制范围。进泥量太大，超过了浓缩能力时会导致上清液浓度太高，排泥浓度太低，起不到应有的浓缩效果；进泥量太低时，会导致污泥上浮，使浓缩不能顺利进行。初沉污泥的固体表面负荷一般可控制在 $90\sim150kg/(m^2 \cdot d)$ 的范围内。当活性污泥的浓缩性能很差时，一般不宜单独进行重力浓缩，而是将初沉污泥和活性污泥混合后再进行重力浓缩，其固体表面负荷取决于二种污泥的比例。

规模较大的处理厂浓缩池多是采取连续运行方式，即连续进泥连续排泥。连续运行可使污泥层保持稳定，浓缩效果较好。无法连续运行的小型处理厂要"勤进勤排"使运行尽量趋于连续，不能做到"勤进勤排"时，至少应保证及时排泥。这主要取决于初沉池的排泥操作。

2. 浓缩效果的评价

在浓缩池的运行过程中，需要经常评价浓缩效果，以便随时调节。浓缩效果通常用浓缩比、分离率和固体回收率三个指标进行综合评价。

浓缩比是指浓缩池排泥浓度与之入流污泥浓度之比；用 f 表示，计算如下

$$f = \frac{C_u}{C_i} \tag{6.5}$$

式中　C_i——入流污泥浓度，kg/m^3；

　　　C_u——排泥浓度，kg/m^3。

固体回收率系指被浓缩到排泥中的固体占入流总固体的百分比，用 η 表示，计算如下

$$\eta = \frac{Q_u C_u}{Q_i C_i} \tag{6.6}$$

式中　Q_u——浓缩池排泥量，m^3/d；

　　　Q_i——入流污泥量，m^3/d。

分离率系指浓缩池上清液量占入流污泥量的百分比，用 F 表示，计算如下

$$F = \frac{Q_e}{Q_i} = 1 - \frac{\eta}{f} \tag{6.7}$$

式中　Q_e——浓缩池上清液流量，m^3/d；

　　　f——污泥经浓缩池后被浓缩的倍数。

这三个指标相辅相成，可衡量出实际浓缩效果。一般来说，浓缩初沉污泥时，f 应大于 2.0，η 应大于 90%，浓缩活性污泥与初沉污泥组成的混合污泥时，f 应大于 2.0，η 应大于 85%。如果某一指标低于以上数值，应检查进泥量是否合适，控制的固体表面负荷（指浓缩池单位表面积在单位时间内所能浓缩的干固体量）是否合理，浓缩效果是否受到了温度等因素的影响。

6.6.2 污泥消化池

1. 操作顺序与周期

在消化池的日常运行中有五大操作：进泥、排泥、排上清液、搅拌和加热。其操作顺序对消化效果会产生很大的影响。一般周期越短，越接近连续运行，因而消化效果越好。对于完全采用自控的消化系统，可取 2~4h 为一个运行周期。人工操作的消化系统视运行人员的数量而定，可以 8h 为一个周期，但是周期越短，操作量就会越大。

2. 进、排泥控制

一般来说，每次进泥量越少越好，进泥次数越多越好，应尽量使投泥接近连续。排泥量与进泥量应该完全相等，并在进泥之前先排泥。采用底部直接排泥的污水处理厂，尤其应注意排泥量与进泥量的平衡。否则一旦排泥量大于进泥量，消化池工作液位下降，出现真空状态，就会使消化池池顶的真空安全阀破坏，空气进入池内便有爆炸危险。一些新建处理厂采用底部进泥、上部溢流排泥方式，要注意进泥之前应先充分搅拌。

3. pH 值及碱度的控制

在运行过程中，温度波动大、投入的有机物超负荷、水力超负荷、甲烷菌中毒等会使

产酸阶段和产甲烷阶段失去平衡，导致 pH 值降至 6.5 以下，此时，可加碱控制 pH 值。

4. 毒物控制

当出现重金属类型的中毒问题时，根本的解决方法是控制上游有毒物质的排放，加强污染源的管理。在处理厂内，可采用一些临时性的控制方法，如可向消化池内投加 Na_2S，绝大部分有毒重金属离子能与 S^{2-} 反应形成不溶性的沉淀物，从而使之失去毒性。

5. 加热系统的控制

甲烷菌对温度的波动非常敏感，一般应将消化液的温度波动控制在上下 1.0℃ 范围之内，最好控制在上下 0.5℃ 范围之内。温度是否稳定与投泥次数和每次投泥量及其历时关系很大。投泥次数较少，每次投泥量必然较大。一次投泥太多，往往能导致加热系统超负荷，由于供热不足，温度降低，从而影响甲烷菌的活性。为便于加热系统控制，投泥控制应尽量接近连续均匀。

当采用泥水热交换器进行加热时，为保证一定的加热效率，污泥在热交换器内的流速应控制在 1.2m/s 以上。

6. 搅拌系统的控制

目前运行的消化系统大都采用间歇搅拌运行，需注意：在投泥过程中应同时进行搅拌，以便投入的生污泥尽快与池内原消化污泥均匀混合；在蒸汽直接加热过程中，应同时进行搅拌，以便将蒸汽热量尽快散至池内各处，防止局部过热，影响甲烷菌活性；在排泥过程中，如果底部排泥，则尽量不搅拌，如果上部排泥，则宜同时搅拌。

6.6.3　污泥药剂调理

调节污泥所用的药剂可分为两大类，一类是无机混凝剂，另一类是有机絮凝剂。无机混凝剂包括铁盐和铝盐两类金属盐类混凝剂以及聚合氯化铝等无机高分子混凝剂。有机混凝剂主要是由聚丙烯酰胺等有机高分子物质。另外，常用的助凝剂有石灰、硅藻土等惰性物质。

混凝剂的选择，应根据本厂的具体情况，在满足要求的前提下，选择综合费用最低的药剂种类。目前调质效果最好的药剂是阳离子聚丙烯酰胺，虽然其价格昂贵，但使用却越来越普遍。采用聚丙烯酰胺进行调质，污泥量基本不变，其肥效和热值都不降低，因此当污泥脱水后作农肥或焚烧时，最好采用该药剂。采用铁盐或铝盐等无机混凝剂，可使污泥量增加，肥效和热值降低。但能在一定程度上降低脱水过程中产生的恶臭。富磷污泥脱水时，还能降低磷向滤液中的释放量；当采用石灰作助凝剂时，石灰还能起到一定的消毒效果。

调节药剂的选择还与脱水机的种类有关系。带式压滤脱水机可采用任何一种药剂调节污泥，而离心脱水机则必须采用高分子絮凝剂。对于不同种类的脱水机，各类药剂加药量的大概范围见表 6.4～表 6.8。

表 6.4　　　　　各种污泥采用真空过滤脱水时，$FeCl_3$ 和石灰的投药量

种　　类	生　污　泥			消化污泥	
	初沉污泥	剩余污泥	初沉＋剩余	初沉污泥	初沉＋剩余
$FeCl_3$/%	2～4	6～10	2～8	3～5	3～6
CaO/%	8～10	0～16	9～12	10～13	15～21

表 6.5 生污泥采用带式压滤脱水时，FeCl₃ 和石灰的投药量

种类	初沉生污泥	剩余活性生污泥
FeCl₃/%	4～6	7～10
CaO/%	1～14	20～25

表 6.6 各种污泥采用真空过滤脱水时 PAM 投加量

污泥	生污泥			厌氧消化污泥	
种类	初沉污泥	活性污泥	初沉＋活性	初沉污泥	初沉＋活性
PAM/%	0.025～0.050	0.40～0.75	0.2～0.5	0.075～0.200	0.25～0.60

表 6.7 各种污泥采用带式压滤脱水时 PAM 投加量

污泥	生污泥			厌氧消化污泥		好氧污泥
种类	初沉污泥	活性污泥	初沉＋活性	初沉污泥	初沉＋活性	初沉＋活性
PAM/%	0.10～0.45	0.1～1.0	0.1～1.0	0.1～0.5	0.15～0.75	0.20～0.75

表 6.8 各种污泥采用离心脱水时 PAM 投加量

污泥	生污泥			厌氧消化污泥	
种类	初沉污泥	活性污泥	初沉＋活性	初沉污泥	初沉＋活性
PAM/%	0.10～0.35	0.20～0.75	0.2～0.5	0.3～0.5	0.35～0.75

投药有干投和湿投两种方法，污泥调质投药常采用湿投法。投加系统一般包括干粉投加及破碎装置、药剂混合装置、储药池、计量泵和混合器等部分。在运行中，计量加药泵每周至少应校正并维护一次，以确保加药的准确。

6.6.4 污泥脱水

本节主要介绍带式压滤脱水机的运行控制和维护管理。在实际运行中，应根据进泥泥质的变化，随时调整脱水机的状态，主要包括带速的调节，带张力的调节以及调质效果的控制。

1. 带速的调节

滤带的行走速度控制着污泥在每一工作区的脱水时间，对出泥饼的含固量、泥饼厚度及泥饼剥离的难易程度都有影响。带速越低，泥饼含固量越高，泥饼越厚，越易从滤带上剥离；反之，带速越高，泥饼含固量越低，泥饼越薄，越不易剥离。因此，从泥饼质量看带速越低越好，但带速的高低直接影响到脱水机的处理能力，带速越低处理能力越小。对于某一种特定的污泥来说，存在最佳带速控制范围，既能保证一定的处理能力，又能得到高质量的泥饼。对初沉污泥和活性污泥组成的混合污泥来说，带速一般应控制在 2～5m/min。

2. 滤带张力的控制

滤带张力会影响泥饼的含固量，滤带张力越大，泥饼含固量越高。对于城市污水混合污泥来说，一般将张力控制在 0.3～0.7MPa，常在 0.5MPa。

3．调质的控制

带式压滤机对调质的依赖性很强，如果加药量不足，调质效果不佳时，污泥中的毛细水不能转化为游离水在重力区被脱除，因而进入低压区的污泥仍呈流动性，无法挤压。反之，如果加药量过大，一是增大处理成本，更重要的是由于污泥黏性增加，极易造成滤带被堵塞。对于城市污水混合污泥，采用阳离子 PAM 时，干污泥投药量一般为 $1\sim10kg/t$。

由于带式压滤脱水机无法进行完全封闭，常产生恶臭。在污泥调质加药时，加入适量的高锰酸钾或三氯化铁，可大大降低恶臭程度。另外，可适当加入一些阴离子或非离子 PAM，可明显使泥饼从滤带上易于剥离。

4．日常运行维护与管理

（1）注意时常观察滤带的损坏情况，并及时更换新滤带。滤带的使用寿命一般为 $3000\sim10000h$，如果滤带过早被损坏，应分析原因。滤带的损坏常表现为撕裂、腐蚀或老化。

（2）每天应保证足够的滤布冲洗时间。脱水机停止工作后，必须立即冲洗滤带，不能过后冲洗。一般来说，处理 1000kg 的干污泥约需冲洗水 $15\sim20m^3$，在冲洗期间，每米滤带的冲洗水量需 $10m^3/h$，每天应保证 6h 以上的冲洗时间，冲洗水压一般不低于 586kPa。

（3）按照脱水机的要求，定期进行机械检修维护。

（4）对脱水机易腐蚀部分应定期进行防腐处理。要加强室内通风，增大换气次数，有效降低腐蚀程度。

（5）应定期分析滤液的水质。有时通过滤液水质的变化，能判断出脱水效果是否降低。

正常情况下，滤液水质应在以下范围：$SS=200\sim1000mg/L$，$BOD_5=200\sim800mg/L$。如果水质恶化，则说明脱水效果降低，应分析原因。当脱水效果不佳时，滤液 SS 会达到数千毫克每升。

冲洗水的水质一般在以下范围：$SS=100\sim2000mg/L$，$BOD_5=100\sim500mg/L$。如果水质太脏，说明冲洗次数和冲洗历时不够；如果水质高于上述范围，则说明冲洗水量过大，冲洗过频。

6.6.5　泥工段常见问题与处理

泥工段常见问题与处理见表 6.9。

表 6.9　　　　　　　　　　　　　泥工段常见问题与处理

序号	事故名称	原因与现象	操 作 步 骤
1	浓缩池进泥中水含量增大	进泥量降低，固体表面负荷减小，处理量低，浪费池容，还可能导致污泥上浮	增加螺杆泵的流量，减小停留时间
2	浓缩池进泥中水含量减小	进泥量增加，超过浓缩能力，导致上清液浓度太高，排泥浓度降低，没有起到应有的浓缩效果	减小浓缩池进泥流量，降低浓缩负荷
3	浓缩池刮泥机发生故障	刮泥机停止转动，起不到应有的助浓作用，导致浓缩效果下降	减小浓缩池进泥流量

续表

序号	事故名称	原因与现象	操作步骤
4	一级消化池搅拌机发生故障	搅拌机停止转动，混合不均匀	（1）关闭一级消化池搅拌机。 （2）增大循环流量，使循环污泥起到搅拌作用
5	一级消化池换热器发生故障		（1）关闭换热器。 （2）关闭消化池进泥。 （3）打开通往二级消化池的旁路
6	消化池进泥温度降低	温度降低，产气量下降	增大循环流量
7	消化池进泥温度降低	温度降低，产气量下降	增大循环流量
8	压滤机皮带打滑		增大压滤机皮带张力
9	消化池的加热管线污泥泵损坏	由于泵损坏，无法使污泥通过换热器从而保持消化池的温度，1号消化池的温度将降低，产气量急剧下降	尽快启动备用泵，关闭损坏泵的前后阀和电源开关进行检修
10	消化池的 pH 值突然降低	可能由于进料污泥的成分变化，消化池的 pH 值突然降低，产气量急剧下降	停止进料，等待池内 pH 值和进泥恢复正常后再进料恢复正常操作
11	消化池的毒物含量突然增加	可能由于进料污泥的成分变化，消化池的毒物含量增加，产气量急剧下降	停止进料，等待池内毒物含量和进泥恢复正常后再进料恢复正常操作
12	沼气中 CO_2 含量升高，但沼气仍能燃烧		立即加入部分碱源，保持混合液的碱度
13	产气量降低	应具体分析原因，采取相应的对策。水力超负荷、有机物投配超负荷、温度波动太大、搅拌效果不均匀、存在毒物等因素都可使甲烷菌活性降低	若是因有机物投配负荷太低所致，可加强对污泥浓缩的工艺控制，保证要求的浓缩效果；若由于甲烷菌活性降低
14	消化池气相出现负压，空气自真空安全阀进入消化池		可查看排泥量是否大于了进泥量；用于沼气搅拌的压缩机的出气管是否出现泄漏；为补充碱度而投加的药剂量是否过量等

6.7　城市污水处理厂专业机械设备的运行管理与维护

　　工作任务：掌握城市污水处理厂机械设备的运行管理，并掌握设备维护检修技能，以保证城市污水处理厂专业设备长期、稳定、正常的运行。

　　预备知识：城市污水处理厂处理工艺、设备日常维护与检修方法。

　　边做边学：为了保证城市污水处理厂专业设备长期、稳定、正常的运行，掌握最为重要的水泵、螺杆泵、鼓风机和曝气机等设备的维护与检修，能针对实际问题作出维护、排除故障方案。

　　在城市污水处理厂，格栅除污机、除沙设备、刮泥机、污泥浓缩机、表面曝气机、吸泥机等为运行工艺上重要的大型设备。这些设备为"非标设备"，没有完全的定型产品，大多数是按照具体的工艺要求单独设计生产的。为保证这些设备长期、稳定、正常的运行，日常维护工作中要时刻保持各运转部位良好的润滑状态、设备各部件的防腐及其他日常维护与保养等。而水泵、螺杆泵、鼓风机和曝气机等设备则更应注意维护与检修。

6.7.1　水泵与螺杆泵

1. 离心泵的维护与检修

离心泵一般一年大修一次，累计运行时间未满 2000h，可按具体情况适当延长。

离心泵常见故障及其排除方法见表 6.10。

表 6.10　　　　　　　　　　　　　离心泵常见故障及其排除

故　障	产　生　原　因	排　除　方　法
启动后水泵不出水或出水不足	(1) 泵壳内有空气，灌泵工作没做好。 (2) 吸水管路及填料有漏气。 (3) 水泵转向不对。 (4) 水泵转速太低。 (5) 叶轮进水口及流道堵塞。 (6) 底阀堵塞及漏水。 (7) 吸水井井位下降，水泵安装高度太高。 (8) 减漏环及叶轮磨损。 (9) 水面产生旋涡，空气带入泵内。 (10) 水封管堵塞	(1) 连续灌水或抽气。 (2) 堵塞漏气，适当压紧填料。 (3) 对换一对接线，改变转向。 (4) 检查电路，是否电压太低。 (5) 揭开泵盖，清除杂物。 (6) 清除杂物或修理。 (7) 核算吸水高度，降低安装高度。 (8) 更换磨损零件。 (9) 加大吸水口淹没深度。 (10) 拆下清通
水泵开启不动或启动后轴功率过大	(1) 填料压得太死，泵轴弯曲，轴承磨损。 (2) 多级泵中平衡孔堵塞或回流管堵塞。 (3) 靠背轮间隙太小，运行中两轴相顶。 (4) 电压太低。 (5) 实际液体的相对密度远大于设计液体。 (6) 流量太大，超过使用范围太多	(1) 松压盖，矫直泵轴，更换轴承。 (2) 清除杂物，疏通回水管路。 (3) 调整靠背轮间隙。 (4) 检查电路，向电力部门反映情况。 (5) 更换电动机，提高功率。 (6) 关小出水闸阀
水泵机组振动和噪声	(1) 地脚螺栓松动或没填实。 (2) 安装不良，联轴器不同心或泵轴弯曲。 (3) 水泵产生气蚀。 (4) 轴承损坏或磨损。 (5) 基础松软。 (6) 泵内有严重摩擦。 (7) 出水管存留空气	(1) 拧紧并填实地脚螺栓。 (2) 找联轴器不同心度，矫正或换轴。 (3) 降低吸水高度，减少水头损失。 (4) 更换轴承。 (5) 加固基础。 (6) 检查咬住部位。 (7) 在存留空气处，加装排气阀
轴承发热	(1) 轴承损坏。 (2) 轴承缺油或油太多。 (3) 油质不良，不干净。 (4) 轴弯曲或联轴器没矫正。 (5) 滑动轴承的甩油环不起作用。 (6) 叶轮平衡孔堵塞，泵轴向力不能平衡。 (7) 多级泵平衡轴向力装置失去作用	(1) 更换轴承。 (2) 按规定油面加油，去掉多余黄油。 (3) 更换合格润滑油。 (4) 矫直或更换泵轴的正联轴器。 (5) 放正油环位置或更换油环。 (6) 清除平衡孔上堵塞的杂物。 (7) 检查回水管是否堵塞，联轴器是否相碰，平衡盘是否损坏
填料处发热、漏渗水过少或没有	(1) 填料压得太紧。 (2) 填料环装得位置不对。 (3) 水封管堵塞。 (4) 填料盒与轴不同心	(1) 调整松紧度，使滴水呈滴状。 (2) 调整填料环位置，使它正好对准水封管口。 (3) 疏通水封管。 (4) 检查、改正不同心的地方
电动机过载	(1) 转速高于额定转速。 (2) 水泵流量过大，扬程低。 (3) 电动机或水泵发生机械损坏	(1) 检查电路及电动机。 (2) 关小闸阀。 (3) 检查电动机及水泵

注　选自李亚峰，晋文学．城市污水处理厂运行管理．化学工业出版社，2005。下同。

2. 螺杆泵的运行维护

螺杆泵初次启动时，应事先清理集泥池、进泥管线等，以防止石块、水泥块及其他金属物品进入破碎机或泵内。平时启动时，应先打开进出口阀门并确认管线通畅后方可动作。对正在运行的泵，主要是注意其螺栓有否松动、机泵及管线的振动是否超标、填料部位滴水是否在正常范围、轴承及减速机温度是否过高、各运转部位是否有异常声响等。

螺杆泵的常见故障及其原因见表 6.11。

表 6.11   螺杆泵常见的故障、原因及其排除

故障现象	可能产生的原因与排除方法
不能启动	（1）新泵或新定子摩擦太大，此时可加入液体润滑剂。 （2）电压不合适，控制线路故障，缺相运行。 （3）泵内有杂物，应及时清除。 （4）固体物质含量大，有堵塞，应及时清除。 （5）停机时介质沉淀，并且结块，应及时更换。 （6）冬季结冻，应破冰使之融化。 （7）出口堵塞或者出口阀门未开，应及时清理或打开阀门。 （8）万向节等处被大量缠绕物塞死，无法转动，应及时清理
不出泥	（1）进口管道堵塞及进口阀门未开，应及时清理或打开阀门。 （2）万向节或绕性连接部位脱开，应复位。 （3）定子严重损坏，应及时更换
流量过小	（1）定子或转子磨损，出现内泄漏，应及时修理或更换磨损件。 （2）转速太低，应适当提高转速。 （3）吸入管漏气，应堵塞漏气。 （4）工作温度太低，应适当提高工作温度。 （5）转封泄漏，应及时修理
噪声及振动过大	（1）进出口管道堵塞或进出口阀门未开，应及时清理或打开阀门。 （2）各部位螺栓松动，应及时拧紧。 （3）定子或转子严重磨损，修理或更换。 （4）泵内无介质，干运行，及时添加介质。 （5）定子橡胶老化，及时更换
填料环发热	（1）填料质量不好或选用不当，及时更换。 （2）填料压得太紧，适当松动填料
填料环漏水 漏泥过多	（1）填料未压紧或者失效，压紧填料或者更换。 （2）轴磨损过多，修理或更换

6.7.2　鼓风机

对于鼓风机组在运行中的维护管理，主要注意以下几点。

（1）定期检查润滑油的质量，在安装后第一次运行 200h 后进行换油，被更换的油如果未变质，经过滤机过滤后仍可重新使用，以后每隔 30d 检查一次，并作一次油样分析，发现变质应立即换油，油号必须符合规定，严禁使用其他牌号的油。

（2）经常检查油箱中的油位，不得低于最低油位线，油压是否保持正常值。

（3）经常检查轴承出口处的油温，应不超过 60℃。

（4）定期清洗滤油器。经常检查空气过滤器的阻力变化，定期进行清洗和维护。

（5）经常注意并定期测听机组运行的声音和轴承的振动。

6.7.3　表面曝气机

1. 转刷曝气机

转刷曝气机的操作很简单，试运行后只要转向正确、各部位无异常声响就可持续运转。转刷的浸水深度是根据工艺要求而调节的。对于设置调节螺旋的曝气机，可通过调节转刷的高低来实现，也可以通过调节进水阀门及出水可调堰调节液位来实现；对于固定式的则只能通过后者调节浸水深度。一般 1m 直径的转刷其浸水深度最大不能超过 300mm，否则水的阻力就使驱动装置的负荷超过允许范围，电机会发热并导致保护装置起作用，整机会停止运转并报警。

由于转刷型曝气装置一般连续运行，其功率及负荷又很大，因此保持其变速箱及轴承的良好润滑是非常重要的。两端轴承每 2～4 周加注润滑脂一次，变速箱每半年打开观察一次，检查齿轮的齿面有无点浊的痕迹，有无咬合现象，并将旧的润滑油放出清洗后加入适应季节的新润滑油。曝气机的刷片在工作一段时间后可能出现松动、位移及缺损，应及时紧固及更换。

对于长期停用的转刷，特别是尼龙、塑料及玻璃纤维增强塑料的转刷，应用篷布盖起来，以免阳光使刷片老化。同时为避免长期放置的转刷因自重而引起的挠曲固定化，每月应将转刷换一个角度放置。

2. 立式叶轮表面曝气机的操作管理

为了使曝气机工作在较高的充氧动力效率上，应经常通过调节升降机构及出水阀门来调节叶轮的浸没度，并通过观察电机的电流及"水跃"的好坏来确定。注意，叶轮的运转方向要正确。

另外，由于这种表面曝气机的驱动部分一般都安装在一个面积很大的平台上，这个平台设置在曝气池或氧化沟的中心，叶轮在平台下面的水中运转。在北方的冬季，平台上可能会结冰。由于风的作用，平时还会有一些泡沫落到电机、减速机上面。因此，应定期将上面的污垢擦拭，清洗干净，以保证安全正常运转。

6.8　城市污水处理厂运行常见问题与处理

工作任务：处理城市污水处理厂运行中的常见问题。

预备知识：城市污水处理厂工艺流程，工艺参数和控制方案。

边做边学：根据实际问题，辨别产生原因，并能熟练采取相应的处置方法。

传统活性污泥法二级处理工艺是城市污水处理厂中最常见的污水处理工艺，本节介绍传统活性污泥法工艺运行常见问题和处理方法。传统活性污泥二级工艺包括一级处理包括格栅、泵房、曝气沉沙池和矩形平流式沉淀池；二级处理采用空气曝气活性污泥法。污泥处理常采用中温两级消化技术，消化后经脱水的泥饼外运作为农业和绿化的肥源。消化过程中产生的沼气，可用于发电可解决厂内部分用电。

根据实际运行经验，城市污水场常见问题归纳如下。

对于水工段，包括：①提升泵一轴温超标；②提升泵二电流超标；③来水 pH 值过低；④处理负荷增大；⑤来水 SS 增高；⑥来水 BOD 增高；⑦来水 NH_3-N 高；⑧来水腐败；⑨环境温度降低；⑩曝气池污泥膨胀；⑪二沉池污泥上浮。

对于泥工段，包括：①1 号浓缩池进泥中水含量增大；②2 号浓缩池进泥中水含量减小；③4 号浓缩池刮泥机发生故障；④5 号浓缩池处螺杆泵发生故障；⑤1 号一级消化池搅拌机发生故障；⑥4 号一级消化池换热器发生故障；⑦消化池进泥温度降低；⑧压滤机配药浓度降低；⑨1 号压滤机皮带打滑。

对于设中控室且安装自动化控制系统的城市污水处理厂，上述问题的处理办法在表6.12 中列出。其他可参考具体操作方法，在工艺现场有针对性解决。

表 6.12　　　　自动化控制系统的城市污水处理厂常见事故及处理办法

工艺	序号	事故名称	原因与现象	处理办法
水工段	1	提升泵一轴温超标	轴温超标，报警灯变亮	(1) 关闭提升泵一。 (2) 启动备用的提升泵三或泵四
	2	提升泵二电流超标	电流超标，报警灯变亮	(1) 关闭提升泵一。 (2) 启动备用的提升泵三或泵四
	3	来水 pH 值过低	pH 超低，严重影响这个处理系统运行	关闭进水方闸一～闸四，停止进水
	4	处理负荷增大	(1) 导致格栅过栅流速增大。 (2) 集水池、配水井液位升高。 (3) 曝气沉沙池除沙率下降。 (4) 初沉池水力表面负荷增大，停留时间缩短，影响 SS 去除率。 (5) 曝气池有机负荷超限，MLSS 在曝气池与二沉池重新分配，处理效率下降，溶解氧浓度下降。 (6) 二沉池中活性污泥增加，泥位上升	(1) 打开 5 号、6 号格栅。 (2) 启动 3 号或 4 号备用提升泵。 (3) 增大曝气沉沙池曝气量。 (4) 开启 11 号、12 号、23 号，24 号初沉池。 (5) 增大回流比。 (6) 6 号风机满负荷，并启动 7 号风机
	5	来水 SS 增高	来水 SS 突然超高，初沉池产生密度流，造成下布流速增大，降低沉淀效率	开启 11 号、12 号、23 号，24 号初沉池
	6	来水 BOD 增高	引起曝气池内有机负荷升高，有机物去除率下降	(1) 开启 11 号、12 号、23 号，24 号初沉池。 (2) 增大回流比。 (3) 增大曝气量
	7	来水 NH_3-N 高	(1) NH_3-N 升高，溶解氧浓度下降，硝化程度降低。 (2) 二沉池发生反硝化，泥位上升，造成污泥流失	(1) 提高溶解氧浓度。 (2) 增大回流，降低污泥负荷，使硝化充分进行。 (3) 增大剩余污泥排放量
	8	来水腐败	(1) 引起初沉池沉降效率下降。 (2) 二沉池污泥上浮	(1) 启动备用初沉池。 (2) 增大剩余污泥排放
	9	环境温度降低	温度下降，初沉池沉淀效率下降	开启 11 号、12 号、23 号，24 号初沉池
	10	曝气池污泥膨胀	污泥膨胀引起污泥上浮	增大剩余污泥排放
	11	二沉池污泥上浮	泥龄过长，引起污泥上浮	增大剩余污泥排放，缩短泥龄

续表

工艺	序号	事故名称	原 因 与 现 象	处 理 办 法
泥工段	1	1号浓缩池进泥中水含量增大	进泥量降低，固体表面负荷减小，处理量低，浪费池容，还可能导致污泥上浮	增加1号螺杆泵的流量，减小停留时间
	2	2号浓缩池进泥中水含量减小	进泥量增加，超过浓缩能力，导致上清液浓度太高，排泥浓度降低，没有起到应有的浓缩效果	减小2号浓缩池进泥流量，降低浓缩负荷
	3	4号浓缩池刮泥机发生故障	刮泥机停止转动，起不到应有的助浓作用，导致浓缩效果下降	减小4号浓缩池进泥流量
	4	5号浓缩池处螺杆泵发生故障	浓缩池处螺杆泵发生故障	(1)关闭9号螺杆泵。 (2)启动10号螺杆泵代替
	5	1号一级消化池搅拌机发生故障	搅拌机停止转动，混合不均匀	(1)关闭1号一级消化池搅拌机。 (2)增大循环流量，使循环污泥起到搅拌作用
	6	4号一级消化池换热器发生故障	换热器发生故障	(1)关闭换热器。 (2)关闭消化池进泥。 (3)打开通往二级消化池的旁路
	7	消化池进泥温度降低	温度降低，产气量下降	增大循环流量
	8	压滤机配药浓度降低	压滤机配药浓度降低	加大1号加药计量泵流
	9	1号压滤机皮带打滑	1号压滤机皮带打滑	增大1号压滤机皮带张力

附录

附录1 我国鼓风机产品规格

型号	风量/ (m³/min)	风压 (9.8Pa)	电机功率/ kW	型号	风量/ (m³/min)	风压 (9.8Pa)	电机功率/ kW
LG5	5	3500	4.0	LG40	40	3500	40
		5000	7.5			5000	55
LG10	10	3500	10			7000	75
		5000	13	LG60	60	3500	55
LG15	15	3500	13			5000	75
		5000	17			7000	115
LG20	20	3500	17	LG80	80	3500	75
		5000	30			5000	115
LG30	30	3500	30			7000	155
		5000	40				

附录2 氧在蒸馏水中的溶解度

水温 T/℃	溶解氧/(mg/L)	水温 T/℃	溶解氧/(mg/L)
0	14.62	16	9.55
1	14.23	17	9.74
2	13.84	18	9.54
3	13.48	19	9.35
4	13.13	20	9.17
5	12.80	21	8.99
6	12.48	22	8.83
7	12.17	23	8.63
8	11.87	24	8.53
9	11.59	25	8.38
10	11.33	26	8.22
11	11.08	27	8.07
12	10.83	28	7.92
13	10.60	29	7.77
14	10.37	30	7.63
15	10.15		

附录 3　空气管道计算图

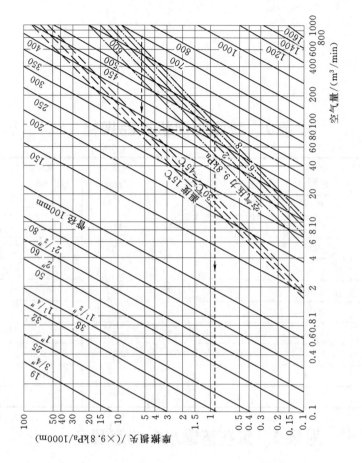

空气管计算图 (b)

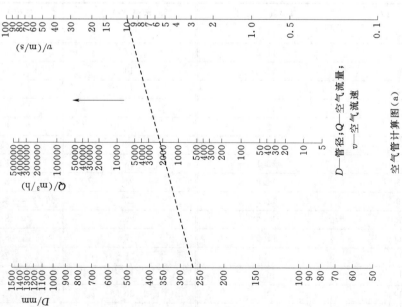

D—管径；Q—空气流量；
v—空气流速

空气管计算图 (a)

附录 4　泵型曝气叶轮的技术规格

泵型(E)比例尺寸

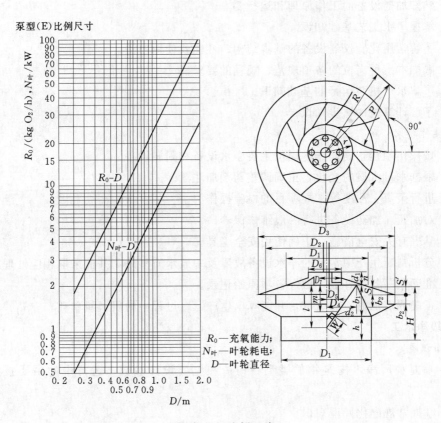

R_0—充氧能力;
$N_{叶}$—叶轮耗电;
D—叶轮直径

泵型（E）比例尺寸

代号	尺寸	代号	尺寸	代号	尺寸
D_2	D_2	b_2'	$(0.0497D_2)$	d_1	$0.0005 \times (\pi \times D_1^2)/4$
D_1	$(0.729D_2)$	S'	$0.0243D_2$	d_2	$0.0004 \times (\pi \times D_1^2)/4$
D_3	$1.110D_2$	S	$(0.0343D_2)$		
D_4	$0.412D_2$	h	$0.219D_2$	R	$0.70955D_2$
D_5	$0.1875D_2$	H	$(0.3958D_2)$	r	$0.2085D_2$
D_6	$0.2440D_2$	l	$0.299D_2$	P	$0.503D$
D_7	$0.1390D_2$	m	$0.171D_2$	叶片数 Z	12 片
b_1	$0.1770D_2$	n	$0.104D_2$	进水角 B_1	$70°21'$
b_2	$0.0680D_2$	W	$0.139D_2$	出水角 B_2	$90°$

附录 5　净水工技能标准

5.1　初级净水工

1. 知识要求

（1）熟知水处理的基本工艺流程和本岗位操作规程。

（2）了解饮用水国家卫生标准分类及出厂水主要指标。

（3）掌握常用混凝剂、助凝剂、消毒剂的名称、作用和安全知识。

（4）熟知加药设备的工作原理和运行要点。

（5）掌握净水工艺基础知识。

（6）了解常用化验仪器设备的基本结构、性能及使用方法。

（7）熟知本工种岗位的各项规范、规程的要求。

（8）了解水厂机泵运行的基础知识。

（9）了解计算机的初步知识。

2．操作要求

（1）按操作规程正确操作本岗位主要净水设备和附属设备。

（2）根据水量水质的变化，正确调整药剂加注量。

（3）进行余氯、浊度等常规项目的检验操作。

（4）对加氯、加药设备进行一般维修保养。

（5）掌握有关安全措施，正确使用安全工具。

（6）分析判断生产中常见的净水设备故障及一般水质事故，并能采取相应处理措施。

（7）准确填写各类日报，做好各项原始记录。

（8）正确测定加氯、加矾量，并能算出生产运行过程中的矾、氯单耗。

5.2　中级净水工

1．知识要求

（1）掌握水厂净水构筑物的类型、构造和主要设计参数，运行中的主要技术控制指标。

（2）掌握常规净化处理知识。

（3）了解饮用水水质标准中各项指标的指标值及主要指标的基本含义。

（4）掌握不同原水水质特点及相对应的处理方法。

（5）了解各种混凝剂、助凝剂、消毒剂性能及净水原理。

（6）了解净水工艺中相关的自动化仪表仪器的基本常识。

（7）掌握滤池的砂层级配、工作周期、砂层膨胀率、反冲洗强度及过滤速度等知识。

（8）掌握加氯、加药设备（包括自动的）构造及工作原理。

（9）了解国外先进净水设备的一般知识。

（10）熟知水厂净水过程中的制水调度方式。

（11）具有计算机应用的一般知识且掌握基本操作方法。

2．操作要求

（1）独立进行净水运行各工序的生产操作，处理各工序所发生的一般故障。

（2）按照水质检验的操作方法，能对水质常规指标测定。

（3）看懂净水构筑物和加氯、加矾设备工艺图。

（4）排除净水设备与装置的常见故障。

（5）对水厂生产中发生的突发故障能进行正确处理。

（6）对净水构筑物及其附属设备大修后的质量验收。

（7）熟练使用本岗位各种仪器仪表，正确操作自动化控制设备。

（8）进行搅拌试验确定最佳投药量。

（9）分析、处理净化过程中的有关问题。

（10）对净水构筑物性能进行测定。

（11）对初级工示范操作，传授技能。

5.3 高级净水工

1. 知识要求

（1）掌握水厂净水工艺设计的基础理论知识。

（2）熟悉饮用水水质标准中各项指标的含义。

（3）了解国内外先进给水工艺的现状和发展趋势。

（4）了解净水工艺中自动化控制的基本原理。

（5）掌握净水设备运行管理和水质控制管理知识。

（6）掌握水厂供水调度方法。

（7）掌握本职业的常用外文述语。

2. 操作要求

（1）正确操作本单位净水设备，并能发现和处理净水过程中的疑难问题。

（2）熟练掌握原水水质动态和规律，能对不同原水水质进行处理。

（3）根据生产需求对本单位净水构筑物、设施现状提出改进意见。

（4）根据各种混凝剂、助凝剂、消毒剂的特点，经济、合理地运用。

（5）正确判断和处理净水过程中突发事故。

（6）具有组织安排生产计划和制水调度的能力。

（7）进行耗药实验，确定最佳投药量。

（8）熟悉本单位净水设备的性能和特点。

（9）对初、中级工示范操作，传授技能。解决本职业操作技术上的疑难问题。

附录 6　污水处理工技能标准

6.1　污水处理初级工

1. 知识要求

（1）污水流量及其单位换算，污水水质指标 COD_{Cr}、BOD_5 和 SS 等基本知识。

（2）污水处理工艺流程、各构筑物及附件名称、用途及相互关系。

（3）污水来源及水质、水量变化规律，出水水质的要求。

（4）污水处理安全操作规程及岗位责任制。

（5）污水处理主要设备的名称、性能、功率、流量、扬程、转数及电器机械基本知识。

（6）主要工艺管路的走向、用途及相互关系，各种阀门的启闭要求及对工艺的影响。

（7）污水一级处理的原理及污水二级生物处理的基本知识。

2．技能要求

（1）正确、及时、清晰填写值班记录。

（2）按时、定点采集代表性的水样，并加以妥善保存。

（3）各种与工艺有关设备、阀门的操作、维护保养及控制步骤。

（4）能识别一级处理及二级生物处理构筑物运行是否正常。

（5）二级生物处理曝气池—二沉池系统配水、布气、回流、排泥的基本操作。

（6）各构筑物排渣、排泥的基本操作。

（7）掌握除砂机、刮泥机、螺旋回流泵、排泥泵等关键污水处理设备的基本操作。

（8）能使用一般测试仪器进行观察和测试。

6.2　污水处理中级工

1．知识要求

（1）识图的基本知识。

（2）水体自净及污水排放标准的基本知识。

（3）污水处理的常见方法及要点。

（4）污水处理运行参数的概念。

（5）影响生物处理运行的因素及其与运行效果的关系。

（6）污水消毒的基本知识。

（7）常用污水处理机电设备的性能和使用方法。

（8）污水处理基本数据（流量、BOD_5、总量、COD_{Cr}总量、电耗、沉淀时间、曝气时间等）的计算方法。

（9）污水处理常规分析项目的名称及含义。

（10）与污水生物处理有关的微生物知识。

2．技能要求

（1）看懂污水处理场构筑物设计图纸及部分机电设备装配图。

（2）运用检测和分析数据，进行污水处理的工艺调整和操作。

（3）解决一般污泥上浮及活性污泥不正常现象。

（4）工艺流程中机电设备的操作、维护、保养和一般故障的正确判断及排除。

（5）加氯机操作及接触反应池的操作管理。

（6）微生物镜检操作和显微镜的一般保养。

（7）掌握初级电工、钳工的基本操作技能。

（8）本岗位各项数据统计和计算。

（9）能发现安全生产隐患，并及时正确处理。

6.3　污水处理高级工

1．知识要求

（1）环境保护和污水处理的理论知识及水利学、水分析化学的基本知识。

（2）污水处理运行数据的计算方法。

（3）污水污泥综合利用及污水深度处理的基本知识。

（4）提高污水处理机电设备完好率及演唱设备使用寿命的知识。

（5）了解污水处理新技术、新工艺、新设备的发展动态及应用知识。

（6）计算机应用的有关常识。

2．技能要求

（1）灵活掌握活性污泥系统四大操作环节（配水、布气、回流、排泥）之间的相互关系，并能正确调节，使系统运行处于最佳状态。

（2）能解决污水处理运行中出现的疑难问题，并提出安全技术措施。

（3）能进行新工艺及新设备的调试和试运转工作。

（4）掌握中级电工、钳工的基本操作技能。

（5）污水主要化验项目的基本操作。

（6）能为污水处理场技术改造和改扩建提供管理经验及部分资料参数，并能参加设计图纸的会审，提出合理化建议。

（7）在专业技术人员指导下进行污水处理新技术、新工艺、新设备的试验与应用。

（8）能对初级、中级工传授技艺及进行改革技术考核。

附录 7　　GB 5749—2006《生活饮用水卫生标准》

1　范围

本标准规定了生活饮用水水质卫生要求、生活饮用水水源水质卫生要求、集中式供水单位卫生要求、二次供水卫生要求、涉及生活饮用水卫生安全产品卫生要求、水质监测和水质检验方法。

本标准适用于城乡各类集中式供水的生活饮用水，也适用于分散式供水的生活饮用水。

2　规范性引用文件

下列文件中的条款通过本标准的引用而成为本标准的条款。凡是标注日期的引用文件，其随后所有的修改（不包括勘误内容）或修订版均不适用于本标准，然而，鼓励根据本标准达成协议的各方研究是否可使用这些文件的最新版本。凡是不注明日期的引用文件，其最新版本适用于本标准。

GB 3838　　地表水环境质量标准

GB/T 5750　　生活饮用水标准检验方法

GB/T 14848　　地下水质量标准

GB 17051　　二次供水设施卫生规范

GB/T 17218　　饮用水化学处理剂卫生安全性评价

GB/T 17219　　生活饮用水输配水设备及防护材料的安全性评价标准

CJ/T 206　　城市供水水质标准

SL 308　　村镇供水单位资质标准

卫生部　　生活饮用水集中式供水单位卫生规范

3　术语和定义

下列术语和定义适用于本标准。

3.1　生活饮用水　drinking water

供人生活的饮水和生活用水。

3.2　供水方式　type of water supply

3.2.1　集中式供水　central water supply

自水源集中取水，通过输配水管网送到用户或者公共取水点的供水方式，包括自建设施供水。为用户提供日常饮用水的供水站和为公共场所、居民社区提供的分质供水也属于集中式供水。

3.2.2　二次供水　secondary water supply

集中式供水在入户之前经再度储存、加压和消毒或深度处理，通过管道或容器输送给用户的供水方式。

3.2.3　农村小型集中式供水　small central water supply for rural areas

日供水在 1000m³ 以下（或供水人口在 1 万人以下）的农村集中式供水。

3.2.4　分散式供水　non‑central water supply

用户直接从水源取水，未经任何设施或仅有简易设施的供水方式。

3.3　常规指标　regular indices

能反映生活饮用水水质基本状况的水质指标。

3.4　非常规指标　non‑regular indices

根据地区、时间或特殊情况需要的生活饮用水水质指标。

4　生活饮用水水质卫生要求

4.1　生活饮用水水质应符合下列基本要求，保证用户饮用安全。

4.1.1　生活饮用水中不得含有病原微生物。

4.1.2　生活饮用水中化学物质不得危害人体健康。

4.1.3　生活饮用水中放射性物质不得危害人体健康。

4.1.4　生活饮用水的感官性状良好。

4.1.5　生活饮用水应经消毒处理。

4.1.6　生活饮用水水质应符合表 1 和表 3 卫生要求。集中式供水出厂水中消毒剂限值、出厂水和管网末梢水中消毒剂余量均应符合表 2 要求。

4.1.7　农村小型集中式供水和分散式供水的水质因条件限制，部分指标可暂按照表 4 执行，其余指标仍按表 1、表 2 和表 3 执行。

4.1.8　当发生影响水质的突发性公共事件时，经市级以上人民政府批准，感官性状和一般化学指标可适当放宽。

4.1.9　当饮用水中含有表 1 所列指标时，可参考此表限值评价。

表 1　　　　　　　　　　　　　　　　　水质常规指标及限值

指　　标	限　　值
1. 微生物指标①	
总大肠菌群（MPN/100mL 或 CFU/100mL）	不得检出
耐热大肠菌群（MPN/100mL 或 CFU/100mL）	不得检出

续表

指　标	限　值
大肠埃希氏菌（MPN/100mL 或 CFU/100mL）	不得检出
菌落总数/（CFU/mL）	100
2. 毒理指标	
砷/（mg/L）	0.01
镉/（mg/L）	0.005
铬/（六价，mg/L）	0.05
铅/（mg/L）	0.01
汞/（mg/L）	0.001
硒/（mg/L）	0.01
氰化物/（mg/L）	0.05
氟化物/（mg/L）	1.0
硝酸盐/（以 N 计，mg/L）	10 地下水源限制时为 20
三氯甲烷/（mg/L）	0.06
四氯化碳/（mg/L）	0.002
溴酸盐/（使用臭氧时，mg/L）	0.01
甲醛（使用臭氧时，mg/L）	0.9
亚氯酸盐（使用二氧化氯消毒时，mg/L）	0.7
氯酸盐（使用复合二氧化氯消毒时，mg/L）	0.7
3. 感官性状和一般化学指标	
色度（铂钴色度单位）	15
浑浊度/（NTU -散射浊度单位）	1 水源与净水技术条件限制时为 3
臭和味	无异臭、异味
肉眼可见物	无
pH 值（pH 单位）	不小于 6.5 且不大于 8.5
铝/（mg/L）	0.2
铁/（mg/L）	0.3
锰/（mg/L）	0.1
铜/（mg/L）	1.0
锌/（mg/L）	1.0
氯化物/（mg/L）	250
硫酸盐/（mg/L）	250
溶解性总固体/（mg/L）	1000
总硬度/（以 CaCO$_3$ 计，mg/L）	450

续表

指　标	限　值
耗氧量/(COD$_{Mn}$法，以 O$_2$ 计，mg/L)	3 水源限制，原水耗氧量＞6mg/L 时为 5
挥发酚类/(以苯酚计，mg/L)	0.002
阴离子合成洗涤剂/(mg/L)	0.3
4. 放射性指标[②]	指导值
总 α 放射性/(Bq/L)	0.5
总 β 放射性/(Bq/L)	1

① MPN 表示最可能数；CFU 表示菌落形成单位。当水样检出总大肠菌群时，应进一步检验大肠埃希氏菌或耐热大肠菌群；水样未检出总大肠菌群，不必检验大肠埃希氏菌或耐热大肠菌群。

② 放射性指标超过指导值，应进行核素分析和评价，判定能否饮用。

表 2　　　　　　　　　　　饮用水中消毒剂常规指标及要求

消毒剂名称	与水接触时间	出厂水中限值	出厂水中余量	管网末梢水中余量
氯气及游离氯制剂/(游离氯，mg/L)	至少 30min	4	≥0.3	≥0.05
一氯胺/(总氯，mg/L)	至少 120min	3	≥0.5	≥0.05
臭氧/(O$_3$，mg/L)	至少 12min	0.3		0.02 如加氯 总氯≥0.05
二氧化氯/(ClO$_2$，mg/L)	至少 30min	0.8	≥0.1	≥0.02

表 3　　　　　　　　　　　水质非常规指标及限值

指　标	限　值
1. 微生物指标	
贾第鞭毛虫/(个/10L)	＜1
隐孢子虫/(个/10L)	＜1
2. 毒理指标	
锑/(mg/L)	0.005
钡/(mg/L)	0.7
铍/(mg/L)	0.002
硼/(mg/L)	0.5
钼/(mg/L)	0.07
镍/(mg/L)	0.02
银/(mg/L)	0.05
铊/(mg/L)	0.0001
氯化氰/(以 CN⁻ 计，mg/L)	0.07
一氯二溴甲烷/(mg/L)	0.1

续表

指　标	限　值
二氯一溴甲烷/(mg/L)	0.06
二氯乙酸/(mg/L)	0.05
1,2-二氯乙烷/(mg/L)	0.03
二氯甲烷/(mg/L)	0.02
三卤甲烷（三氯甲烷、一氯二溴甲烷、二氯一溴甲烷、三溴甲烷的总和）	该类化合物中各种化合物的实测浓度与其各自限值的比值之和不超过 1
1,1,1-三氯乙烷/(mg/L)	2
三氯乙酸/(mg/L)	0.1
三氯乙醛/(mg/L)	0.01
2,4,6-三氯酚/(mg/L)	0.2
三溴甲烷/(mg/L)	0.1
七氯/(mg/L)	0.0004
马拉硫磷/(mg/L)	0.25
五氯酚/(mg/L)	0.009
六六六/(总量，mg/L)	0.005
六氯苯/(mg/L)	0.001
乐果/(mg/L)	0.08
对硫磷/(mg/L)	0.003
灭草松/(mg/L)	0.3
甲基对硫磷/(mg/L)	0.02
百菌清/(mg/L)	0.01
呋喃丹/(mg/L)	0.007
林丹/(mg/L)	0.002
毒死蜱/(mg/L)	0.03
草甘膦/(mg/L)	0.7
敌敌畏/(mg/L)	0.001
莠去津/(mg/L)	0.002
溴氰菊酯/(mg/L)	0.02
2,4-滴/(mg/L)	0.03
滴滴涕/(mg/L)	0.001
乙苯/(mg/L)	0.3
二甲苯/(mg/L)	0.5
1,1-二氯乙烯/(mg/L)	0.03

续表

指　标	限　值
1,2-二氯乙烯/(mg/L)	0.05
1,2-二氯苯/(mg/L)	1
1,4-二氯苯/(mg/L)	0.3
三氯乙烯/(mg/L)	0.07
三氯苯/(总量，mg/L)	0.02
六氯丁二烯/(mg/L)	0.0006
丙烯酰胺/(mg/L)	0.0005
四氯乙烯/(mg/L)	0.04
甲苯/(mg/L)	0.7
邻苯二甲酸二（2-乙基己基）酯/(mg/L)	0.008
环氧氯丙烷/(mg/L)	0.0004
苯/(mg/L)	0.01
苯乙烯/(mg/L)	0.02
苯并（a）芘/(mg/L)	0.00001
氯乙烯/(mg/L)	0.005
氯苯/(mg/L)	0.3
微囊藻毒素-LR/(mg/L)	0.001
3. 感官性状和一般化学指标	
氨氮/(以 N 计，mg/L)	0.5
硫化物/(mg/L)	0.02
钠/(mg/L)	200

表 4　　　　　农村小型集中式供水和分散式供水部分水质指标及限值

指　标	限　值
1. 微生物指标	
菌落总数/(CFU/mL)	500
2. 毒理指标	
砷/(mg/L)	0.05
氟化物/(mg/L)	1.2
硝酸盐/(以 N 计，mg/L)	20
3. 感官性状和一般化学指标	
色度（铂钴色度单位）	20
浑浊度（NTU-散射浊度单位）	3 水源与净水技术条件限制时为 5
pH 值（pH 单位）	不小于 6.5 且不大于 9.5
溶解性总固体/(mg/L)	1500

续表

指　标	限　值
总硬度/(以 CaCO$_3$ 计，mg/L)	550
耗氧量/(COD$_{Mn}$法，以 O$_2$ 计，mg/L)	5
铁/(mg/L)	0.5
锰/(mg/L)	0.3
氯化物/(mg/L)	300
硫酸盐/(mg/L)	300

5　生活饮用水水源水质卫生要求

5.1　采用地表水为生活饮用水水源时应符合 GB 3838 要求。

5.2　采用地下水为生活饮用水水源时应符合 GB/T 14848 要求。

6　集中式供水单位卫生要求

　　集中式供水单位的卫生要求应按照卫生部《生活饮用水集中式供水单位卫生规范》执行。

7　二次供水卫生要求

　　二次供水的设施和处理要求应按照 GB 17051 执行。

8　涉及生活饮用水卫生安全产品卫生要求

8.1　处理生活饮用水采用的絮凝、助凝、消毒、氧化、吸附、pH 值调节、防锈、阻垢等化学处理剂不应污染生活饮用水，应符合 GB/T 17218 要求。

8.2　生活饮用水的输配水设备、防护材料和水处理材料不应污染生活饮用水，应符合 GB/T 17219 要求。

9　水质监测

9.1　供水单位的水质检测

　　供水单位的水质检测应符合以下要求。

9.1.1　供水单位的水质非常规指标选择由当地县级以上供水行政主管部门和卫生行政部门协商确定。

9.1.2　城市集中式供水单位水质检测的采样点选择、检验项目和频率、合格率计算按照 CJ/T 206 执行。

9.1.3　村镇集中式供水单位水质检测的采样点选择、检验项目和频率、合格率计算按照 SL 308 执行。

9.1.4　供水单位水质检测结果应定期报送当地卫生行政部门，报送水质检测结果的内容和办法由当地供水行政主管部门和卫生行政部门商定。

9.1.5　当饮用水水质发生异常时应及时报告当地供水行政主管部门和卫生行政部门。

9.2　卫生监督的水质监测

　　卫生监督的水质监测应符合以下要求。

9.2.1　各级卫生行政部门应根据实际需要定期对各类供水单位的供水水质进行卫生监督、监测。

9.2.2　当发生影响水质的突发性公共事件时，由县级以上卫生行政部门根据需要确定饮用水监督、监测方案。

9.2.3　卫生监督的水质监测范围、项目、频率由当地市级以上卫生行政部门确定。

10　水质检验方法

生活饮用水水质检验应按照 GB/T 5750 执行。

附录8　GB 18918—2002《城镇污水处理厂污染物排放标准》

1　范围

本标准规定了城镇污水处理厂出水、废气排放和污泥处置（控制）的污染物限值。

本标准适用于城镇污水处理厂出水、废气排放和污泥处置（控制）的管理。

居民小区和工业企业内独立的生活污水处理设施污染物的排放管理，也按本标准执行。

2　规范性引用文件

下列标准中的条文通过本标准的引用即成为本标准的条文，与本标准同效。

GB 3838　地表水环境质量标准

GB 3097　海水水质标准

GB 3095　环境空气质量标准

GB 4284　农用污泥中污染物控制标准

GB 8978　污水综合排放标准

GB 12348　工业企业厂界噪声标准

GB 16297　大气污染物综合排放标准

HJ/T 55　大气污染物无组织排放监测技术导则

当上述标准被修订时，应使用其最新版本。

3　术语和定义

3.1　城镇污水（municipal wastewater）

指城镇居民生活污水，机关、学校、医院、商业服务机构及各种公共设施排水，以及允许排入城镇污水收集系统的工业废水和初期雨水等。

3.2　城镇污水处理厂（municipal wastewater treatment plant）

指对进入城镇污水收集系统的污水进行净化处理的污水处理厂。

3.3　一级强化处理（enhanced primary treatment）

在常规一级处理（重力沉降）基础上，增加化学混凝处理、机械过滤或不完全生物处理等，以提高一级处理效果的处理工艺。

4　技术内容

4.1　水污染物排放标准

4.1.1　控制项目及分类

4.1.1.1　根据污染物的来源及性质，将污染物控制项目分为基本控制项目和选择控制项目两类。基本控制项目主要包括影响水环境和城镇污水处理厂一般处理工艺可以去除的常规污染物，以及部分一类污染物，共 19 项。选择控制项目包括对环境有较长期影响或毒性较大的污染物，共计 43 项。

4.1.1.2　基本控制项目必须执行。选择控制项目，由地方环境保护行政主管部门根据污水处理厂接纳的工业污染物的类别和水环境质量要求选择控制。

4.1.2　标准分级

根据城镇污水处理厂排入地表水域环境功能和保护目标，以及污水处理厂的处理工艺，将基本控制项目的常规污染物标准值分为一级标准、二级标准、三级标准。一级标准分为 A 标准和 B 标准。一类重金属污染物和选择控制项目不分级。

4.1.2.1　一级标准的 A 标准是城镇污水处理厂出水作为回用水的基本要求。当污水处理厂出水引入稀释能力较小的河湖作为城镇景观用水和一般回用水等用途时，执行一级标准的 A 标准。

4.1.2.2　城镇污水处理厂出水排入国家和省确定的重点流域及湖泊、水库等封闭、半封闭水域时，执行一级标准的 A 标准，排入 GB 3838 地表水Ⅲ类功能水域（划定的饮用水源保护区和游泳区除外）、GB 3097 海水二类功能水域时，执行一级标准的 B 标准。

4.1.2.3　城镇污水处理厂出水排入 GB 3838 地表水Ⅳ、Ⅴ类功能水域或 GB 3097 海水三、四类功能海域，执行二级标准。

4.1.2.4　非重点控制流域和非水源保护区的建制镇的污水处理厂，根据当地经济条件和水污染控制要求，采用一级强化处理工艺时，执行三级标准。但必须预留二级处理设施的位置，分期达到二级标准。

4.1.3　标准值

4.1.3.1　城镇污水处理厂水污染物排放基本控制项目，执行表 1 和表 2 的规定。

表 1　　　　　　　　　　基本控制项目最高允许排放浓度（日均值）　　　　　　单位：mg/L

序号	基本控制项目		一级标准		二级标准	三级标准
			A 标准	B 标准		
1	化学需氧量（COD）		50	60	100	120[①]
2	生化需氧量（BOD_5）		10	20	30	60[①]
3	悬浮物（SS）		10	20	30	50
4	动植物油		1	3	5	20
5	石油类		1	3	5	15
6	阴离子表面活性剂		0.5	1	2	5
7	总氮（以 N 计）		15	20	—	—
8	氨氮（以 N 计）[②]		5（8）	8（15）	25（30）	—
9	总磷（以 P 计）	2005 年 12 月 31 日前建设的	1	1.5	3	5
		2006 年 1 月 1 日起建设的	0.5	1	3	5
10	色度（稀释倍数）		30	30	40	50
11	pH 值		6～9			
12	粪大肠菌群数/（个/L）		103	104	104	

① 下列情况下按去除率指标执行：当进水 COD 大于 350mg/L 时，去除率应大于 60%；BOD 大于 160mg/L 时，去除率应大于 50%。

② 括号外数值为水温大于 12℃时的控制指标，括号内数值为水温不大于 12℃时的控制指标。

表 2　　　　　　　部分一类污染物最高允许排放浓度（日均值）　　　　单位：mg/L

序　号	项　目	标　准　值
1	总汞	0.001
2	烷基汞	不得检出
3	总镉	0.01
4	总铬	0.1
5	六价铬	0.05
6	总砷	0.1
7	总铅	0.1

4.1.3.2 选择控制项目按表 3 的规定执行。

表 3　　　　　　　选择控制项目最高允许排放浓度（日均值）　　　　单位：mg/L

序号	选择控制项目	标准值	序号	选择控制项目	标准值
1	总镍	0.05	23	三氯乙烯	0.3
2	总铍	0.002	24	四氯乙烯	0.1
3	总银	0.1	25	苯	0.1
4	总铜	0.5	26	甲苯	0.1
5	总锌	1	27	邻-二甲苯	0.4
6	总锰	2	28	对-二甲苯	0.4
7	总硒	0.1	29	间-二甲苯	0.4
8	苯并（a）芘	0.00003	30	乙苯	0.4
9	挥发酚	0.5	31	氯苯	0.3
10	总氰化物	0.5	32	1,4-二氯苯	0.4
11	硫化物	1	33	1,2-二氯苯	1
12	甲醛	1	34	对硝基氯苯	0.5
13	苯胺类	0.5	35	2,4-二硝基氯苯	0.5
14	总硝基化合物	2	36	苯酚	0.3
15	有机磷农药（以 P 计）	0.5	37	间-甲酚	0.1
16	马拉硫磷	1	38	2,4-二氯酚	0.6
17	乐果	0.5	39	2,4,6-三氯酚	0.6
18	对硫磷	0.05	40	邻苯二酸二丁酯	0.1
19	甲基对硫磷	0.2	41	邻苯二酸二辛酯	0.1
20	五氯酚	0.5	42	丙烯腈	2
21	三氯甲烷	0.3	43	可吸附有机卤化物（AOX）（以 Cl 计）	1
22	四氯化碳	0.03			

4.1.4　取样与监测

4.1.4.1　水质取样在污水处理厂处理工艺末端排放口。在排放口应设污水水量自动计量装置、自动比例采样装置，pH 值、水温、COD 等主要水质指标应安装在线监测装置。

4.1.4.2　取样频率为至少每 2h 一次，取 24h 混合样，以日均值计。

4.1.4.3　监测分析方法按表 7 或国家环境保护总局认定的替代方法、等效方法执行。

4.2　大气污染物排放标准

4.2.1　标准分级根据城镇污水处理厂所在地区的大气环境质量要求和大气污染物治理技术和设施条件，将标准分为三级。

4.2.1.1　位于 GB 3095 一类区的所有（包括现有和新建、改建、扩建）城镇污水处理厂，自本标准实施之日起，执行一级标准。

4.2.1.2　位于 GB 3095 二类区和三类区的城镇污水处理厂，分别执行二级标准和三级标准。其中 2003 年 6 月 30 日之前建设（包括改、扩建）的城镇污水处理厂，实施标准的时间为 2006 年 1 月 1 日；2003 年 7 月 1 日起新建（包括改、扩建）的城镇污水处理厂，自本标准实施之日起开始执行。

4.2.1.3　新建（包括改、扩建）城镇污水处理厂周围应建设绿化带，并设有一定的防护距离，防护距离的大小由环境影响评价确定。

4.2.2　标准值

城镇污水处理厂废气的排放标准值按表 4 的规定执行。

表 4　　　　　　　　厂界（防护带边缘）废气排放最高允许浓度　　　　　　单位：mg/m³

序号	控制项目	一级标准	二级标准	三级标准
1	氨	1	1.5	4
2	硫化氢	0.03	0.06	0.32
3	臭气浓度（无量纲）	10	20	60
4	甲烷（厂区最高体积浓度/%）	0.5	1	1

4.2.3　取样与监测

4.2.3.1　氨、硫化氢、臭气浓度监测点设于城镇污水处理厂厂界或防护带边缘的浓度最高点；甲烷监测点设于厂区内浓度最高点。

4.2.3.2　监测点的布置方法与采样方法按 GB 16297 中附录 C 和 HJ/T55 的有关规定执行。

4.2.3.3　采样频率，每 2h 采样一次，共采集 4 次，取其最大测定值。

4.2.3.4　监测分析方法按表 8 执行。

4.3　污泥控制标准

4.3.1　城镇污水处理厂的污泥应进行稳定化处理，稳定化处理后应达到表 5 的规定。

4.3.2　城镇污水处理厂的污泥应进行污泥脱水处理，脱水后污泥含水率应小于 80%。

表 5 　　　　　　　　　　　　污泥稳定化控制指标

稳 定 化 方 法	控 制 项 目	控 制 指 标
厌氧消化	有机物降解率/%	＞40
好氧消化	有机物降解率/%	＞40
好氧堆肥	含水率/%	＜65
	有机物降解率/%	＞50
	蛔虫卵死亡率/%	＞95
	粪大肠菌群菌值	＞0.01

4.3.3　处理后的污泥进行填埋处理时，应达到安全填埋的相关环境保护要求。

4.3.4　处理后的污泥农用时，其污染物含量应满足表 6 的要求。其施用条件须符合 GB 4284 的有关规定。

表 6 　　　　　　　　　　污泥农用时污染物控制标准限

序号	控 制 项 目	最高允许含量/(mg/kg 干污泥)	
		在酸性土壤上（pH＜6.5）	在中性和碱性土壤上（pH≥6.5）
1	总镉	5	20
2	总汞	5	15
3	总铅	300	1000
4	总铬	600	1000
5	总砷	75	75
6	总镍	100	200
7	总锌	2000	3000
8	总铜	800	1500
9	硼	150	150
10	石油类	3000	3000
11	苯并（a）芘	3	3
12	多氯代二苯并二恶英/多氯代二苯并呋喃（PCDD/PCDF 单位：ng 毒性单位/kg 干污泥）	100	100
13	可吸附有机卤化物（AOX）（以 Cl 计）	500	500
14	多氯联苯（PCB）	0.2	0.2

4.3.5　取样与监测

4.3.5.1　取样方法，采用多点取样，样品应有代表性，样品重量不小于 1kg。

4.3.5.2　监测分析方法按表 7 执行。

4.4　城镇污水处理厂噪声控制按 GB 12348 执行。

4.5　城镇污水处理厂的建设（包括改、扩建）时间以环境影响评价报告书批准的时间为准。

5　其他规定

城镇污水处理厂出水作为水资源用于农业、工业、市政、地下水回灌等方面不同用途时，还应达到相应的用水水质要求，不得对人体健康和生态环境造成不利影响。

6　标准的实施与监督

6.1　本标准由县级以上人民政府环境保护行政主管部门负责监督实施。

6.2　省、自治区、直辖市人民政府对执行国家污染物排放标准不能达到本地区环境功能要求时，可以根据总量控制要求和环境影响评价结果制定严于本标准的地方污染物排放标准，并报国家环境保护行政主管部门备案。

表 7　　　　　　　　　　　　　　　　　水污染物监测分析方法

序号	控制项目	测　定　方　法	测定下限/（mg/L）	方法来源
1	化学需氧量（COD）	重铬酸盐法	30	GB 11914—89
2	生化需氧量（BOD）	稀释与接种法	2	GB 7488—87
3	悬浮物（SS）	重量法		GB 11901—89
4	动植物油	红外光度法	0.1	GB/T 16488—1996
5	石油类	红外光度法	0.1	GB/T 16488—1996
6	阴离子表面活性剂	亚甲蓝分光光度法	0.05	GB 7494—87
7	总氮	碱性过硫酸钾-消解紫外分光光度法	0.05	GB 11894—89
8	氨氮	蒸馏和滴定法	0.2	GB 7478—87
9	总磷	钼酸铵分光光度法	0.01	GB 11892—89
10	色度	稀释倍数法		GB 11902—89
11	pH 值	玻璃电极法		GB 6920—86
12	粪大肠菌群数	多管发酵法		1)
13	总汞	冷原子吸收分光光度法	0.0001	GB 7468—87
		双硫腙分光光度法	0.002	GB 7469—87
14	烷基汞	气相色谱法	10ng/L	GB/T 14204—93
15	总镉	原子吸收分光光度法（螯合萃取法）	0.001	GB 7475—87
		双硫腙分光光度法	0.001	GB 7471—87
16	总铬	高锰酸钾氧化-二苯碳酰二肼分光光度法	0.004	GB 7466—87
17	六价铬	二苯碳酰二肼分光光度法	0.004	GB 7467—87
18	总砷	二乙基二硫代氨基甲酸银分光光度法	0.007	GB 7485—87
19	总铅	原子吸收分光光度法（螯合萃取法）	0.01	GB 7475—87
		双硫腙分光光度法	0.01	GB 7470—87
20	总镍	火焰原子吸收分光光度法	0.05	GB 11912—89
		丁二酮肟分光光度法	0.25	GB 11910—89
21	总铍	活性炭吸附-铬天菁 S 光度法		1)

续表

序号	控制项目	测定方法	测定下限/(mg/L)	方法来源
22	总银	火焰原子吸收分光光度法	0.03	GB 11907—89
		镉试剂 2B 分光光度法	0.01	GB 11908—89
23	总铜	原子吸收分光光度法	0.01	GB 7475—87
		二乙基二硫氨基甲酸钠分光光度法	0.01	GB 7474—87
24	总锌	原子吸收分光光度法	0.05	GB 7475—87
		双硫腙分光光度法	0.005	GB 7472—87
25	总锰	火焰原子吸收分光光度法	0.01	GB 11911—89
		高碘酸钾分光光度法	0.02	GB 11906—89
26	总硒	2,2-二氨基萘荧光法	0.25μg/L	GB 11902—89
27	苯并（a）芘	高压液相色谱法	0.001μg/L	GB 13198—91
		乙酰化滤纸层析荧光分光光度法	0.004μg/L	GB 11895—89
28	挥发酚	蒸馏后 4-氨基安替比林分光光度法	0.002	GB 7490—87
29	总氰化物	硝酸银滴定法	0.25	GB 7486—87
		异烟酸-吡唑啉酮比色法	0.004	GB 7486—87
		吡啶-巴比妥酸比色法	0.002	GB 7486—87
30	硫化物	亚甲基蓝分光光度法	0.005	GB/T 16489—1996
		直接显色分光光度法	0.004	GB/T 17132—1997
31	甲醛	乙酰丙酮分光光度法	0.05	GB 13197—91
32	苯胺类	N-(1-萘基）乙二胺偶氮分光光度法	0.03	GB 11889—89
33	总硝基化合物	气相色谱法	5μg/L	GB 4919—85
34	有机磷农药（以 P 计）	气相色谱法	0.5μg/L	GB 13192—91
35	马拉硫磷	气相色谱法	0.64μg/L	GB 13192—91
36	乐果	气相色谱法	0.57μg/L	GB 13192—91
37	对硫磷	气相色谱法	0.54μg/L	GB 13192—91
38	甲基对硫磷	气相色谱法	0.42μg/L	GB 13192—91
39	五氯酚	气相色谱法	0.04μg/L	GB 8972—88
		藏红 T 分光光度法	0.01	GB 9802—88
40	三氯甲烷	顶空气相色谱法	0.30μg/L	GB/T 17130—1997
41	四氯化碳	顶空气相色谱法	0.05μg/L	GB/T 17130—1997
42	三氯乙烯	顶空气相色谱法	0.50μg/L	GB/T 17130—1997
43	四氯乙烯	顶空气相色谱法	0.2μg/L	GB/T 17130—1997
44	苯	气相色谱法	0.05	GB 11890—89
45	甲苯	气相色谱法	0.05	GB 11890—89
46	邻-二甲苯	气相色谱法	0.05	GB 11890—89
47	对-二甲苯	气相色谱法	0.05	GB 11890—89

续表

序号	控制项目	测 定 方 法	测定下限/ （mg/L）	方 法 来 源
48	间-二甲苯	气相色谱法	0.05	GB 11890—89
49	乙苯	气相色谱法	0.05	GB 11890—89
50	氯苯	气相色谱法		HJ/T 74—2001
51	1,4-二氯苯	气相色谱法	0.005	GB/T 17131—1997
52	1,2-二氯苯	气相色谱法	0.002	GB/T 17131—1997
53	对硝基氯苯	气相色谱法		GB 13194—91
54	2,4-二硝基氯苯	气相色谱法		GB 13194—91
55	苯酚	液相色谱法	1.0μg/L	1)
56	间-甲酚	液相色谱法	0.8μg/L	1)
57	2,4-二氯酚	液相色谱法	1.1μg/L	1)
58	2,4,6-三氯酚	液相色谱法	0.8μg/L	1)
59	邻苯二甲酸二丁酯	气相、液相色谱法		HJ/T 72—2001
60	邻苯二甲酸二辛酯	气相、液相色谱法		HJ/T 72—2001
61	丙烯腈	气相色谱法		HJ/T 72—2001
62	可吸附有机卤化物 （AOX）（以 Cl 计）	微库仑法	10μg/L	GB/T 15959—1995
		离子色谱法		HJ/T 83—2001

注　暂采用下列方法，待国家方法标准发布后，执行国家标准。
1)《水和废水监测分析方法（第三版、第四版）》中国环境科学出版社。

　　大气污染物监测分析方法按表 8 执行。污泥特性及污染物监测分析方法按表 9 执行。

表 8　　　　　　　　　　　　　**大气污染物监测分析方法**

序号	控制项目	测 定 方 法	方 法 来 源
1	氨	次氯酸钠-水杨酸分光光度法	GB/T 14679—93
2	硫化氢	气相色谱法	GB/T 14678—93
3	臭气浓度	三点比较式臭袋法	GB/T 14675—93
4	甲烷	气相色谱法	CJ/T 3037—95

表 9　　　　　　　　　　　　**污泥特性及污染物监测分析方法**

序号	控制项目	测 定 方 法	方 法 来 源
1	污泥含水率	烘干法	1)
2	有机质	重铬酸钾法	1)
3	蠕虫卵死亡率	显微镜法	GB 7959—87
4	粪大肠菌群	菌值发酵法	GB 7959—87
5	总镉	石墨炉原子吸收分光光度法	GB/T 17141—1997
6	总汞	冷原子吸收分光光度法	GB/T 17136—1997
7	总铅	石墨炉原子吸收分光光度法	GB/T 17141—1997
8	总铬	火焰原子吸收分光光度法	GB/T 17137—1997

序号	控制项目	测　定　方　法	方　法　来　源
9	总砷	硼氢化钾-硝酸银分光光度法	GB/T 17135—1997
10	硼	姜黄素比色法	2)
11	矿物油	红外分光光度法	2)
12	苯并（a）芘	气相色谱法	2)
13	总铜	火焰原子吸收分光光度法	GB/T 17138—1997
14	总锌	火焰原子吸收分光光度法	GB/T 17138—1997
15	总镍	火焰原子吸收分光光度法	GB/T 17139—1997
16	多氯代二苯并二噁英/多氯代二苯呋喃（PCDD/PCDF）	同位素稀释高分辨毛细管气相色谱高分辨质谱法	HJ/T 77—2001
17	可吸附有机卤化物（AOX）		待定
18	多氯联苯（PCB）	气相色谱法	待定

注　暂采用下列方法，待国家方法标准发布后，执行国家标准。
1)　《城镇垃圾农用监测分析方法》。
2)　《农用污泥监测分析方法》。

参 考 文 献

［1］ 王守君．试述 V 形滤池运行与管理［J］．中国新技术新产品，2012（12）．

［2］ 严煦世，范瑾初．给水工程［M］．3 版．北京：中国建筑工业出版社，1995．

［3］ 蒋展鹏．环境工程［M］．北京：高等教育出版社，1992．

［4］ 许保玖，安鼎年．给水处理理论与设计［M］．北京：中国建筑工业出版社，1992．

［5］ 张宝君．水污染控制技术［M］．北京：中国环境科学出版社，2007．

［6］ 陆柱，蔡兰坤，丛梅．给水与用水处理技术［M］．北京：化学工业出版社，2004．

［7］ 李建成．环境保护概论［M］．北京：中国机械工业出版社，2003．

［8］ 高廷耀，顾国维．水污染控制工程下册［M］．2 版．北京：高等教育出版社，1999．

［9］ 吕宏德．水处理工程技术［M］．北京：中国建筑工业出版社，2005．

［10］ 翟国静．水处理工程［M］．北京：中国环境科学出版社，2000．

［11］ 李亚峰，晋文学．城市污水处理厂运行管理［M］．北京：化学工业出版社 2005．

［12］ 顾国维，何义亮．膜生物反应器——在污水处理中的研究和应用［M］．北京：化学工业出版社，2002．

［13］ 张自杰．排水工程［M］．北京：中国建筑工业出版社，2000．

［14］ 戴兴春，谢冰，黄民生，等．氧化沟污泥膨胀和生物泡沫的控制及应用研究［J］．环境科学与技术，2007（9）．

［15］ 岳秀萍，李亚新，曹京哲．ASBR 研究进展［J］．环境科学与技术，2004（3）．

［16］ 李洪涛，邢希运．污水生化处理 CASS 工艺的自动控制［J］．工业用水与废水，2007（4）．

［17］ 宋铁红，高艳娇，张勇．ABR 反应器处理低浓度污水启动试验研究［J］．环境科学与技术，2006（1）．

［18］ 吕娟，陈银广，顾国维．间歇曝气 SBR 工艺脱氮除磷试验研究［J］．环境污染与防治，2007（8）．

［19］ 孙扬平，陈丽春，李冬茹．某污水处理厂方案设计简介［J］．环境科学与管理，2007（8）．

［20］ 王荣斌，汪翠萍，邢奕，等．城市污水处理厂二级出水深度处理回用的设计与运行［J］．环境工程，2007（4）．

［21］ 凡广生，李多松．城市污水处理新技术［J］．水科学与工程技术，2006（1）．

［22］ 金兆丰，余志荣．污水处理组合工艺与工程实例［M］．北京：化学工业出版社，2003．